计算思维与大学计算机基础教程

主 编 刘光洁
副主编 何 鹍 晏愈光 孙明玉

科学出版社
北 京

内 容 简 介

本书参照教育部提出的非计算机专业三层次大学计算机基础教学的要求和全国计算机等级考试大纲编写。

本书系统地介绍了基于计算思维的计算机基础知识以及近期热门的计算机新技术，主要内容共9章，包括计算思维与逻辑、计算机基础知识、计算机系统、操作系统、计算机网络、Internet与互联网+、计算机网络安全、多媒体技术、计算机新技术。

本书可作为高等院校非计算机专业计算机通识课程的教材，也可作为全国计算机等级考试的参考资料。

图书在版编目（CIP）数据

计算思维与大学计算机基础教程/刘光洁主编. —北京：科学出版社，2021.8
ISBN 978-7-03-068920-7

Ⅰ. ①计… Ⅱ. ①刘… Ⅲ. ①计算方法-思维方法-高等学校-教材 ②电子计算机-高等学校-教材 Ⅳ. ①O241②TP3

中国版本图书馆 CIP 数据核字（2021）第 100487 号

责任编辑：戴 薇 袁星星 / 责任校对：王万红
责任印制：吕春珉 / 封面设计：东方人华平面设计部

科学出版社 出版
北京东黄城根北街16号
邮政编码：100717
http://www.sciencep.com

三河市良远印务有限公司印刷
科学出版社发行 各地新华书店经销
*

2021年8月第 一 版 开本：787×1092 1/16
2024年8月第五次印刷 印张：18
字数：426 000
定价：**63.00元**
（如有印装质量问题，我社负责调换）
销售部电话 010-62136230 编辑部电话 010-62135397-2047

版权所有，侵权必究

前　　言

当前，计算机和信息技术的应用已经渗透到大学的各个学科和专业，对非计算机专业的大学生来说不仅应该掌握计算机的操作使用方法，还要具备计算思维并理解计算机中信息处理的知识、原理和方法，这样才能更好地将其应用于自己的专业学习和工作中。

本套教材包括主教材和配套实验指导。本书为主教材。本书的编写指导思想是根据学生的特点，以人才培养的应用性、实践性为重点，调整学生的知识结构和能力素质；系统深入地介绍计算机基础的相关概念，使学生具有较强的信息系统安全意识与社会责任意识，为后续课程的学习打下必要的基础。

本书具体内容如下：

第 1 章主要介绍计算思维与逻辑，包括计算思维的相关概念以及思维与逻辑的关系等。

第 2 章主要介绍计算机基础知识，包括计算机的发展、特点、用途、分类以及数据在计算机中的表示等。

第 3 章主要介绍计算机系统，包括计算机体系结构、计算机工作原理、计算机硬件组成、计算机软件系统等。

第 4 章主要介绍操作系统，包括操作系统的概念、功能、分类、常用的操作系统简介、Windows 10 操作系统、文件和文件夹管理等。

第 5 章主要介绍计算机网络，包括计算机网络基础、数据通信、计算机网络的分类、网络拓扑结构、网络硬件、网络软件、局域网基本技术等。

第 6 章主要介绍 Internet 与互联网+，包括 Internet 基础、TCP/IP、Internet 接入与应用、互联网+等。

第 7 章主要介绍计算机网络安全，包括信息安全与网络安全的基本概念、网络安全与管理技术、计算机病毒、计算机安全法规与社会责任以及"互联网+"时代个人信息安全防护等。

第 8 章主要介绍多媒体技术，包括多媒体技术概述、多媒体计算机系统、图形与图像、音频素材采集处理、视频及动画素材的采集处理、多媒体应用系统的开发等。

第 9 章主要介绍计算机新技术，包括人工智能、物联网、云计算、大数据等。

本书由刘光洁担任主编，何鹍、晏愈光和孙明玉担任副主编。感谢吴登峰、陈然、贾学婷、孙英娟、姜艳、刘妍、杨鑫、吴爽等在本书编写过程中给予的支持和帮助，使本书得以顺利出版。

由于编写时间紧迫及编者水平所限，书中难免有不足之处，恳请广大读者批评指正。

编　者

2021 年 3 月

目 录

第1章 计算思维与逻辑 ... 1
1.1 计算思维概述 ... 1
1.1.1 科学思维 ... 1
1.1.2 狭义计算思维与广义计算思维 ... 2
1.1.3 计算思维的核心概念与分类 ... 5
1.1.4 计算思维的应用 ... 7
1.2 思维与逻辑 ... 10
1.2.1 逻辑与思维 ... 10
1.2.2 思维与创新 ... 12
1.2.3 逻辑推理与人工智能 ... 13
习题 ... 15

第2章 计算机基础知识 ... 16
2.1 计算机的发展 ... 16
2.1.1 机械计算机 ... 17
2.1.2 电子计算机 ... 18
2.1.3 阶段性发展 ... 20
2.1.4 计算机的发展趋势 ... 22
2.2 计算机的特点、用途、分类 ... 22
2.2.1 计算机的特点 ... 22
2.2.2 计算机的用途 ... 23
2.2.3 计算机的分类 ... 24
2.3 数据在计算机中的表示 ... 28
2.3.1 数据与信息 ... 28
2.3.2 数据的表示单位 ... 29
2.3.3 数制的概念 ... 31
2.3.4 常用数制 ... 31
2.3.5 数制转换 ... 33
2.3.6 逻辑运算 ... 36
2.3.7 计算机编码 ... 38
习题 ... 44

第3章 计算机系统 ... 50
3.1 计算机体系结构 ... 50
3.2 计算机工作原理 ... 53
3.2.1 指令系统 ... 53

3.2.2　工作流程 …………………………………………………………………… 54
　3.3　计算机硬件组成 ……………………………………………………………………… 59
　　　3.3.1　主板 ……………………………………………………………………………… 59
　　　3.3.2　中央处理器 …………………………………………………………………… 63
　　　3.3.3　CPU 散热器 …………………………………………………………………… 63
　　　3.3.4　内部存储器 …………………………………………………………………… 64
　　　3.3.5　外部存储器 …………………………………………………………………… 65
　　　3.3.6　显卡与显示器 ………………………………………………………………… 67
　　　3.3.7　声卡和音响 …………………………………………………………………… 68
　　　3.3.8　键盘和鼠标 …………………………………………………………………… 69
　　　3.3.9　打印机 ………………………………………………………………………… 70
　　　3.3.10　机箱和电源 …………………………………………………………………… 70
　3.4　计算机软件系统 ……………………………………………………………………… 71
　　　3.4.1　系统软件 ……………………………………………………………………… 71
　　　3.4.2　应用软件 ……………………………………………………………………… 73
　习题 …………………………………………………………………………………………… 74

第 4 章　操作系统 ……………………………………………………………………………… 80

　4.1　操作系统概述 ………………………………………………………………………… 80
　　　4.1.1　操作系统的基本概念 ………………………………………………………… 80
　　　4.1.2　操作系统的功能 ……………………………………………………………… 80
　　　4.1.3　操作系统的分类 ……………………………………………………………… 81
　4.2　其他常用操作系统简介 ……………………………………………………………… 82
　4.3　Windows 10 操作系统 ………………………………………………………………… 83
　　　4.3.1　Windows 10 的启动与退出 …………………………………………………… 83
　　　4.3.2　Windows 10 的菜单 …………………………………………………………… 85
　　　4.3.3　Windows 10 的窗口 …………………………………………………………… 88
　　　4.3.4　Windows 10 的对话框 ………………………………………………………… 91
　　　4.3.5　Windows 10 的输入法设置 …………………………………………………… 92
　　　4.3.6　Windows 10 的程序管理 ……………………………………………………… 93
　　　4.3.7　Windows 10 的系统管理与维护 ……………………………………………… 98
　　　4.3.8　Windows 10 的附件 …………………………………………………………… 109
　4.4　文件和文件夹管理 …………………………………………………………………… 115
　　　4.4.1　常用的系统文件夹 …………………………………………………………… 115
　　　4.4.2　文件与文件夹的常用操作 …………………………………………………… 118
　习题 …………………………………………………………………………………………… 122

第 5 章　计算机网络 …………………………………………………………………………… 126

　5.1　计算机网络概述 ……………………………………………………………………… 126
　　　5.1.1　计算机网络的发展史 ………………………………………………………… 126

5.1.2 计算机网络的功能 ···································· 127
5.1.3 计算机网络的体系结构 ······························ 128
5.1.4 计算机网络的分类 ···································· 131
5.1.5 网络拓扑结构 ·· 134
5.1.6 网络传输介质 ·· 138
5.2 局域网基本技术 ·· 139
5.2.1 服务器 ··· 140
5.2.2 工作站 ··· 140
5.2.3 通信设备 ·· 140
5.2.4 计算机网络软件系统 ································· 142
习题 ··· 142

第 6 章 Internet 与互联网+ ································ 144

6.1 Internet 基础 ·· 144
6.1.1 Internet 的产生与发展 ······························ 144
6.1.2 Internet 的特点 ······································· 145
6.2 TCP/IP ·· 145
6.2.1 网络分层结构 ·· 145
6.2.2 网络通信协议 ·· 146
6.2.3 TCP/IP 模型 ··· 147
6.2.4 TCP/IP 集合 ··· 147
6.2.5 地址和域名 ··· 148
6.3 Internet 接入与应用 ·· 152
6.3.1 Internet 接入技术 ···································· 152
6.3.2 WWW 服务 ·· 153
6.3.3 Web 浏览器及 IE 9.0 的使用方法 ··············· 154
6.3.4 资源检索与下载 ······································ 157
6.3.5 电子邮件 ·· 161
6.3.6 远程登录 ·· 165
6.3.7 文件传输服务 ·· 166
6.3.8 其他常见服务 ·· 168
6.4 互联网+ ·· 169
6.4.1 "互联网+"的概念 ··································· 169
6.4.2 "互联网+"的特征 ··································· 169
习题 ··· 170

第 7 章 计算机网络安全 ······································ 174

7.1 信息安全与网络安全 ··· 174
7.1.1 信息安全与网络安全的基本概念 ················ 174
7.1.2 常见的网络安全威胁 ································ 176

7.1.3 网络攻击手段 176
7.1.4 网络信息安全范畴 178
7.2 网络安全与管理技术 179
7.2.1 加密技术 179
7.2.2 访问控制 181
7.2.3 防火墙 183
7.2.4 VPN 185
7.2.5 入侵检测 186
7.2.6 信息安全解决方案 188
7.3 计算机病毒 189
7.3.1 计算机病毒概述 189
7.3.2 计算机病毒的检测与清除 191
7.3.3 计算机病毒防治技术 192
7.4 计算机安全法规与社会责任 193
7.4.1 安全保密行政管理 193
7.4.2 国际上与信息安全相关的法律 195
7.4.3 我国与信息安全相关的法律 195
7.5 "互联网+"时代个人信息安全防护 196
习题 199

第8章 多媒体技术 202

8.1 多媒体技术概述 202
8.1.1 多媒体及多媒体技术 202
8.1.2 多媒体技术的特点 204
8.1.3 多媒体技术的发展和应用 205
8.2 多媒体计算机系统 205
8.3 图形与图像 210
8.3.1 位图图像 210
8.3.2 矢量图形 211
8.3.3 颜色理论 211
8.3.4 分辨率 213
8.3.5 数据压缩 214
8.3.6 常见图形图像的文件格式 216
8.4 音频素材采集处理 217
8.4.1 音频概述 217
8.4.2 音频文件格式 218
8.4.3 音频媒体素材的收集和创作 220
8.5 视频及动画素材的采集处理 222
8.5.1 视频 223
8.5.2 动画 224

8.5.3　视频与动画文件格式 ……………………………………………… 225
　　　8.5.4　视频与动画素材制作 ……………………………………………… 226
　8.6　多媒体应用系统的开发 …………………………………………………… 229
　　　8.6.1　多媒体应用系统的开发过程 ………………………………………… 230
　　　8.6.2　多媒体应用系统的创作模式和工具 ………………………………… 231
　习题 ………………………………………………………………………………… 232

第9章　计算机新技术 …………………………………………………………… 238

　9.1　人工智能 …………………………………………………………………… 238
　　　9.1.1　人工智能的概念 ……………………………………………………… 238
　　　9.1.2　人工智能的发展 ……………………………………………………… 239
　　　9.1.3　人工智能的研究 ……………………………………………………… 242
　　　9.1.4　人工智能的应用领域 ………………………………………………… 245
　9.2　物联网 ……………………………………………………………………… 247
　　　9.2.1　物联网概念 …………………………………………………………… 247
　　　9.2.2　物联网的特征与体系结构 …………………………………………… 249
　　　9.2.3　物联网的应用 ………………………………………………………… 251
　9.3　云计算 ……………………………………………………………………… 254
　　　9.3.1　云计算的概念 ………………………………………………………… 254
　　　9.3.2　云计算的特点 ………………………………………………………… 256
　　　9.3.3　部署和服务模式 ……………………………………………………… 257
　　　9.3.4　云计算的应用 ………………………………………………………… 259
　9.4　大数据 ……………………………………………………………………… 261
　　　9.4.1　大数据的概念 ………………………………………………………… 262
　　　9.4.2　大数据的特征 ………………………………………………………… 263
　　　9.4.3　大数据的应用 ………………………………………………………… 265
　习题 ………………………………………………………………………………… 267

参考答案 ………………………………………………………………………………… 272

参考文献 ………………………………………………………………………………… 278

第 1 章 计算思维与逻辑

计算思维和实证思维、逻辑思维,是人类认识世界和改造世界的 3 种基本科学思维方式。计算思维可通过计算机科学基本知识和应用能力的学习得以理解和掌握。本章将介绍计算思维的相关概念以及思维与逻辑的关系。

1.1 计算思维概述

1.1.1 科学思维

科学思维(scientific thinking)是指理性认识及其过程,即经过感性阶段获取的大量材料,通过整理和改造,形成概念、判断和推理,以便反映事物的本质和规律。简而言之,科学思维是大脑对科学信息的加工活动。

如果从人类认识世界和改造世界的思维方式出发,科学思维可分为实证思维、逻辑思维和计算思维 3 种。

实证思维(positivism thinking)又称经验思维,是通过观察和实验获取自然规律法则的一种思维方法。它以实证和实验来检验结论正确性为特征,以物理学科为代表。与逻辑思维不同,实证思维需要借助某种特定的设备来获取客观世界的数据,以便进行分析。

逻辑思维(logical thinking)又称理论思维,是指通过抽象概括,建立描述事物本质的概念,应用逻辑的方法探寻概念之间联系的一种思维方法。它以推理和演绎为特征,以数学学科为代表。逻辑源于人类最早的思维活动,逻辑思维支撑着所有的学科领域。

计算思维(computational thinking)又称构造思维,是指从具体的算法设计规范入手,通过算法过程的构造与实施来解决给定问题的一种思维方法。它以设计和构造为特征,以计算机学科为代表。计算思维是运用计算机科学的基础概念去求解问题、设计系统和理解人类行为的一系列思维活动。

实证思维、逻辑思维和计算思维的一般过程都是对客观世界的现象进行分析和概括而得到认识论意义上的结论。根据分析与概括方式的不同,可以是观察和归纳、推理和演绎,也可以是设计和构造。计算思维与实证思维、逻辑思维的关系是相互补充、相互促进的。计算思维相对于实证思维和逻辑思维,在工程技术领域尤其具有独特的意义。

计算思维的本质是抽象和自动化,它虽然具有计算机科学的许多特征,但是计算思维本身并不是计算机科学的专属。实际上,即使没有计算机,计算思维也会逐步发展。

但是，正是计算机的出现，给计算思维的研究和发展带来了根本性的变化。什么是计算？什么是可计算？什么是可行计算？计算的复杂性是对人类智力的巨大挑战。这些计算机科学的根本问题的研究不仅推进了计算机的发展，也推进了计算思维本身的发展。在这个研究过程中，一些属于计算思维的特点被逐步揭示出来，计算思维与实证思维、逻辑思维的差别也越来越清晰，计算思维的概念、结构和格式等变得越来越明确，计算思维的内容得到了不断的丰富和发展。计算机的出现丰富了人类改造世界的手段，同时也强化了原本存在于人类思维中的计算思维的意义和作用。

计算思维的意义和作用主要体现在以下几点。

1. 计算思维能力是信息社会公民的基本素质

随着智能信息处理设备及网络的发展，当代社会的每个人正不知不觉地融入信息世界中。各种事务，无论是自然的、人工的、经济的，还是社会的，都被数字化而成为计算机处理的对象，信息处理已经成为人们日常工作和生活的基本手段。产生这种现象的根本原因是计算思维广泛地、客观地存在于自然界、人类社会及人自身。由于计算机对于信息和符号的快速处理能力，许多原本只是理论可以实现的过程变成了实际可以实现的过程。当计算思维真正融入人类活动的整体时，它作为一个解决问题的有效工具处处都会被使用，人人都应当掌握它。

2. 计算思维能力培养是大学教育的重要组成部分

教育的目标是为了人的发展，而人的科学思维能力培养是教育的核心内容。虽然计算思维是无处不在的，但计算思维能力的培养需要系统化的学习和精心的设计。大学计算机基础课程培养大学生的计算思维能力，与大学数学、大学物理成为训练大学生三大基本科学思维的通识型（基础类）课程，从而在创新人才的全面素质教育和能力培养中承担起更重要的职责。

3. 计算思维能力是学科融合与创新的需要

大学计算机基础课程除了独立的课程内容外，还与其他学科的专业课程有着密不可分的关系。多学科不同思维方式的交融对于学科的发展具有革命性的促进。例如，经济学和计算思维的结合可以对群体智能、博弈、决策、市场和社会模型进行定量地分析和研究；将计算思维拓展到其他学科，从而形成基于计算思维的计算社会学、计算经济学和计算生物学等新兴学科。

1.1.2 狭义计算思维与广义计算思维

随着计算机的出现，机器与人类有关的思维与实践活动反复交替、不断上升，从而大大促进了计算思维与实践活动向更高的层次迈进。计算思维的研究包含两层意思——计算思维研究的内涵和计算思维推广与应用的外延。其中，立足计算机学科本身，研究该学科中涉及的构造性思维就是狭义计算思维。在实践活动中，特别是在构造高效的计算方法、研制高性能计算机取得计算成果的过程中，计算思维在不断凸显。

近年来，很多学者提出各种说法，如算法思维、协议思维、计算逻辑思维、计算系统思维以及互联网思维、三元计算思维，它们实质上都是狭义的计算思维。

下面简单介绍在不同层面、不同视角下人们对狭义计算思维的一些认知观点。

计算思维强调用抽象和分解来处理庞大复杂的任务或者设计巨大的系统。计算思维关注分离，通过选择合适的方式去陈述一个问题，或者选择合适的方式对一个问题的相关方面进行建模使其易于处理。计算思维是利用不变量简明扼要且表述性地刻画系统的行为。计算思维是我们在不必理解每个细节的情况下就能够安全地使用、调整和影响一个大型复杂系统的信息。计算思维就是为预期的多个用户而进行的模块化，就是为预期的未来应用而进行的预置和缓存。

计算思维是通过冗余、堵错、纠错的方式，在最坏情况下进行预防、保护和恢复的一种思维，称堵塞为死结，称合同为界面。计算思维就是学习在协调同步相互会合时如何避免竞争的情形。

计算思维是利用启发式推理来寻求解答，即在不确定情况下的规划、学习和调度。计算思维是利用海量的数据来加快计算，在时间和空间之间、在处理能力和存储容量之间的权衡。

计算思维是通过约简、嵌入、转化和仿真等方法，把一个困难的问题阐释成如何求解它的思维方法。

计算思维是一种递归思维，是一种并行处理，是一种把代码译成数据，又能把数据译成代码，可以多维分析推广的类型检查方法。

我们已经知道，计算思维是人的思维，但是反之，不是所有人的思维都是计算思维。例如，一些我们觉得困难的事情，如累加和、连乘积、微积分等，用计算机来做就很简单；而我们觉得容易的事情，如视觉、移动、直觉、顿悟等，用计算机来做就比较难。

但是也许不久的将来，那些可计算的、难计算的甚至不可计算的问题也有"解"的方法。这些立足计算本身来解决问题，包括问题求解、系统设计以及人类行为理解等一系列的人的思维就是广义计算思维。

狭义计算思维基于计算机学科的基本概念，而广义计算思维基于计算科学的基本概念。广义计算思维显然是对狭义计算思维概念和外延的拓展、推广和应用。狭义计算思维更强调由计算机作为主体来完成，广义计算思维则拓展到由人或机器作为主体来完成。不过，它们虽然是涵盖所有人类活动的一系列思维活动，但都建立在当时的计算过程的能力和限制之上。

借用拜纳姆和摩尔所说的："哲学不是永恒的，哲学是与时俱进的"。不管是狭义计算思维，还是广义计算思维，计算思维作为一种哲学层面上的方法论，也是与时俱进的。

下面通过几个较简单的实例来说明。

1. 对函数定义的不同描述

定义 1　设 A、B 是两个非空的数集。集合 A 的任何一个元素在集合 B 中都有唯一的一个元素与之相对应，从集合 A 到集合 B 的这种对应关系称为函数。

定义 2　表示每个输入值对应唯一输出值的一种对应关系。

那么在本例中，定义 1 就是计算思维的定义方式，定义 2 则不是计算思维的表述方式。原因在于，定义 1 的描述是确定的、形式化的，定义 2 的描述就比较含糊。

2. 中、西医看病

中医：根据经验，对不同的患者采用不同的诊断方法，没有统一的模式。
西医：有标准化的诊断程序，所有患者根据程序一步一步检查。

显然，中医的这种诊疗疾病的方式是根据经验而定，这对不同的医生来说具有不确定性，这就不是计算思维的方式。而西医诊疗疾病的方式确定、机械，则体现了计算思维的特点。

3. 菜谱材料准备

土豆烧鸡：土豆 2 个（约 250 克），跑山鸡半只，干香菇 8 朵；葱、姜、八角若干，食用油、蚝油、料酒、白砂糖适量。

水果沙拉：小番茄 60 克，苹果丁 65 克，加州葡萄 30 克，新鲜桃 20 克，草莓 15 克，酸奶 50 毫升。

对照菜谱烹调上述两个菜，在菜谱材料准备方面，"土豆烧鸡"就不符合计算思维的要求。而"水果沙拉"体现了计算思维的特点。麦当劳的菜谱能让全世界所有的人吃到的汉堡都是一个口味，而中国的名菜千厨千味，这就是计算思维方面的差异所致。

构造法也是方法论中的一种。构造原理为对于要解决的问题能根据条件或者结论的特征，从新的角度分析对象，抓住问题与结论之间的内在联系，构造出相关的对象，使问题在新构造的对象中更清晰地展现，从而借助新对象来解决问题。

对中国汉字的信息处理就蕴含了构造原理，可看成是一种典型的计算思维。

我们知道，计算机是西方人发明的，他们用了近 40 年的时间，发展了一整套技术来实现对西文的处理，而汉字是一种象形文字，字种繁多，字形复杂，汉字的信息处理与通用的西方简单的字母数字类信息处理有很大差异，一度成为棘手难题。1984 年的《参考消息》有这样的记载："法新社洛杉矶 8 月 5 日电　新华社派了 22 名记者、4 名摄影记者和 4 名技术人员在奥运会采访和工作，在全世界报道奥运会的 7000 名记者中，只有中国人用手写他们的报道。"

在科技人员的努力下，汉字信息处理研究得到飞跃式的发展。其中，让计算机能表示并处理汉字要解决的首要问题就是对汉字进行编码，即确定每个汉字与一组通用代码集合的对应关系。这样，在输入设备通过输入法接收汉字信息后，即按对应关系将其转换为可由一般计算机处理的通用字符代码，再利用传统计算机的信息处理技术对这些代码信息的组合进行处理，如信息的比较、分类、合并、检索、存储、传输和交换等。处理后的代码组合通过汉字输出设备，按照同样的对应关系转换为汉字字形库的相应字形序号，再由输出设备将处理后的汉字信息直观地显示或打印出来，从而较完美地解决了汉字的信息处理问题。

1.1.3 计算思维的核心概念与分类

1972 年图灵奖得主艾兹格·狄克斯特拉（Edsger Dijkstra）说："我们所使用的工具影响着我们的思维方式和思维习惯，从而也将深刻地影响着我们的思维能力。"是的，计算工具的发展、计算环境的演变、计算科学的形成、计算文明的迭代中都蕴含着思维的火花。这种思维活动在发展、演化、形成的过程中不断闪现，它早已存在于人类科学思维中，并非一个全新概念。

例如，计算算筹的发明是受到了人们将复杂运算转换为简单计算的思维的启发，也就是把乘法变为加法来计算。

"计算理论之父"图灵提出用机器来模拟人们用纸笔进行数学运算的过程，他把这样的过程看成两个简单的动作：①在纸上写上或擦除某个符号；②把注意力从纸的一个位置移动到另一个位置。图灵构造出这台假想的、被后人称为"图灵机"的机器，可用十分简单的装置模拟人类所能进行的任何计算过程。

这些思维活动虽然在人类科学思维中早已存在，但其研究却比较滞后。电子计算机的出现为其带来根本性的改变。回溯到 19 世纪中叶，布尔发表了著作《思维规律研究》，成功地将形式逻辑归结为一种代数运算，这就是布尔代数。但是当时布尔代数的产生被认为"既无明显的实际背景，也不可能考虑到它的实际应用"。可是一个世纪后这种特别的数学思维与工程思维互补融合，在计算机的理论和实践领域中放射出耀眼的光芒。可见，计算机把人的科学思维和物质的计算工具合二为一，反过来又大大拓展了人类认知世界和解决问题的能力和范围。或者说，计算思维帮助人们发明、改造、优化、延伸了计算机，同时，计算思维借助于计算机，其意义和作用进一步浮现。

美国卡内基·梅隆大学的周以真（Jeannette M.Wing）教授于 2006 年在 *Communications of the ACM* 杂志提出计算思维是（包括、涉及）运用计算机科学的基础概念进行问题求解、系统设计以及人类行为理解等涵盖计算机科学之广度的一系列思维活动（智力工具、技能、手段）。

周以真教授尽管没有明确地定义计算思维，但她从 6 个方面来界定计算思维。

1）计算思维是概念化思维，不是程序化思维。计算机科学不等于计算机编程，计算思维应该像计算机科学家那样去思维，远远不只是为计算机编写程序。它能够在抽象的多个层次上思考问题。计算机科学不只是关于计算机，就像通信科学不只是关于手机，音乐产业不只是关于传声器一样。

2）计算思维是基础的技能，而不是机械的技能。基础的技能是每个人为了在现代社会中发挥应有的职能所必须掌握的。生搬硬套的机械技能意味着机械地重复。计算思维不是一种简单、机械的重复。

3）计算思维是人的思维，不是计算机的思维。计算思维是人类求解问题的方法和途径，但决非试图使人类像计算机那样去思考。计算机枯燥且沉闷，人类聪颖且富有想象力。以语言和程序为例，必须严格按照语言的语法编写程序，错一个标点符号都会出问题。程序流程毫无灵活性可言。配置了计算设备，我们就能用自己的智慧去解决那些之前不敢尝试的问题，就能建造那些其功能仅仅受制于我们想象力的系统。

4）计算思维是思想，不是人造品。计算思维不只是将我们生产的软硬件等人造物到处呈现，更重要的是计算的概念被人们用来求解问题、管理日常生活，以及与他人进行交流和活动。

5）计算思维是数学和工程互补融合的思维，不是数学性的思维。人类试图制造的能代替人完成计算任务的自动计算工具都是在工程和数学的结合下完成的。这种结合形成的思维才是计算思维。具体来说，计算思维是与形式化问题解决方案相关的一个思维过程。这样其解决问题的表达形式才能有效地转换为信息处理；而这个表达形式是可表述的、确定的、机械的（不因人而异的），解析基础构建于数学之上，所以数学思维是计算思维的基础。此外，计算思维不仅仅是为了问题解决的效率、速度、成本压缩等，它面向所有领域，对现实世界中的巨大复杂系统来来进行设计与评估，甚至解决行业、社会、国民经济等宏观世界中的问题，因而工程思维（如合理建模）的高效实施也是计算思维不可或缺的部分。

6）计算思维面向所有人、所有领域。计算思维是面向所有人的思维，而不只是计算机科学家的思维。如同所有人都具备"读、写、算"（简称3R）能力一样，计算思维是人具备的思维能力。因而，计算思维不仅仅是计算机专业的学生要掌握的能力，也是所有受教育者应该掌握的能力。

周以真教授同时提出，计算思维的本质是抽象（abstraction）和自动化（automation）。那么，什么是抽象与自动化呢？卡普（Karp）提出自己的观点：任何自然系统和社会系统都可视为一个动态演化系统，演化伴随着物质、能量和信息的交换，这种交换可映射（也就是抽象）为符号变换，使之能用计算机进行离散的符号处理。当动态演化系统抽象为离散符号系统之后，就可采用形式化的规范描述，建立模型、设计算法、开发软件，来揭示演化的规律，并实时控制系统的演化，使之自动执行，这就是计算思维的自动化。

计算思维能力可通过熟练地掌握计算机科学的基础概念而得到提高。这些基础概念可用外延的形式给出，如约简、递归、并行、抽象、分解、建模、冗余、容错等。由ACM 和 IEEE 联合制定的 CC1991 也给出了计算机科学领域里重复出现的 12 个核心概念：绑定、大问题的复杂性、概念模型和形式模型、一致性和完备性、效率、演化、抽象层次、按空间排序、按时间排序、重用、安全性、折中与结论。CC1991 的这 12 个核心概念试图用罗列概念的方式来表述计算机学科领域中最基本的思想和方法。

国际计算机学会（Association of Computing Machinery，ACM）前主席丹宁（Denning）教授则更系统地总结了计算的 7 类原理，即计算、通信、协调、记忆、自动化、评估和设计。每个类别都从一个独特的视角去看待计算本身，并且在计算领域里具有普遍性、复现性、广泛影响性，它们构建起一个理解计算内涵的框架。

在参考国内外已有的研究成果基础上，总结凝练了大学计算机基础教学涉及的计算学科的 42 个主要核心概念。同时，借鉴丹宁的分类方法，将这些核心概念进行分类，从而提出了基于 8 个类别的计算思维表达体系，即计算、抽象、自动化、设计、评估、通信、协调和记忆。

1）计算（computation）是经过一系列状态转换的运算或信息处理的过程。可计算性、计算复杂性是计算的核心。

2）抽象（abstraction）是计算的思维工具，也是计算思维的特征之一。抽象隐藏了计算过程的细节，抽取共同、本质性的特征。由于抽象最终要服务于计算，因此存在不同层次的抽象。

3）自动化（automation）是计算在计算机系统中运行过程的表现形式。什么能被（有效地）自动化以及如何被自动化是计算机学科的根本问题。

4）设计（design）是对一个系统、程序或者对象等利用抽象、模块化、复合、分解方法进行组织，一般包括体系结构设计和处理过程设计。一个系统的体系结构可以划分为组件以及组件之间的交互活动和它们的布局；处理过程意味着要根据一系列步骤来构建一个体系结构。

5）评估（evaluation）是对计算系统的可用性、系统性能的分析和评价，以便确定最佳的设计方案，或者发现影响系统性能的问题以进行优化。

6）通信（communication）是指信息从一个过程或者对象可靠地传输到另一个过程或者对象。

7）协调（coordination）是为确保多方参与的计算过程最终能够得到确切的结果而对整个过程中各步骤序列先后顺序进行的时序与交互控制。

8）记忆（recollection）是指对数据进行有效组织。

1.1.4　计算思维的应用

事实上，我们已经见证了计算思维对其他学科的影响。计算思维正在或已经渗透到各学科、各领域，并正在潜移默化地影响和推动着各领域的发展，已成为一种发展趋势。

在生物学中，霰弹枪算法大大提高了人类基因组测序的速度，不仅具有能从海量的序列数据中搜索寻找模式规律的本领，还能用体现数据结构和算法自身的方式来表示蛋白质的结构。又如，生物燃料曾为我们描述了一幅美好的未来图景——许多人曾经认为，它们能很好地替代石油。但经过多年研究后并没有达到预期效果，反而遭遇瓶颈。近年来，突破这种屏障的一个灵感来自于切叶蚁，在大湖生物能源研究中心，切叶蚁在塑料箱中乱转，弄出可以将树叶转换为油和氨基酸的真菌洞穴，蚂蚁们实际上想吃些油和氨基酸。蚂蚁收集了一组微生物来将这些叶子碎屑转化为油滴。生物学家们以前都是想办法直接收集这些微生物，利用这些微生物本身，而现在则思考利用计算机将微生物所含的编码酶的基因分离出来，直接用于工业过程中分解植物细胞壁。试想一下，微生物所含各种酶的基因如果能被精确分析和控制。那么当你买下一串香蕉，你就可以让它按照自己的需要，周一熟一根，周二熟一根，让每一根香蕉以不同的速度成熟。

在神经科学中，大脑是人体中最难研究的器官，科学家可以从肝脏、脾脏和心脏中提取活细胞进行活体检查，唯独大脑不行，要想从中提取活检组织仍是个难以实现的目标。无法观测活的大脑细胞一直是精神病研究的障碍。精神病学家目前重换思路，从患者身上提取皮肤细胞，转成干细胞，然后将干细胞分裂成所需要的神经元，最后得到所需要的大脑细胞，首次在细胞水平上观测到精神分裂患者的脑细胞。类似这样的思维方法，为科学家提供了以前不曾想到的解决方案。

在物理学中，物理学家和工程师仿照经典计算机处理信息的原理，对量子比特中所包含的信息进行操控，如控制一个电子或原子核自旋的上下取向。与现在的计算机进行比对，量子比特能同时处理两个状态，意味着它能同时进行两个计算过程，这将赋予量子计算机超凡的能力，远远超过了今天的计算机。目前的研究集中在使量子比特始终保持相干，不受周围环境噪声的干扰，如周围原子的推推搡搡。随着物理学与计算机科学的融合发展，量子计算机走入寻常百姓家将不再是梦想。

在地质学中，"地球是一台模拟计算机"。人们用抽象边界和复杂性层次模拟地球和大气层，并且设置了越来越多的参数来进行测试，地球甚至可以被模拟成一个生理测试仪，跟踪测试不同地区人们的生活质量、出生和死亡率、气候影响等。

在数学中，发现了李群 E8（LieGroup E8），这是 18 名世界顶级数学家凭借他们不懈的努力，借助超级计算机，计算了 4 年零 77 小时，处理了 2000 亿个数据，完成的世界上较复杂的数学结构之一。如果在纸上列出整个计算过程所产生的数据，其所需用纸面积可以覆盖整个曼哈顿。

在工程（电子、土木、机械等）领域，利用计算机可以提高精度，进而保证质量、减少浪费并节省制造成本。波音 777 飞机没有经过风洞测试，完全是采用计算机模拟测试的。在航空航天工程中，研究人员利用最新的成像技术，重新检测"阿波罗 11 号"从月球上带回来的这种类似玻璃的沙砾样本，模拟后的三维立体图像在放大几百倍后仍清晰可见，成为科学家进一步了解月球的演化过程的重要环节。

在经济学中，自动设计机制在电子商务中被广泛采用（广告投放、在线拍卖等）。另一个实例是很多麻省理工学院的计算机科学博士在华尔街做金融分析师。

在社会科学中，社交网络是 Myspace 和 YouTube 等发展壮大的原因之一，统计机器学习被用于推荐和声誉排名系统，如 Netflix 和联名信用卡等。

在医疗中，我们看到机器人医生能更好地陪伴、观察并治疗自闭症，可视化技术使虚拟结肠镜检查成为可能等。我们也看到，在癌症研究者中，计算领域专家不留情面地指出：许多研究走入误区，只关注某一个问题出现的 DNA 片段，而不是把它们看成一个复杂的整体。这就好比，你本来是想管理某国的经济，结果着眼点却是某个城市中每种商品的每笔交易。因此，系统生物学被提上日程，癌症生物学家应该从全局考虑，并呼吁这些癌症生物学家要掌握非线性系统分析、网络理论，更新思维模式。

在环境学中，大气科学家用计算机模拟暴风云的形成来预报飓风及其强度。最近，计算机仿真模型表明空气中的污染物颗粒有利于减缓热带气旋。因此，与污染物颗粒相似但不影响环境的气溶胶被研发，并将成为阻止和减缓这种大风暴的有力手段。

在娱乐中，梦工厂用惠普的数据中心进行电影《怪物史莱克》和《马达加斯加》的渲染工作；卢卡斯电影公司用一个包含 200 个结点的数据中心制作电影《加勒比海盗》；裸眼 3D 技术正在研究，具体技术是让屏幕显示一个只有从特定角度才能看到的图像，通过调节光线强度，使得同一个屏幕上可以显示出两幅完全不同的画面，一幅传给左眼，另一幅传给右眼，左右眼同时看到这两幅画面就会产生一种深度感知，让大脑认为看到了 3D 影像，而不需要佩戴任何特殊的眼镜。美国卡内基·梅隆大学研究人员卡西·谢尔教授说：在未来，几乎生活的每个方面都会有游戏一般的体验，如当你站在浴室的镜子前刷牙时，你的电子牙刷会告诉你在过去的 6 个月中，你坚持一天两次高质量的刷牙得分是多少，以及在你周边方圆一千米内的邻居的排名中是第几位。人们生活中的很多事情在游戏中被快乐规划，如吃药了没有、能量消耗是多少。

在艺术领域，戏剧、音乐、摄影等方面通过借助计算思维、应用计算工具，会让艺术家们得到"从未有过的崭新体验"。

从以上各领域的应用可见，实验和理论思维无法解决问题的时候，我们可以使用计算思维来理解大规模序列。计算思维不仅仅为了解决问题效率，甚至可以延伸到经济问题、社会问题。大量复杂问题求解、宏大系统建立、大型工程组织都可通过计算来模拟，包括计算流体力学、物理、电气、电子系统和电路。甚至同人类居住地联系在一起的社会和社会形态研究，当然还有核爆炸、蛋白质生成、大舰艇设计等，都可应用计算思维借助现代计算机进行模拟。

在日常生活中，当小朋友早晨去上学时，他把当天所需的东西放进背包，这就是"预置和缓存"；当小朋友弄丢了自己的物品，你建议他沿着走过的路线去寻找，这就叫"回推"；在超市付费时，去排哪一队才能最快，这就是"多服务器系统"的性能模型；为什么停电时电话仍然可以用，这是设计的"冗余性"问题。中国人常讲"晴带雨伞，饱带饥粮"，这就是一种"预立"。

如果我们能不断追问，计算机科学家面临过什么样的问题？这些问题，他们是怎么思考和解决的？从问题到解决问题的方案，其中蕴含着怎样的思想和方法？如果我们学会理解计算机科学家是如何分析问题、解决问题的，并借鉴到我们的工作、生活甚至发明创造中，那么我们就真正体会到计算思维教育的意义了。

1.2 思维与逻辑

1.2.1 逻辑与思维

从逻辑学到逻辑电路，跨度非常大。但通过这样一个话题，可以让我们"触摸"到科学家们的野心和智慧——以一种可控的、物化的方式探索和模拟人类的思维规律。

逻辑学和计算科学具有完全相同的宗旨——扩展人类大脑的功能，帮助人脑正确、高效地思维。逻辑学试图找出构成人类思维或计算的最基础的机制，如推理中的"代换""匹配""分离"，计算中的"运算""迭代""递归"。而程序设计则是把问题的求解归结于程序设计语言的几条基本语句，或者说归结于一些极其简单的机器操作指令。逻辑学的形式化方法又与计算科学不谋而合。

1. 生活中的"逻辑问题"

《韩非子·难一》中有一个记载：楚国有个卖矛和盾的人，称赞他的盾坚固："任何锋利的东西都穿不透它。"一会儿又赞美自己的矛，说："我的矛锋利极了，什么坚固的东西都能刺穿。"有人问他："用你的矛来刺你的盾，结果会怎么样？"那人便答不上话来了。刺不破的盾和什么都刺得破的矛，是不可能同时存在的，这就是"矛盾"一词的来历。

上面的例子说明，从古至今生活中有很多地方存在逻辑上的矛盾。只要细心观察，你会发现很多这样的事例。大学生们很喜欢"卧谈"，即晚上熄灯后，同宿舍的同学并不急于休息，而是天南地北地聊天，甚至经常就某些问题进行争论。争论的双方通常都想抓住对方的逻辑错误置对方于"死地"，实在争执不下了，就说对方"逻辑混乱"。有一个比较著名的例子——理发师悖论。某地有一位理发师，有一天他宣布："只给不自己刮胡子的人刮胡子"。那么就产生了一个问题：理发师究竟给不给自己刮胡子？如果他给自己刮胡子，他就是自己刮胡子的人，按照他的原则，他又不该自己刮胡子；如果他不给自己刮胡子，那么他就是不自己刮胡子的人，按照他的原则，他又应该给自己刮胡子。这就产生了矛盾。

这样的例子，你也许觉得可笑，可生活中这样的例子却很多，而逻辑学的任务就是寻找获得真理的方法。无论什么时候，无论是谁，学习逻辑学知识永远都是必要的、有好处的。不管你是做律师、侦探，或者其他职业，都应具备科学的、严密的推理和论证能力。人们已经认识到，学习逻辑学有助于人们准确地表达思想，严格地论证思想；学习逻辑学有助于人们揭露和纠正谬误，批驳诡辩论。

2. 逻辑学与思维

逻辑学最早是哲学的一个分支。哲学和逻辑学是人类很早就开始研究的学问。

哲学，常以深奥晦涩而著称，导致很多人对它没有兴趣，甚至误认为哲学就是政治的一部分。事实上，哲学是最高层次的科学。任何一个领域的认知，上升到最高层次就属于哲学的范畴了。因此，哲学常常给人一种高深莫测的感觉。比如，老子说"人法地，地法天，天法道，道法自然。"再如，"任何事物都是相对静止状态和绝对运动状态的统一"，等等。

既然逻辑学是哲学的分支，自然也不那么容易被人们所接受。随着时间的推移，人们逐渐认识到逻辑学的重要性。在联合国教科文组织的学科分类目录中，逻辑学是与数学、物理学等并列的七大基础学科之一。

逻辑学的产生和发展说明了一个基本事实，即人在抽象思维方面不是完美的，或者说经常是有缺陷的。逻辑学的任务是总结抽象思维的规律和特点，希望人们在学习之后能够在日常交流的过程中明辨是非，去伪存真。更重要的是，让我们自己在说话和思考问题的时候，从一开始就具有很强的思维能力和很高的思维品质。

谈到逻辑学的产生与发展，不能不说亚里士多德（公元前384—前322年），他是古希腊的一位哲学家、柏拉图的学生。公元前336年，他在雅典开设了吕克昂学园。在教学活动中，亚里士多德通常是在学生们的簇拥下沿竞技场的游廊边散步边讲授学问，所以后人一般称这里形成的学派为"逍遥学派"。"吾爱吾师，吾更爱真理"是亚里士多德一生人格特征的典型写照。亚里士多德留下了大量的著作，其中包括著名的《工具论》。

《工具论》不是独立的一本著作，而是《范畴篇》《解释篇》《分析前篇》《分析后篇》《论辩篇》《辩谬篇》的总称。在这些著作里，他阐述了经典的"三段论"，即

人都是要死的，

苏格拉底是人，

所以，苏格拉底是要死的。

这几句话流传很广，很多人能背诵。尽管如此，大家还是不太明白什么是逻辑，什么是逻辑学。那么，逻辑究竟是什么呢？逻辑是思维的法则，思维则是各种客观事物变化规律在大脑中的映像。所以，逻辑无处不在。当我们把人类思维和客观规律的"语义内容"抽去后，留下的、共同遵循的"语法规则"就是逻辑。因此，逻辑就是思维的规律，逻辑学就是关于思维规律的学说，思维规律是思维内容与思维形式的统一。

遗憾的是，就现在人类对大脑机理的研究水平而言，尚无法从机理的角度来回答"什么是思维"，只能从功能分析角度出发，对思维的过程做一番揣摩和探讨。

逻辑是人的一种抽象思维，是人通过概念、判断、推理、论证来理解和区分客观世界的思维过程。有时逻辑和逻辑学两个概念可通用，这里也一样。就逻辑学而言，从狭义上讲，它是指研究推理形式的科学；从广义上讲，它是指研究思维形式及其规律以及一般方法的一门思维科学。思维形式是指思维在抽象掉具体内容之后所具有的共同结构，思维形式又称为思维的逻辑形式。不同的思维内容可以有相同的思维形式。逻辑学重点研究的是思维的逻辑形式。因此，逻辑学首先研究了概念和命题，并在此基础上形成了一些公认的准则。

1.2.2 思维与创新

1. 思维模式的形成

人形成固定思维模式主要来源于3个方面。

一是自然世界。这主要是从我们的感官体验而来。例如，你小时候被蛇咬了，你以后都会害怕蛇。

二是概念模式。这主要是来自于我们从别人那里获得的信息或得到的教育，是社会与文化对我们作用的结果。例如，把狗、猫、兔子归为动物，把草、树、花归入植物。

三是逻辑推论和归纳。这一方面的思维定式，主要来源于我们的人生经历。例如，生活在和睦家庭里的孩子，容易得出一个所有家庭的孩子都是幸福美满的结论。又如，一个人只见过长两条腿的鸡就会得出世界上没有长三条腿的鸡的结论。

这些体验、经历、教育环境、生活环境决定了我们的思维模式，而我们的思维模式也就成为决定我们未来命运的重要因素。

这样说，并不是说既定的思维模式是错的，而是告诉我们一个真相，有时候，被我们奉为真理的思维模式也有其局限性。

2. 自然语言与形式语言

科学思维是通过可感知的语言（符号、文字等）来完善并得以显示的，否则，人们将无法使自己的思想清晰化，更无法进行交流和沟通。

（1）自然语言的定义

人类的语言（文字）是人类最普遍使用的符号系统。其最基本、最普遍的形式是自然语言符号系统。自然语言是某一社会发展中形成的一种民族语言，如汉语、英语、法语和俄语等。

（2）自然语言符号系统的基本特征

1）歧义性。

2）不够严格和不够统一的语法结构。下面用语言学家吕叔湘先生给出的两个例子来说明自然语言的歧义性问题。

例如，他的发理得好。

这个例子至少有两种不同的解释：他的理发水平高。理发师理他的发理得好。

又如，他的小说看不完。

这个例子至少有3种不同的解释：他写的小说看不完。他收藏的小说看不完。他是一个小说迷。

（3）高级语言的歧义性问题

自然语言的语义有歧义性的问题，高级程序设计语言其实也有语义的歧义性问题，下面给出一个典型的关于语义问题的例子。

例如，IF(表达式 1)THEN IF(表达式 2)THEN 语句 1 ELSE 语句 2。

这个例子至少有两种不同的解释：
IF(表达式1)THEN(IF(表达式2)THEN 语句1 ELSE 语句2)。
IF(表达式1)THEN(IF(表达式2)THEN 语句1)ELSE 语句2。

显然，自然语言和高级程序设计语言都存在歧义性的问题，只不过，高级程序设计语言存在较少的歧义性而已。而要用计算机对语言进行处理，则必须解决语言的歧义性问题，否则计算机就无法进行判定。

（4）形式语言

随着科学的发展，人们在自然语言符号系统的基础上，逐步建立起了人工语言符号系统（也称科学语言系统），即各学科的专门科学术语（符号），使语言符号保持其单一性、无歧义性和明确性。

人工语言符号系统发展的第二阶段叫形式化语言，简称形式语言。形式语言是进行形式化工作的元语言，它是以数学和数理逻辑为基础的科学语言。

（5）形式语言的基本特点

有一组初始的、专门的符号集。

有一组精确定义的，由初始的、专门的符号组成的符号串转换成另一个符号串的规则。

3. 创新的本质是一种生存方式

我们从出生就和这个世界互动着，每个人都有一套自己与世界相处的运作程序和系统，慢慢地我们就形成了一套固定的思维模式。这个模式决定我们怎样看待问题，如何思考问题以及成为什么样的人。

创新的本质是一种生存方式——将自己投身未来。也就是说，真正具有创新能力的人，会形成一套非常好的运作程序。这些程序条理清晰、目标明确、运作灵活，并且具有极强的思维适应力，能迅速地格式掉落后而陈旧的思想并最快地接受新事物和新思想。

1.2.3 逻辑推理与人工智能

人类最早是从自己的抽象思维能力中认识到智能的存在。尽管学术界对"什么是智能"仍争论不休，但有一点是认同的，"人是有智能的，智能存在于人的思维活动中"。同样，人类也是最早从研究人的思维规律中发现并建立了逻辑。如果说智能表示的是思维的能力，逻辑则是思维的规律。

那么，智能到底是什么呢？国内知名学者史忠植给出的定义是：智能是个体有目的的行为、合理的思维，以及有效地适应环境的综合性能力。通俗地说，智能是个体认识客观事物和运用知识解决问题的能力，人类个体的智能是一种综合能力，具体地讲，可以包括：感知与认识客观事物、客观世界与自我的能力；通过学习取得经验、积累知识的能力；理解知识，运用知识和经验分析问题与解决问题的能力；联想、推理、判断、决策的能力；运用语言进行抽象、概括的能力；发现、发明、创造创新的能力；实时地、迅速地、合理地应付复杂环境的能力；预测、洞察事物发展变化的能力等。

人工智能（artificial intelligence，AI）是相对自然智能而言，即用人工的方法和技术，模仿、延伸和扩展人的智能，实现某些"机器思维"。作为一门学科，人工智能研究智能行为的计算模型，研制具有感知、推理、学习、联想、决策等思维活动的计算机系统，解决需要人类专家才能处理的复杂问题。

模拟人类思维是人工智能的研究核心。从最初实现问题求解，代替人类完成部分逻辑推理，到与环境交互的智能机器人的出现，继而开展具有类人思维和认知能力的智能系统的研制，几次技术飞跃使得当今对于思维和智能的研究呈现出利用哲学、数学、物理学、认知科学、生命科学、语言学、量子计算和生物计算的多学科交叉优势：从研究包括知觉、注意、记忆、语言、推理、思考、意识、情感在内的各层面的认知活动入手，把握人类认知和智能的本质，着重研究思维的创造性、形象性，并最终在人脑上得以模拟。

长期以来，人们从人脑思维的不同层次对人工智能进行研究，形成了符号主义、连接主义和行为主义三大学派。传统人工智能是符号主义，以纽厄尔（Newell）和西蒙（Simon）提出的物理符号系统假设为基础。物理符号系统由一组符号实体组成，是智能行为的充分和必要条件。连接主义研究非程序性的、适应性的、大脑风格的信息处理的本质能力（也称为神经计算）。行为主义认为，智能只是在与环境的交互作用中表现出来的，在许多方面是行为心理学观点在现代人工智能中的反映。

尽管存在着许多争议，但是事实上，逻辑方法一直是计算机科学尤其是人工智能的研究工具。其根源可以追溯到计算机科学和逻辑学所追求的目标在深层次上的一致性。从本质上来说，计算机科学就是要用计算机来模拟人脑的行为和功能，使计算机成为人脑的延伸。而对于人脑的行为和功能的模拟实质上就是模拟人的思维过程。正是计算机科学所追求的这个目标，逻辑学这个研究人的思维规律和法则的学科，其研究方法和研究成果自然而然地成为计算机科学所选用的工具。由于人类智能行为在很大程度上是通过语言和文字表达出来的，因此，从技术上来说，计算机科学模拟人类思维也是从模拟人类的自然语言作为出发点的。围绕语言的概念进行的研究是人工智能的一个核心领域。

逻辑学研究人的思维是从研究人的自然语言开始入手的，计算机科学模拟人的思维同样是从语言开始的。与语言相关的论题是贯穿计算机科学的重要问题，许多领域与语言相关，如软件领域的程序设计语言、人工智能领域中的知识表示和推理等。

所谓推理，是指由一个或几个已知的判断推导出另外一个新的判断的思维形式。一切推理都必须由前提和结论两部分组成。一般来说，作为推理依据的已知判断称为前提，所推导出的新的判断则称为结论。

习 题

一、填空题

1. 科学思维可分为_____、_____和_____3种。
2. _____又称经验思维,是通过观察和实验获取自然规律法则的一种思维方法。
3. _____又称理论思维,是指通过抽象概括,建立描述事物本质的概念,应用逻辑的方法探寻概念之间联系的一种思维方法。
4. _____又称构造思维,是指从具体的算法设计规范入手,通过算法过程的构造与实施来解决给定问题的一种思维方法。

二、简答题

1. 计算思维的意义和作用是什么?
2. 人形成固定思维模式主要来源于哪些方面?

第 2 章 计算机基础知识

计算机（computer）也被称为电脑，是一种利用电子学原理，通过执行一系列指令来进行快速数据处理的运算机器，不仅可以进行数值计算，而且可以进行逻辑计算，还具有存储记忆功能。随着科学技术的飞速发展，计算机已经成为能够自动、高速处理海量数据的现代化智能电子设备。

计算机是 20 世纪伟大的科学技术发明之一，对人类的生产活动和社会活动产生了极其重要的影响，并以强大的生命力飞速发展。它的应用领域从最初的军事科研应用扩展到社会的各个领域，已形成了规模巨大的计算机产业，带动了全球范围的技术进步，由此引发了深刻的社会变革。计算机已遍及一般学校、企事业单位，进入寻常百姓家，成为信息社会中必不可少的工具。

本章讲解计算机基础知识，包括计算机的发展、特点、用途、分类以及数字、字符、汉字等数据在计算机中的编码和表示方法。

2.1 计算机的发展

计算方式的发展经历了由简单到复杂、从低级到高级的不同阶段，如从原始的"结绳记事"到使用算筹、算盘、计算尺、机械计算机等实现计算，如图 2-1～图 2-4 所示。它们在不同的历史时期发挥了各自的作用，同时也启发了现代电子计算机的研制思想。

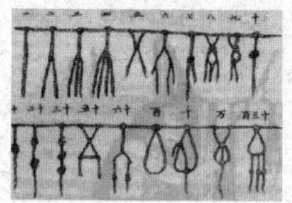
图 2-1 结绳

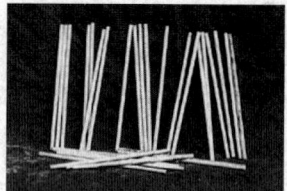
图 2-2 算筹

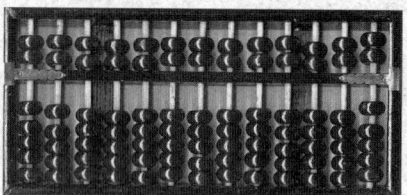
图 2-3 算盘

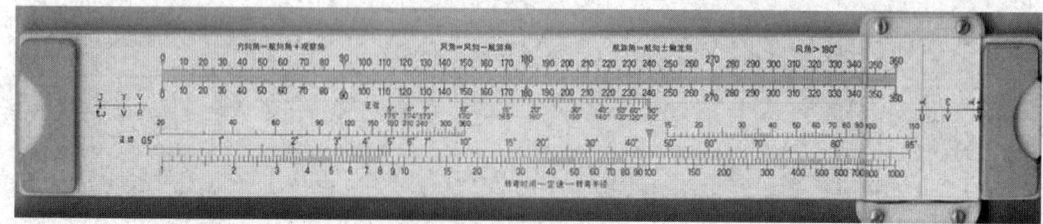
图 2-4 计算尺

2.1.1 机械计算机

文艺复兴时期的社会大变革,极大地促进了自然科学技术的发展,人们长期被压抑的创造力得到了空前释放。而在这些思想创意的火花中,制造一台能够帮助人进行计算的机器则是其中最耀眼、最夺目的一朵。机械计算机由此产生,它是工业革命的产物。早在电子计算机还未被发明的时候,比起古老的算筹、算盘、计算尺等简单计算工具,机械计算机在自动化解决计算问题上已经跨越出了很大一步。

1642 年,法国数学家帕斯卡(Blaise Pascal,图 2-5)根据齿轮啮合原理发明了第一台机械式的加法计算器(图 2-6)。它利用齿轮传动原理,通过手动摇杆操作来完成十进制数的加法运算。当齿轮旋转一周,10 个齿中最长的齿会和更高位数的齿轮啮合实现进位,而反过来旋转可实现减法计算。帕斯卡的这台加法计算器被认为是世界上第一台机械计算机。1971 年发明的 PASCAL 程序设计语言,就是为了纪念帕斯卡这位先驱,才以他的名字命名,使他永远留在了计算机的历史中。

图 2-5 帕斯卡

图 2-6 机械式加法计算器

1671 年,德国数学家莱布尼茨(Gottfried Wilhelm Leibniz,图 2-7)为了有效解决帕斯卡的加法计算器只能实现加减运算而无法实现乘除运算的缺陷,减轻人们在计算上的沉重负担,发明了世界上第一台能够进行加、减、乘、除四则运算的机械计算机,称为莱布尼茨乘法器,如图 2-8 所示。他的这项发明,长期为各式计算机所采用,在机械计算机发展史上做出了杰出贡献。

1823 年,英国数学家查尔斯·巴贝奇(Charles Babbage,图 2-9)为了解决当时用人工计算"数学用表"产生的误差问题,设计了一台差分机(图 2-10),专门用于计算多项式,希望使计算结果达到 20 位有效数字。1834 年,他又提出了分析机的设计原理,被认为是现代电子计算机的前身。在这项设计中,他设想在穿孔卡上存储指令,通过输入指令到机械计算机进行数学运算的可能性,并设想了现代计算机的大多数其他特性。但因 1842 年政府拒绝了进一步的支援,巴贝奇的分析机未能实现。此后,斯德哥尔摩的舒茨公司按照他的设计于 1855 年制造了一台计算器。而真正的计算机直到电子时代才被制成。

图 2-7　莱布尼茨

图 2-8　莱布尼茨乘法器

图 2-9　查尔斯·巴贝奇

图 2-10　差分机

2.1.2　电子计算机

20 世纪初，随着机电工业的发展，出现了一些具有控制功能的电器元件，并逐步为计算工具所采用，为计算机的产生奠定了坚实的物质基础。

1936 年，英国数学家艾伦·图灵（Alan Mathison Turing，图 2-11）发表了题为"论数字计算在决断难题中的应用"一文。在这篇开创性的论文中，艾伦·图灵给"可计算性"下了一个严格的定义，并提出著名的"图灵机（Turing machine）"的设想。图灵机不是一种机器，而是一种模型，可制造出一种十分简单但运算能力极强的计算装置，用于计算所有能想象到的可计算函数。图灵机奠定了现代计算机的理论基础，被公认为是现代计算机的原型。图灵机可以以二进制形式读入一系列的 0、1 数字。这些数字代表了某一问题的求解步骤，按这个步骤执行下去，就能够求解该问题，这也正是计算机程序的基本思想。当时，艾伦·图灵就已经提出让计算机具有人的智能的伟大设想。他的杰出贡献使其成为计算机科学的奠基人，被誉为"人工智能之父"。为了纪念这位伟大的科学家，人们将计算机科学的最高奖项命名为"图灵奖"，它是计算机界的诺贝尔奖。图 2-12 所示是图灵奖杯。

图 2-11　艾伦·图灵

图 2-12　图灵奖杯

1942 年，美国爱荷华州立学院（现爱荷华州立大学）的文森特·阿塔纳索夫（John Vincent Atanasoff）和他的学生贝利（Berry）采用二进制数 0 和 1，设计出了一台以电子管为元件并且能够利用电路执行逻辑运算的数字计算机，被命名为 ABC 计算机，即 Atanasoff-Berry computer，以纪念两人之间的合作。这台计算机不可编程，仅仅用于求解线性方程组，用纸卡片读写器实现的中间结果存储机制是不可靠的。但 ABC 计算机开创了现代计算机的重要元素，包括二进制算术和电子开关。由于缺乏通用性、可变性与存储程序的机制，ABC 计算机与现代计算机是有本质区别的。

第二次世界大战期间，新式武器不断出现，各国对新式武器的研制需求也不断增加。为了能够有效地协助军方精确地计算弹道轨迹，由美国军械部拨款支持，在宾夕法尼亚大学电子工程系成立了专门研究小组，教授莫克利（John Mauchley）和他的研究生埃克特（John Presper Eckert）计划采用电子管建造一台通用电子计算机。

1945 年 6 月，美籍匈牙利科学家冯·诺依曼（John von Neumann，图 2-13）提出了计算机"存储程序"的概念，奠定了现代计算机的体系结构，被称为冯·诺依曼体系结构。冯·诺依曼体系结构可概括如下：程序和数据均以二进制数的形式存储于计算机。在运算器、控制器、存储器、输入设备和输出设备的共同作用下，通过运行程序实现对数据的有序处理。

1946 年 2 月 14 日，基于冯·诺依曼体系结构，世界上第一台电子计算机——ENIAC（图 2-14）在美国宾夕法尼亚大学诞生，全称是电子数值积分式计算机（electronic numerical integrator and computer），并于次日正式公布。ENIAC 共使用 18 000 个电子管，7200 个晶体二极管，1500 个继电器，10 000 个电容器以及其他器件，

图 2-13　冯·诺依曼

还有大约 500 万个手工焊接头,其总体积约 90m³,重达 30t,占地 170m²,是名副其实的庞然大物,运算速度为每秒 5000 次加法,或者 400 次乘法,比机械式的继电器计算机快 1000 倍,是手工计算的 20 万倍。ENIAC 除了两位主设计师外,还有 6 位协助开发的设计工程师。其中,出生于天津的华裔科学家朱传榘负责设计了 ENIAC 的除法器/平方根器。

图 2-14　世界上第一台电子计算机——ENIAC

冯·诺依曼体系结构奠定了现代计算机的结构理论,是计算机发展史上的里程碑,从第一代电子计算机到当前最先进的计算机都是采用冯·诺依曼体系结构,并沿用至今。各类计算机仍被统称为冯·诺依曼计算机。冯·诺依曼本人也被誉为"计算机之父"。

2.1.3　阶段性发展

自世界上第一台计算机问世以来,计算机获得突飞猛进的发展。在人类科技史上还没有一种学科可以与电子计算机的发展相提并论。人们根据计算机的性能和当时的硬件技术状况,将计算机的发展分成几个阶段,每一阶段在技术上都是一次新的突破,在性能上都是一次质的飞跃。

1. 第一阶段——电子管计算机（1946～1957 年）

主要特点如下:

1) 采用电子管作为基本逻辑部件,体积大,耗电量大,寿命短,可靠性高,成本高。

2) 采用电子射线管作为存储部件,容量小。后来外存储器使用磁鼓存储信息,扩充了容量。

3）输入/输出装置主要使用穿孔卡片，速度慢，使用不便。
4）没有系统软件，只能用机器语言和汇编语言等低级程序设计语言来实现编程。

2. 第二阶段——晶体管计算机（1958～1964年）

主要特点如下：
1）采用晶体管制作基本逻辑部件，计算机体积缩小，重量减轻，能耗降低，成本下降，计算机的可靠性和运算速度均得到提高。
2）普遍采用磁芯作为存储器，采用磁盘/磁鼓作为外存储器。
3）开始有了系统软件（监控程序），提出了操作系统概念，出现了高级程序设计语言。

3. 第三阶段——集成电路计算机（1965～1969年）

主要特点如下：
1）采用中、小规模集成电路制作各种逻辑部件，计算机体积更小，重量更轻，耗电更省，寿命更长，成本更低，运算速度有了更大的提高。
2）采用半导体存储器作为主存储器，取代了原来的磁芯存储器，使存储器的存取速度有了大幅度提高，增加了系统处理能力。
3）系统软件有了很大发展，出现了分时操作系统，多用户可以共享计算机软硬件资源。
4）在程序设计方面采用结构化程序设计，为研制更复杂的软件提供了技术保证。

4. 第四阶段——大规模、超大规模集成电路计算机（1970年至今）

主要特点如下：
1）基本逻辑部件采用大规模、超大规模集成电路，使计算机体积、重量、能耗、成本均大幅度降低，出现了微型机。
2）作为主存储器的半导体存储器，其集成度越来越高，容量也越来越大；外存储器除广泛使用软、硬磁盘外，还引进了光盘、闪存等存储设备。
3）各种使用方便的输入/输出设备相继出现。
4）软件产业高度发达，各种实用软件层出不穷，极大地方便了用户。
5）计算机技术与通信技术相结合，计算机网络把世界紧密地联系在一起。
6）多媒体技术崛起，计算机集图像、图形、声音、文字处理于一体，在信息处理领域掀起了一场革命，与之对应的信息高速公路正在紧锣密鼓地筹划实施当中。

从20世纪80年代开始，各国都宣布开始新一代计算机的研究，普遍认为新一代计算机应该是智能型的。它能模拟人的智能行为，理解人类自然语言，并继续向着微型化、网络化发展。

2.1.4 计算机的发展趋势

随着计算机应用的广泛和深入，人们又向计算机技术本身提出了更高的要求。当前，计算机的发展表现为4种趋向：巨型化、微型化、网络化和智能化。

1. 巨型化

发展高速度、大容量和强功能的巨型计算机，是诸如天文、气象、地质、核反应堆等尖端科学的需要，也是记忆巨量的知识信息，以及使计算机具有类似人脑的学习和复杂推理的功能所必需的。巨型机的发展集中体现了计算机科学技术的发展水平。

2. 微型化

进一步提高集成度，利用高性能的超大规模集成电路研制质量更可靠、性能更优良、价格更低廉、整机更小巧的微型计算机。

3. 网络化

把各自独立的计算机用通信线路连接起来，形成各计算机用户之间可以相互通信并能共享资源的网络系统。网络化能够充分利用计算机的宝贵资源并扩大计算机的使用范围，为用户提供方便、及时、可靠、广泛、灵活的信息服务。

4. 智能化

让计算机具有模拟人的感觉和思维过程的能力。智能计算机具有解决问题、逻辑推理、知识处理和知识库管理等功能。人与计算机的联系是通过智能接口，用文字、声音、图像等与计算机进行自然对话。目前，已研制出各种智能机器人，有的能代替人劳动，有的能与人下棋等。智能化使计算机突破了"计算"这一初级含义，从本质上扩充了计算机的能力，可以越来越多地代替人类脑力劳动。

2.2 计算机的特点、用途、分类

2.2.1 计算机的特点

计算机凭借传统信息处理工具所不具备的特征，已经深入到了人们社会生活的各个方面，而且它的应用领域正在变得越来越广泛。计算机能在短短几十年里在各个领域飞速地发展，带动社会变革，是由其本身具有的特点决定的。概括起来，计算机主要具有以下几个特点。

1. 运算速度快

计算机内部的电路组成，可以高速准确地完成各种算术运算。当今计算机系统的运算速度已达到每秒亿亿次,微型计算机的运算速度也可达每秒百万亿次以上,大量复杂的科学计算问题得以解决。例如,卫星轨道的计算、大型水坝的计算、24 小时天气预报的计算等用普通工具需要几年甚至几十年,而用计算机只需几分钟就可完成。计算机最早的应用领域就是科学计算。

2. 计算精度高

科学技术的发展,特别是尖端科学技术的发展,需要高度精确的计算。一般计算机可以有十几位甚至几十位(二进制)有效数字,计算精度可由千分之几到百万分之几,是普通计算工具所望尘莫及的。利用计算机可以获得较高的有效位。例如,利用计算机计算圆周率,目前可以算到小数点后上亿位。

3. 逻辑运算能力强

计算机不仅能进行精确计算,还具有逻辑运算功能,能对信息进行比较和判断。计算机能把参加运算的数据、程序以及中间结果和最后结果保存起来,以供用户随时调用,并根据判断的结果自动执行下一条指令。

4. 存储容量大

计算机内部的存储器具有记忆特性,可以存储大量的信息。这些信息,不仅包括各类数据信息,还包括加工这些数据的程序。

5. 自动化程度高

由于计算机具有存储记忆能力和逻辑判断能力,所以人们可以将预先编好的程序存入计算机内存。在程序控制下,计算机可以连续、自动地工作,不需要人的干预。

6. 性价比高

所谓性价比,是指性能与价格之间的比例,即性价比=性能/价格。计算机发展迅速,越来越普及和大众化,几乎每家每户都有计算机。计算机已经成为 21 世纪不可缺少的家用智能设备,计算机的性能越来越高,价格却越来越低。

2.2.2 计算机的用途

计算机问世初期主要用于科学计算。随着计算机技术的迅猛发展,计算机的应用已经遍及科学研究、军事技术和人们日常生活等各个方面,数据处理能力和逻辑判断能力不断增强。

1. 信息处理

信息处理又称数据处理,是对科研、生产、经济活动中的大量数据进行收集、存储、加工、传输和输出等活动的总称。信息处理是目前计算机最主要的应用领域,这类处理也许并不复杂，但需要处理的数据量却非常大。人事管理、人口统计、仓库管理、银行业务、文献检索、预订机票都属于信息处理的问题，而各类办公自动化系统、管理信息系统、专家系统则是用于信息处理的软件。会计电算化也属于信息处理的应用领域。

2. 科学计算

科学计算又称数值计算，是指计算机在科学研究和工程技术等领域中涉及的复杂数据运算。科学计算是计算机最早的应用领域，如航天、军事、气象、桥梁设计等领域都有复杂的数学问题需要利用计算机进行计算。

3. 过程控制

过程控制又称实时控制，是指用计算机采集检测数据，按最佳值迅速对控制对象进行自动调节，从而实现有效的控制。过程控制涉及的范围十分广泛，如工业、交通运输的自动控制，对导弹、人造卫星、飞机的跟踪与控制等。

4. 计算机辅助系统

计算机辅助系统是指利用计算机来辅助人类完成工作的自动化系统，包括计算机辅助设计（computer aided design，CAD）、计算机辅助制造（computer aided manufacturing，CAM）、计算机辅助教学（computer aided instruction，CAI）、计算机辅助工程（computer aided engineering，CAE）等。例如，CAD 在航空、机械、建筑、服装、电子等领域得到了广泛应用。

5. 计算机通信

计算机通信是计算机技术与通信技术相结合的产物，其典型的代表是计算机网络。随着互联网和多媒体技术的迅速普及，远程医疗、网上银行、电子商务、网络会议等基于计算机通信的远程活动已经得到普及。具体地，如在全国范围内通过网络使用银行信用卡，订购火车票、飞机票等；在互联网上浏览信息、检索信息、收发电子邮件、阅读书报、玩网络游戏、选购商品、参与众多问题的讨论、实现各种远程医疗服务等。

6. 人工智能

人工智能是利用计算机模拟人类的智能活动，使计算机具有判断、理解、学习、问题求解的能力，是计算机的主流技术之一。目前，人工智能的研究已在医疗诊断、文字翻译、密码分析、智能机器人等领域取得一些突破性成果。机器学习是实现人工智能的主要途径。

2.2.3 计算机的分类

电子计算机通常按照结构原理、用途、体积、字长 4 种标准进行分类。其分类标准不同，计算机的种类也不同。

1. 按照结构原理分类

按照结构原理,可将计算机分为以下两类。

(1) 模拟计算机

模拟计算机问世较早,其内部所使用的电信号模拟自然界的实际信号,因而称为模拟电信号。模拟计算机处理问题精度差;所有处理过程均需模拟电路来实现,电路结构复杂,抗外界干扰能力差。

(2) 数字计算机

数字计算机是当今世界电子计算机行业中的主流,其内部处理的是一种被称为符号信号或数字信号的电信号,它的主要特点是"离散",在相邻的两个符号之间不可能有第 3 种符号存在。这种处理信号的方式,使其抗干扰能力强,组成结构和性能都优于模拟计算机。目前广泛应用的都是数字计算机。

2. 按照用途分类

按照用途,将计算机分为通用计算机和专用计算机。

(1) 通用计算机

通用计算机是学校、家庭、工厂、医院、公司等各行各业、各种工作环境都能使用的计算机。平时我们购买的品牌机、兼容机等都是通用计算机。通用计算机不仅能够用于办公,还能用于图形设计、制作网页动画、上网查询资料等。通用计算机也包括各种功能齐全,适用于科学计算、数据处理、过程控制等方面的电子计算机,其具有较高的运算速度、较大的存储容量、配备较齐全的外部设备及软件。通用计算机具有适应性强、应用面广的特点,但其运行效率、速度和经济性依据不同的应用对象会受到不同程度的影响。

(2) 专用计算机

专用计算机是专为解决某一特定问题而设计制造的计算机。这样的计算机一般拥有固定的存储程序,如控制轧钢过程的轧钢控制计算机、计算导弹弹道的专用计算机等。与通用计算机相比,专用计算机适用范围窄,解决特定问题的速度快、可靠性高,且结构简单、价格便宜。

3. 按照体积分类

按照体积,可将计算机分为以下几类。

(1) 巨型计算机

巨型计算机是一种超大型电子计算机,具有很强的计算和处理数据的能力,主要特点表现为运算速度快,存储容量大,结构复杂,价格昂贵,配有多种外部设备及丰富的软件系统。巨型计算机常用来承担重大的科学研究、国防尖端技术、国民经济领域的大型计算课题和数据处理任务,如大范围天气预报,处理卫星照片,研究洲际导弹、宇宙飞船等。制订国民经济的发展计划,项目繁多,时间性强,要综合考虑各种因素,人们依靠巨型计算机能够较顺利地完成。巨型计算机代表了一个国家的科学技术发展水平，典型的，如由中国国防科技大学研制的"天河一号"（图 2-15）二期系统，具有峰值计算速度每秒 4700 万亿次、持续计算速度每秒 2570 万亿次浮点运算的优异性能，在第 36 届世界超级计算机 500 强排名中位居世界第一。2016 年 6 月 20 日，在法兰克福世界超级计算大会上，"天河二号"（图 2-16）以峰值计算速度每秒 54.9 千万亿次、持续计算速度每秒 33.86 千万亿次双精度浮点运算的优异性能位居第二；而"神威·太湖之光"（图 2-17）以峰值计算速度每秒 12.5 亿亿次、持续计算速度每秒 9.3 亿亿次双精度浮点运算的优异性能位居榜首。

图 2-15　"天河一号"巨型计算机

图 2-16　"天河二号"巨型计算机

图 2-17 "神威·太湖之光"巨型计算机

（2）大型计算机

大型计算机的规模次于巨型计算机，有比较完善的指令系统和丰富的外部设备，主要用于计算机网络和大型计算中心，如 IBM 4300。作为大型商业服务器，它在今天仍具有很大活力，其应用软件通常是硬件本身成本的好几倍。随着微型计算机与网络的迅速发展，大型计算机正在走下坡路。目前，许多计算中心的大型计算机正在被高档微型计算机群所取代，但仍有一定地位。

（3）小型计算机

相对于大型计算机而言，小型计算机的软件、硬件系统规模比较小，结构简单，可靠性高，便于维护和使用，可以为多个用户执行任务，通常是一个多用户系统。小型计算机较大型计算机成本低，维护也较容易，用途广泛，可用于科学计算和数据处理，也可用于生产过程自动控制和数据采集及分析处理等。小型计算机目前多被高档微型计算机所替代。

（4）微型计算机

微型计算机由微处理器、半导体存储器和输入/输出接口等组成，较小型计算机体积更小，价格更低，灵活性更好，功能更齐全，可靠性更高，使用更方便。目前，许多微型计算机的性能已超过以往的大中型计算机。我们个人使用的计算机均为微型计算机，现已进入社会生活的各个领域。微型计算机的普及程度代表了一个国家的计算机应用水平。典型的微型计算机有单片机、单板机、台式计算机（又称个人计算机）、笔记本式计算机、微机工作站等几种类型，如图 2-18～图 2-21 所示。

图 2-18 单片机

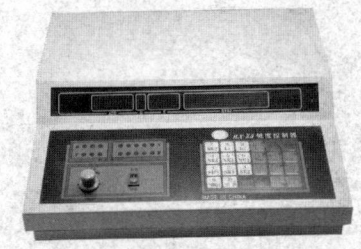

图 2-19 单板机

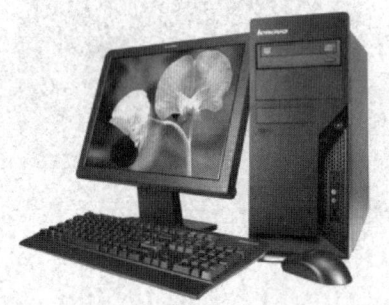

图 2-20 个人计算机

图 2-21 笔记本式计算机

4. 按照字长分类

按照字长，计算机可分为 8 位机、16 位机、32 位机和 64 位机。字长是指计算机的中央处理器一次能够处理的二进制位的个数。一般巨型计算机的字长在 64 位以上，微型计算机的字长在 16~64 位之间。

2.3 数据在计算机中的表示

计算机要处理的数据是多种多样的，如日常的十进制数、文字、符号、图形、图像和语言等，它直接反映了人们所要处理的各种数据。但是，计算机无法直接"理解"这些数据，需要采用数字化编码的形式对数据进行存储、加工、传送。

2.3.1 数据与信息

在计算机科学中，数据是指能够输入到计算机并被计算机程序处理的具有一定意义的数字、文字、字母等符号和图形、图像、视频、音频等模拟量的总称，是客观事物的属性、数量、位置和相互关系的抽象表示。例如，"0，1，2，…""阴、雨、气温""学生档案记录、货物运输情况"等都是数据。现代计算机存储和处理的对象十分广泛，表示这些对象的数据也随之变得越来越复杂。

数据经过加工后就成为信息。信息是指对数据进行加工和处理后获得的结论,泛指人类社会传播的一切内容。人们通过获得、识别自然界和社会的不同信息来区别不同事物,得以认识和改造世界。在一切通信和控制系统中,信息是一种普遍联系的形式。

信息与数据既有联系,又有区别。数据是信息的表现形式和载体,是符号或模拟量的组合,是物理性的;而信息是数据的内涵,它加载于数据之上,对数据作具有含义的解释,是对数据进行加工处理之后所得到的对决策产生影响的数据,是逻辑性和观念性的。数据和信息是不可分离的,信息依赖数据来表达,数据则具体表达出信息,是形与质的关系。数据本身没有意义,数据只有在对实体行为产生影响时才成为信息。表 2-1 所示是某电器有限公司在某年上半年的销售业绩统计表,可以让我们更好地理解数据和信息的内涵。

表 2-1 销售业绩统计表　　　　　　　　　　　　　　　　(单位:元)

编号	姓名	部门	一月份	二月份	三月份	四月份	五月份	六月份	总销售额	排名
XS28	李晓东	销售1部	66 500	92 500	98 500	85 500	86 500	90 000	519 500	4
XS07	张 晋	销售1部	77 500	85 500	90 400	87 000	88 500	90 000	518 900	5
XS41	李志明	销售2部	99 000	83 000	89 500	90 400	86 000	87 500	535 400	3
XS12	吕伟奇	销售2部	89 000	87 500	91 500	90 000	87 500	90 000	535 500	2
XS30	程大明	销售3部	88 000	91 500	90 200	87 400	89 600	90 000	536 700	1
XS21	刘翠丽	销售3部	89 500	92 000	88 500	86 500	67 500	89 100	513 100	6

通过直观的观察,我们了解到这是该电器有限公司某年上半年的销售业绩统计,是既定的事实,这些既定的事实就是数据,是实际的、可见的各种数字、文字、字母等的组合。通过仔细观察,就可以得出结论:在此半年的销售业绩中,程大明的销售业绩最高,为 536 700 元;刘翠丽的销售业绩最低,为 513 100 元;其他人的销售业绩排在这两人之间,等等。得出的这些结论,对于了解各销售部的产品销售额是很有帮助的。这些根据现有数据得出的结论就是信息。数据经过加工以后成为信息,信息是有用的数据。

2.3.2 数据的表示单位

当使用数字来定量地衡量现实世界中事物的数量和属性的时候,通常会给数字冠以单位来表示数量和属性的量级。在计算机中,使用 3 种单位来衡量数据量级,它们分别是位、字节和字。

1. 位

位(bit)是计算机存取数据的最小单位。目前,计算机存取的每一位数据均为 0 或 1,这是由它只存取二进制数据的特点所决定的。位的英文是 bit,代表二进制数字(binary digit),由美国数学家约翰·怀尔德·图基(John Wilder Tukey)所提出,又被汉语音译为"比特"。这个术语在香农的著名论文"通信的数学理论"中第一次被正式使用。

2. 字节

字节（byte）是计算机存取数据的基本单位，简写为B。1个字节由8位构成，每一位均为0或1。为了更方便地描述数据的量级，在字节的基础上又衍生出了其他数据单位，分别是KB、MB、GB，它们之间的关系为：1B=8bit；1KB=1024B；1MB=1024KB；1GB=1024MB。

大数据时代，互联网、移动互联网、物联网、车联网、医学影像、安全监控、金融、电信等行业产生了大量数据。一些学科，如天文学和基因学，使数据激增，对数据量的描述上升到了更高量级，分别定义TB、PB、EB、ZB、YB来描述数据量，并规定如下关系：1TB=1024GB；1PB=1024TB；1EB=1024PB；1ZB=1024EB；1YB=1024ZB。

这里，各个单位之间的进制是2^{10}（1024），如2GB内存的容量等于$2×1024×1024×1024$B。

3. 字

计算机运行时，一次存取、加工和传送的由0、1构成的最大位串称为字（word）。一个字通常由一个或多个（一般是字节的整数倍）字节构成。例如，286型号计算机的字由2个字节组成，它的字长为16位；486型号计算机的字由4个字节组成，它的字长为32位。在计算机的运算器、控制器中，通常都是以字为单位进行传送的。字出现在不同的地方其含义也不相同。例如，送往控制器的字是指令，而送往运算器的字就是数据。在存储器中，通常每个存储单元存储一个字，因此每个字都是可以寻址的。

计算机的每个字所包含的总的0、1个数称为字长。根据计算机的不同，字长有固定的和可变的两种。固定字长，即字长度不论什么情况都是固定不变的；可变字长，即在一定范围内，其长度是可变的。为适应不同的要求及协调运算精度和硬件造价间的关系，大多数计算机支持可变字长运算。

计算机的字长决定了其CPU一次操作处理实际位数的多少，字长越大，计算机的性能越优越。一台n位字长的计算机，简称n位机，能够直接处理2^n之内的数字。例如，16位机能够直接处理2^{16}之内的数字（最大为65 535）。32位机比16位机性能优越，原因在于它一次能处理的数字字长更大，32位机能直接处理的数字高达4 294 836 225（$2^{32}-1$）。计算机一次处理的数字字长越大，则操作的次数就越少，从而系统的效率也就越高。字长是衡量计算机性能的一个重要指标。

计算机处理数据的速率和它的字长以及进行运算的快慢有关。如果一台计算机的字长是另一台计算机的两倍，即使两台计算机的速度相同，在相同的时间内，前者能做的工作是后者的2倍。

目前的计算机多为32位机和64位机，但大多以32位字长运行，没能发挥其字长的优越性，因为它必须与64位软件（如64位的操作系统等）配合使用，也就是说，计算机的字长受软件系统的制约。例如，在32位软件系统中，64位机只能当32位机使用。因此，软件字长只有与计算机的字长相匹配，才能够更好地发挥计算机的效能。

2.3.3 数制的概念

数制也称计数制,是用一组固定的符号和统一的规则来表示数字的方法。我们使用的数制主要是进位计数制,也有一些非进位计数制,如罗马数字。但是,非进位计数制使用起来极为不便,因此很少被使用。

任何一种进位计数制都包含两个基本要素,即基数和位权。其中,基数是该数制使用的符号个数;位权是每一固定位置的单位取值。如果一个数字,它的基数为 b,整数部分从右边算起,第 i(i=1,2,…)个符号的位置编号为 i-1,则整数部分第 i 个符号的位权为 b^{i-1};小数部分从左边算起,第 j(j=1,2,…)个符号的位置编号为-j,则小数部分第 j 个符号的位权为 b^{-j}。典型的,最常用的十进制数,符号集是{0,1,2,3,4,5,6,7,8,9},则基数是 10,如 221.56,整数部分从右边算起,位权分别是 10^0,10^1,10^2;小数部分从左边算起,位权分别是 10^{-1},10^{-2}。可以看出,一个使用进位计数制的数字等于它的每一个符号乘以该符号的位权后再相加得到的结果,如 $221.56=2\times10^2+2\times10^1+1\times10^0+5\times10^{-1}+6\times10^{-2}$。

较为常用的进位计数制还有七进制,如一周有 7 天;二十四进制,如一天有 24 小时,一年有二十四节气;六十进制,如 1 小时有 60 分钟,1 分钟有 60 秒,等等。这些数制虽然在生活中常用,但却不便于在计算机中使用。在计算机中常用的数制除二进制外,还包括十进制、八进制、十六进制。

2.3.4 常用数制

1. 二进制

二进制数字由 0 和 1 构成,是最简单的数制,在 18 世纪由德国数学家莱布尼茨发明。计算机中真实存储的数字实际上只有二进制数字,且各种数据和程序最终都是以二进制数字的形式存储的。而其他进制的数字、文本、图像、视频、声音等各种数据都是计算机对二进制数字处理后才呈现在用户面前的。不仅如此,程序之所以能够运行,也是计算机处理二进制数字的结果。

(1)计算机中使用二进制数字的原因

1)技术上容易实现。使用双稳态电路表示 0 和 1 会很容易。电子器件大多具有两种稳定状态,典型的如晶体管的导通和截止、电压的高和低、磁性的有和无等,都可以分别表示 1 和 0。相对于使用其他进制的数字而言,使用二进制会使计算机的元件数量大幅度减少,运算效率提高很多。所以,二进制是自然而然的选择。

2)可靠性高。二进制中只使用 0 和 1 两个符号,传输和处理时不易出错,可以保障计算机具有较高的可靠性。

3)运算规则简单。与十进制数相比,二进制数的运算规则要简单得多,这不仅可以使运算器的结构得到简化,而且有利于提高运算速度。

4）与逻辑量相吻合。0 和 1 正好与逻辑量"假"和"真"相对应，用二进制数表示二值逻辑便显得十分自然。

5）二进制数与十进制数之间的转换很容易。人们在使用计算机时仍可以使用自己所习惯的十进制数，而计算机会自动将其转换成二进制数进行存储和处理，在输出处理结果时又会将二进制数自动转换成十进制数，这给人们的工作带来极大方便。

（2）二进制数字的表示

二进制数字的符号集是$\{0,1\}$，基数是 2，整数部分从右数第 i 位数字的位权是 2^{i-1}，小数部分从左数第 j 位数字的位权是 2^{-j}。二进制数字的表示方法与常用的十进制数字的表示方法类似，并且为了与其他进制的数字区别开来，我们通常将二进制数字使用圆括号括起，在圆括号右下角冠以数字"2"，或者直接在二进制数字的末尾冠以大写字母"B"，表示是二进制数字，如$(100100.1101)_2$ 或 100100.1101B。

（3）二进制数字的四则运算法则

与十进制数字的四则运算法则相似，二进制数字的四则运算遵循"逢 2 进 1，借 1 当 2"的原则。

【例 2-1】计算$(11001.11)_2+(101.01)_2$。

解：
```
    11001.11
+     101.01
    11111.00
```

【例 2-2】计算$(1101.11)_2-(110.11)_2$。

解：
```
    1101.11
-    110.11
     111.00
```

【例 2-3】计算$(1101.11)_2\times(11)_2$。

解：
```
      1101.11
×          11
      1101.11
+    11011.10
    101001.01
```

【例 2-4】计算$(1001.001)_2\div(1101)_2$。

解：
```
            0.101
   1101 ) 1001.001
        -  110.1
           010.101
        -    1.101
             1.000
```

2．八进制

八进制数的符号集是$\{0, 1, 2, 3, 4, 5, 6, 7\}$，基数是 8，整数部分从右数第 i 位数字的位权是 8^{i-1}，小数部分从左数第 j 位数字的位权是 8^{-j}。同样，也将八进制数字使用圆括号括起，并在圆括号右下角冠以数字"8"，或者直接在末尾冠以大写字母"O"，表示是八进制数字，如$(327.17)_8$ 或 327.17O。八进制数字的四则运算法则是"逢 8 进 1，借 1 当 8"。例如，$(124.27)_8+(454.07)_8=(600.36)_8$。

3．十六进制

十六进制数的符号集是$\{0, 1, 2, 3, 4, 5, 6, 7, 8, 9, A, B, C, D, E, F\}$，

其中的 A~F 分别代表十进制数 10~15，基数是 16，整数部分从右数第 i 位数字的位权是 16^{i-1}，小数部分从左数第 j 位数字的位权是 16^{-j}。同样，也将十六进制数字使用圆括号括起，并在圆括号右下角冠以数字"16"，或者直接在末尾冠以大写字母"H"，表示数字是十六进制数字，如 $(32A.17)_{16}$ 或 32A.17H。类似地，十六进制数字的四则运算法则是"逢 16 进 1，借 1 当 16"。例如，$(156A.AA)_{16}+(9BF.18)_{16}=(B15.C2)_{16}$。

表 2-2 列出了十进制数 0~15 分别与其二进制数、八进制数、十六进制数的对应关系。牢记这些对应关系，将会对计算和数制转换带来极大的方便。

表 2-2 十进制数 0~15 分别与其二进制、八进制、十六进制的对应关系

十进制数	二进制数	八进制数	十六进制数
0	0	0	0
1	1	1	1
2	10	2	2
3	11	3	3
4	100	4	4
5	101	5	5
6	110	6	6
7	111	7	7
8	1000	10	8
9	1001	11	9
10	1010	12	A
11	1011	13	B
12	1100	14	C
13	1101	15	D
14	1110	16	E
15	1111	17	F

2.3.5 数制转换

为方便计算和处理，需要将数字统一为同一种进制后再进行计算，或将数字从一种进制转换为另一种进制再进行处理，这就涉及数字在各种进制之间的转换。例如，数字在二进制、八进制、十进制、十六进制之间相互转换。

1. R 进制转十进制

将 R 进制数 $(D)_R=(d_{n-1}d_{n-2}\cdots d_1d_0d_{-1}d_{-2}\cdots d_{-(m-1)}d_{-m})_R$ 转换为十进制数字 $(D')_{10}$ 时，遵循的规则如下：R 进制数的每一位与它的位权相乘，再对相乘后的结果求和，运算后，可得到对应的十进制数，即 $(D')_{10}=d_{n-1}R^{n-1}+d_{n-2}R^{n-2}+\cdots+d_1R^1+d_0R^0+d_{-1}R^{-1}+d_{-2}R^{-2}+\cdots+d_{-(m-1)}R^{-(m-1)}+d_{-m}R^{-m}$。

【例 2-5】转换二进制数 $(10010.001)_2$ 为十进制数。

解：$(10010.001)_2=1×2^4+0×2^3+0×2^2+1×2^1+0×2^0+0×2^{-1}+0×2^{-2}+1×2^{-3}=(18.125)_{10}$。

【例 2-6】转换八进制数 $(677.271)_8$ 为十进制数（结果保留 3 位小数）。

解：$(677.271)_8=6×8^2+7×8^1+7×8^0+2×8^{-1}+7×8^{-2}+1×8^{-3}=(447.361)_{10}$。

【例 2-7】转换十六进制数 $(F12.0A1)_{16}$ 为十进制数（结果保留 3 位小数）。

解：$(F12.0A1)_{16}=15×16^2+1×16^1+2×16^0+0×16^{-1}+10×16^{-2}+1×16^{-3}=(3858.039)_{10}$。

2. 十进制转 R 进制

将十进制数 $(D')_{10}$ 转换为 R 进制数 $(D)_R$ 时，遵循的规则如下：整数部分除以 R，得到的商再除以 R，持续相除，直至商为 0，将每次除以 R 后的商的余数按照得到它们的顺序从右向左排列，即为转换后十进制数的整数部分；小数部分乘以 R，积的小数部分再乘以 R，持续相乘，直至小数部分为 0，将每次乘以 R 后的积的整数部分按照得到它们的顺序从左向右排列，即为转换后十进制数的小数部分。如果小数部分不能乘积至 0，则根据需要，保留到指定的位数即可。

【例 2-8】转换十进制数 $(25.75)_{10}$ 为二进制数。

解：

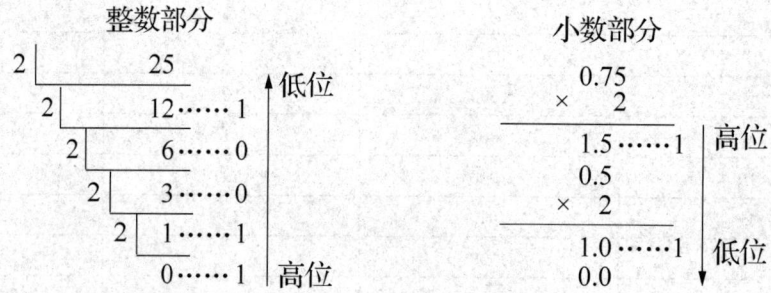

按照规则，十进制数 $(25.75)_{10}$ 转换为二进制数是 $(11001.11)_2$。

【例 2-9】转换十进制数 $(72479.78)_{10}$ 为八进制数（结果保留 3 位小数）。

解：

整数部分　　　　　　　　　　　小数部分

```
                                    0.78
                                  ×    8
 8 | 72479           ↑低位        6.24 …… 6    ↑高位
 8 |  9059 …… 7                   0.24
 8 |  1132 …… 3                 ×    8
 8 |   141 …… 4                   1.92 …… 1
 8 |    18 …… 5                   0.92
 8 |     2 …… 1                 ×    8
         0 …… 2     ↓高位         7.36 …… 7
                                    0.36
                                  ×    8
                                    2.88 …… 2   ↓低位
                                    0.88
```

按照规则，十进制数$(72479.78)_{10}$转换为八进制数是$(215437.617)_8$。

【例2-10】转换十进制数$(180480.24)_{10}$为十六进制数（结果保留3位小数）。

解：

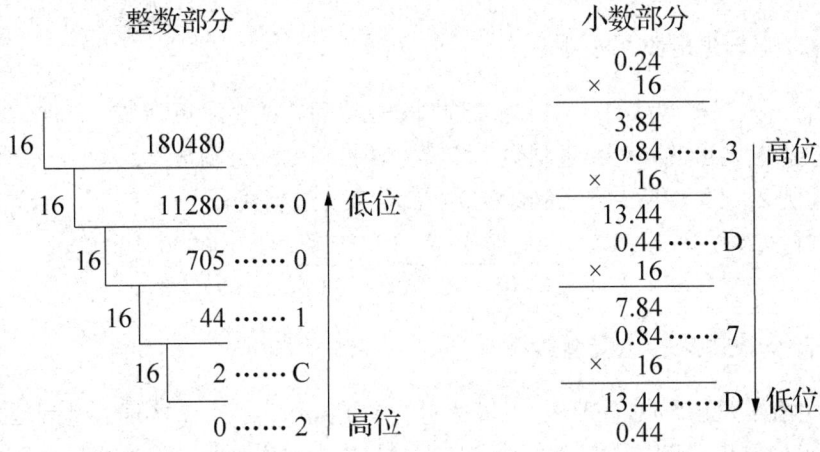

按照规则，并保留3位小数后十进制数$(180480.24)_{10}$转换为十六进制数是$(2C100.3D8)_{16}$。

3．二进制转八进制

将二进制数$(D)_2$转换为八进制数$(D')_8$时，遵循的规则如下：整数部分从右边算起，每3位为一组，如果剩余不足3位，则从左边以"0"补齐，每组转换为八进制数；小数部分从左边算起，每3位为一组，如果剩余不足3位，则从右边以"0"补齐，每组转换为八进制数，即得到转换后的八进制数。

【例2-11】转换二进制数$(1001000100.11011)_2$为八进制数。

解：$(1001000100.11011)_2 = \underbrace{001}_{1}\underbrace{001}_{1}\underbrace{000}_{0}\underbrace{100}_{4}.\underbrace{110}_{6}\underbrace{110}_{6} = (1104.66)_8$。

4．八进制转二进制

将八进制数$(D')_8$转换为二进制数$(D)_2$时，遵循的规则如下：将八进制数的每1位转换为对应的3位二进制数，即得到转换后的二进制数。

【例2-12】转换八进制数$(177.16)_8$为二进制数。

解：$(177.16)_8 = \underbrace{1}_{001}\underbrace{7}_{111}\underbrace{7}_{111}.\underbrace{1}_{001}\underbrace{6}_{110} = (1111111.00111)_2$。

5．二进制转十六进制

将二进制数$(D)_2$转换为十六进制数$(D')_{16}$时，遵循的规则如下：整数部分从右边算起，每4位为一组，如果剩余不足4位，则从左边以"0"补齐，每组转换为十六进制数；小数部分从左边算起，每4位为一组，如果剩余不足4位，则从右边以"0"补齐，每组转换为十六进制数，即得到转换后的十六进制数。

【例2-13】转换二进制数(1001000100.11011)$_2$为十六进制数。

解：(1001000100.11011)$_2$=0010 1000 0100.1101 1000=(244.D8)$_{16}$。
　　　　　　　　　　　　　 2 　 4 　 4 　 D 　 8

6. 十六进制转二进制

将十六进制数$(D')_{16}$转换为二进制数$(D)_2$时，遵循的规则如下：将十六进制数的每1位转换为对应的4位二进制数，即得到转换后的二进制数。

【例2-14】转换十六进制数(A07.1C)$_{16}$为二进制数。

解：(A07.1C)$_{16}$= A　　0　　7．1　　C =(101000000100.000111)$_2$。
　　　　　　　　 101000000100 00011100

7. 八进制与十六进制转换

为容易理解和便于处理，可以使用二进制数作为媒介来实现八进制数与十六进制数的转换。首先，将八进制（十六进制）数转换为二进制数；然后，再将得到的二进制数转换为十六进制（八进制）数，即得到转换后的数字。

2.3.6 逻辑运算

现代计算机经常处理逻辑数据，逻辑数据之间的运算称为逻辑运算。逻辑数据和逻辑运算后的结果有且只有两个："真"或"假"。计算机中使用二进制位"1"表示"真（true）"，"0"表示"假（false）"，并按位实现逻辑运算。典型的逻辑运算主要包括：与运算、或运算、非运算、异或运算。

1. 与运算

与运算是二元运算，要求参与运算的逻辑数据有两个，运算遵循规则：只有当参与运算的两个逻辑数据都为"真"时，运算结果才为"真"；否则，运算结果为"假"，如表2-3所示。与运算使用运算符"∧"。

表2-3　与运算关系表

逻辑数据1	逻辑数据2	与运算结果
0	0	0
0	1	0
1	0	0
1	1	1

2. 或运算

或运算也是二元运算，要求参与运算的逻辑数据也有两个，运算遵循规则：只有当参与运算的两个逻辑数据都为"假"时,运算结果才为"假";否则,运算结果为"真",如表 2-4 所示。或运算使用运算符"∨"。

表 2-4 或运算关系表

逻辑数据 1	逻辑数据 2	或运算结果
0	0	0
0	1	1
1	0	1
1	1	1

3. 非运算

非运算是一元运算,要求参与运算的逻辑数据只有一个,运算遵循规则:如果参与运算的逻辑数据为"真",则运算结果为"假";如果参与运算的逻辑数据为"假",则运算结果为"真",即按照将参与运算的逻辑数据取反的原则进行运算,如表 2-5 所示。非运算在参与运算的逻辑数据上面冠以运算符"—",表明对逻辑数据执行的是非运算。

表 2-5 非运算关系表

逻辑数据	非运算结果
0	1
1	0

4. 异或运算

异或运算也是二元运算,要求参与运算的逻辑数据有两个,运算遵循规则:当参与运算的两个逻辑数据同时为"真"或同时为"假"时,运算结果为"假";否则,运算结果为"真",如表 2-6 所示。异或运算使用运算符"⊕"。

表 2-6 异或运算关系表

逻辑数据 1	逻辑数据 2	异或运算结果
0	0	0
0	1	1
1	0	1
1	1	0

【例 2-15】A=10011,B=10001,计算 A∧B,A∨B,$\overline{A}$,A⊕B。

解:
```
    1 0 0 1 1           1 0 0 1 1                          1 0 0 1 1
  ∧ 1 0 0 0 1         ∨ 1 0 0 0 1       ─────────        ⊕ 1 0 0 0 1
  ───────────         ───────────        1 0 0 1 1        ───────────
    1 0 0 0 1           1 0 0 1 1        0 1 1 0 0          0 0 0 1 0
```

上述4种逻辑运算中，与运算、或运算、非运算是基本逻辑运算，异或运算可通过这3种基本运算得到，通常有式 A⊕B=（A∧$\bar{B}$）∨（B∧$\bar{A}$）成立。因此，异或运算并非基本的逻辑运算。

2.3.7 计算机编码

数据在计算机中存储和运算时都要使用二进制数表示，如果想互相通信和对信息达成共识，就必须使用相同的编码规则，就要对表示数字、字母、符号、汉字、图像、视频、声音的数据按照规则进行统一编码。计算机编码是指计算机内部表示数据的方式。编码主要分为数值型数据编码和非数值型数据编码。

1. 数值编码

（1）原码

二进制数在计算机中的表示形式称为机器数，也称为数的原码表示法。原码是一种直观的二进制机器数表示的形式。机器数具有两个特点：①机器数的位数固定，能表示的数值范围受到位数限制。例如，某8位计算机，能表示的无符号整数的范围为 0~255。②机器数的正负用 0 和 1 表示。机器中通常是把最高位作为符号位，其余作为数值位，并规定 0 表示正数，1 表示负数。例如，$(+71)_{10}=(01000111)_2$，$(-71)_{10}=(11000111)_2$。

（2）反码

反码是一种中间过渡的编码，采用它的主要原因是为了计算补码。编码规则如下：正数的反码与其原码相同，负数的反码是该数的绝对值所对应的二进制数按位求反，符号位保持不变。例如，设机器的字长为 8 位，则 $(+100)_{10}$ 的二进制反码为 $(01100100)_2$，$(-100)_{10}=(10011011)_2$。

（3）补码

在计算机中，机器数的补码的编码规则如下：正数的补码是它的原码，而负数的补码为该数的反码再加 1，如 $(+100)_{10}$ 的二进制补码为 $(01100100)_2$，$(-100)_{10}=(10011011)_2+1=(10011100)_2$。

（4）BCD 码

计算机中使用的是二进制数，而人们习惯使用的是十进制数，因此，输入到计算机中的十进制数需要转换成二进制数；数据输出时，应将二进制数转换成十进制数。为了方便，大多数通用性较强的计算机需要能直接处理十进制形式表示的数据。为此，在计算机中还设计了一种中间数字编码形式，它把每一位十进制数用 4 位二进制编码表示，称为二进制编码的十进制表示形式，简称 BCD（binary coded decimal）码。4 位二进制数码，可编码组合成 16 种不同的状态，而十进制数只有 0，1，…，9 这 10 个数码，因此选择其中的 10 种状态作 BCD 码的方案有许多种，如 8421 码、格雷码、余 3 码等，编码方案如表 2-7 所示。

表 2-7 用 BCD 码表示的十进制数

十进制数	8421 码	2421 码	5211 码	余 3 码	格雷码
0	0000	0000	0000	0011	0000
1	0001	0001	0001	0100	0001
2	0010	0010	0011	0101	0011
3	0011	0011	0101	0110	0010
4	0100	0100	0111	0111	0110
5	0101	1011	1000	1000	1110
6	0110	1100	1010	1001	1010
7	0111	1101	1100	1010	1000
8	1000	1110	1110	1011	1100
9	1001	1111	1111	1100	0100

最常用的 BCD 码是 8421 码。8421 码选取 4 位二进制数的前 10 个代码分别对应表示十进制数的 10 个数码，1010~1111 这 6 个编码未被使用。

（5）定点数

定点数是指在计算机中小数点的位置不变的数，主要分为定点整数和定点小数两种。应用定点数的主要目的是扩大实数的表示范围。在计算机中通常采用两种简单的约定：将小数点的位置固定在数据的最高位之前，或者是固定在最低位之后。一般常称前者为定点小数，后者为定点整数。

定点小数是纯小数，约定的小数点位置在符号位之后、有效数值部分最高位之前。若数据 x 的形式为 $x=x_0.x_1x_2\cdots x_n$（其中 x_0 为符号位，$x_1\sim x_n$ 是数值的有效部分，也称为尾数，x_1 为最高有效位），则在计算机中表示为

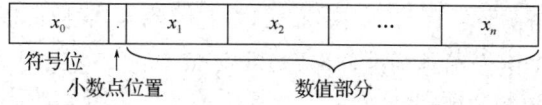

定点整数是纯整数，约定的小数点位置在有效数值部分最低位之后。若数据 x 的形式为 $x=x_0x_1x_2\cdots x_n.$（其中 x_0 为符号位，$x_1\sim x_n$ 是尾数，x_n 为最低有效位），则在计算机中表示为

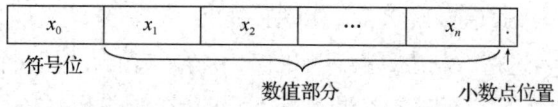

若机器字长为 $n+1$ 位，有 $X=X_0.X_1X_2\cdots X_n$，X_i 为 0 或 1（其中 $0\leq i\leq n$，这里 X_0 不表示数字，而是用来表示符号。若 $X_0=0$，则代表 $X=0.X_1X_2\cdots X_n$；若 $X_0=1$，则代表 $X=-0.X_1X_2\cdots X_n$），即 $X=X_0.X_1X_2\cdots X_n$ 代表的小数为 $(-1)X_0\times(X_1\times 2^{-1}+X_2\times 2^{-2}+\cdots+X_{n-1}\times 2^{-n+1}+X_n\times 2^{-n})$，数值范围是 $-(1-2^{-n})\leq X\leq 1-2^{-n}$。例如，1.111 表示-0.875。当数据小于定点数

能表示的最小值时，计算机将它们作 0 处理，称为下溢；当数据大于定点数能表示的最大值时，计算机将无法表示，称为上溢。上溢和下溢统称为溢出。

（6）浮点数

与科学记数法相似，任意一个 R 进制数 N，总可以写成如下形式：

$$N = \pm M \cdot R^{\pm E}$$

式中，M 称为数 N 的尾数（mantissa），是一个纯小数；E 为数 N 的阶码（exponent），是一个整数；R 称为比例因子 R^E 的底数（通常取为 2）；数 M 和 E 前面的"±"符号表示正负，取值为 0 时表示正数，取值为 1 时表示负数。这种表示方法相当于数的小数点位置随比例因子的不同而在一定范围内可以自由浮动，所以称为浮点表示法。

E_s	$E_1\ E_2\ E_3\cdots E_n$	M_s	$M_1\ M_2\ M_3\cdots M_n$
阶符	阶码	尾符	尾数

一般来说，增加尾数的位数，将增加可表示区域数据点的密度，从而提高数据的精度；增加阶码的位数，能增大可表示的数据区域。

【例 2-16】用浮点表示法表示数 $(110.011)_2$。

解：$(110.011)_2 = 1.10011 \times 2^{+10} = 11001.1 \times 2^{-10} = 0.110011 \times 2^{+11}$。

2. 字符编码

字符编码主要指美国信息交换用标准代码（American Standard Code for Information Interchange，ASCII），是由美国国家标准学会（American National Standard Institute，ANSI）制定的编码方案，用于文本中单字节字符的编码。ASCII 码始于 20 世纪 50 年代后期，在 1967 年定案，最初为美国国家标准，提供给不同计算机在相互通信时用作共同遵守的西文字符编码标准，逐渐被国际标准化组织（International Organization for Standardization，ISO）定为国际标准，称为 ISO 646 标准。它适用于所有拉丁文字字母，主要用于显示现代英语和其他西欧语言。

ASCII 码使用 8 位二进制数表示 256 种字符。0～127 表示的前 128 个字符称为标准 ASCII 码，如表 2-8 所示。其中，0～32 和 127（共 34 个）是控制字符和通信专用字符。控制字符如 SP（空格）、LF（换行）、CR（回车）、FF（换页）、DEL（删除）、BS（退格）、BEL（振铃）等；通信专用字符如 SOH（文头）、EOT（文尾）、ACK（确认）等；8、9、10 和 13 分别为退格、制表、换行和回车字符。它们并没有特定的可显示的图形，但会依据不同的应用程序，而对文本显示有不同的影响。33～126 为可显示字符，48～57 为 0 到 9 十个阿拉伯数字；65～90 为 26 个大写英文字母，97～122 为 26 个小写英文字母，其余为标点符号、运算符号等。标准 ASCII 码的最高位为 0。

表 2-8 标准 ASCII 码表

$D_3D_2D_1D_0$	$D_7D_6D_5D_4$							
	0000	0001	0010	0011	0100	0101	0110	0111
0000	NUL	DLE	SP	0	@	P	`	p
0001	SOH	DC1	!	1	A	Q	a	q
0010	STX	DC2	"	2	B	R	b	r
0011	ETX	DC3	#	3	C	S	c	s
0100	EOT	DC4	$	4	D	T	d	t
0101	ENQ	NAK	%	5	E	U	e	u
0110	ACK	SYN	&	6	F	V	f	v
0111	BEL	ETB	'	7	G	W	g	w
1000	BS	CAN	(	8	H	X	h	x
1001	HT	EM	)	9	I	Y	i	y
1010	LF	SUB	*	:	J	Z	j	z
1011	VT	ESC	+	;	K	[	k	{
1100	FF	FS	,	<	L	\	l	|
1101	CR	GS	-	=	M	]	m	}
1110	SO	RS	.	>	N	^	n	~
1111	SI	US	/	?	O	_	o	DEL

128~255 表示的后 128 个字符称为扩展 ASCII 码,如表 2-9 所示。扩展 ASCII 码是国际标准化组织继 ISO 646 标准后制定的 ISO 2022 标准,目的是能够编码更多的字符来满足实际需求。许多基于 x86 的系统都支持使用扩展 ASCII 码。扩展 ASCII 码的最高位为 1,用于区别标准 ASCII 码。

表 2-9 扩展 ASCII 码表

$D_3D_2D_1D_0$	$D_7D_6D_5D_4$							
	1000	1001	1010	1011	1100	1101	1110	1111
0000	Ç	É	á	░	└	╨	α	≡
0001	ü	æ	í	▒	┴	╤	ß	±
0010	é	Æ	ó	▓	┬	╥	Γ	≥
0011	â	ô	ú	│	├	╙	π	≤
0100	ä	ö	ñ	┤	─	╘	Σ	⌠
0101	à	ò	Ñ	╡	┼	╒	σ	⌡
0110	å	û	ª	╢	╞	╓	μ	÷
0111	ç	ù	º	╖	╟	╫	τ	≈
1000	ê	ÿ	¿	╕	╚	╪	Φ	°
1001	ë	Ö	⌐	╣	╔	┘	Θ	•

续表

$D_3D_2D_1D_0$	$D_7D_6D_5D_4$							
	1000	1001	1010	1011	1100	1101	1110	1111
1010	è	Ü	¬	∥	⊥	⌐	Ω	·
1011	ï	¢	1/2	╕	╤	■	δ	√
1100	î	£	1/4	╛	╟	■	∞	ⁿ
1101	ì	¥	¡	╜	=	■	φ	²
1110	Ä	Pt	«	╡	╪	■	ε	■
1111	Å	ƒ	»	┐	⊥	■	∩	BLANK FF

3. 汉字编码

汉字编码（Chinese character encoding）是为汉字专门设计的一种便于输入计算机的代码。通常，一个汉字使用 2 个字节进行编码。由于电子计算机现有的输入键盘与英文打字机键盘完全兼容，因此汉字信息处理系统一般要包括编码、输入、存储、编辑、输出和传输。而编码是关键。不解决这个问题，汉字就不能输入计算机。因而，如何输入汉字等非拉丁字母的文字是多年来一直被研究的课题，并因此形成了多种汉字编码。

（1）输入码

输入码也称外码，是用来将汉字输入到计算机中的一组键盘符号。常用的输入码有拼音码、五笔字型码、自然码、表形码、认知码、区位码和电报码等。一种好的编码应有编码规则简单、易学好记、操作方便、重码率低、输入速度快等优点，用户可根据自己的需要进行选择。

（2）国标码

国标码也称交换码，是由中国标准总局在 1981 年基于国家标准 GB 2312—1980 制定的汉字编码集《信息交换用汉字编码字符集——基本集》。它为常用汉字分别规定了二进制编码，目的是使每个汉字有一个全国统一的代码。

GB 2312—1980 标准规定：采用两个字节表示一个图形字符，并称第一和第二个字节分别为高字节和低字节，每个字节采用 7 位二进制编码表示。

原则上，两个字节可以表示 256×256=65 536 种不同的符号，作为汉字编码表示的基础是可行的。但考虑到汉字编码与其他国际通用编码的关系，如 ASCII 码，我国国家标准总局对两字节的汉字编码进行修整，只使用两字节的低 7 位。由于标准 ASCII 码的 34 个控制字符和通信专用字符在汉字系统中也要被使用，为了能够兼容这 34 个标准 ASCII 码，就不能在每个字节中使用它们作为汉字的编码，因此每个字节就有 128-34=94 个编码，再把第一个字节作为区号，共 94 个区号；第二个字节作为位号，共 94 个位号，则汉字编码总共就有 94（区号）×94（位号）=8836 个编码，能够表示 8836 个汉字和图形字符。可以理解为将该地区划分为 94 个街区，每个街区划分为 94 个单元，每个单元居住一个汉字。我们把这种编码称为区位码。

在区位码中，01～09 区为符号、数字区；16～87 区为汉字区；10～15 区、88～94 区是有待标准化的空白区。GB 2312—1980 标准将收录编码的汉字分为两级：第一级是常用汉字，计 3755 个，被置于 16～55 区（第 55 区只收录 89 个汉字），按汉语拼音字母/笔形顺序排列；第二级汉字是次常用汉字，计 3008 个，被置于 56～87 区，按部首/笔画顺序排列，GB 2312—1980 标准总计收录了 6 763 个汉字。

但是区位码并不是国标码。区位码的范围是 1～94，而国标码避开了控制字符和通信专用字符，范围是 33～126。因此，如果要把区位码映射成国标码，只要将区位码的码值加上 32 即可。

（3）机内码

机内码简称内码，指计算机内部存储、处理加工和传输汉字时所用的二进制代码。输入码被接受后就由汉字操作系统转换为机内码，与采用的键盘输入法无关。机内码是汉字最基本的编码，不管是何种汉字系统和汉字输入法，输入码到机器内部都要转换成机内码，才能被存储和进行各种处理。

汉字处理系统要保证中西文兼容，当系统中同时存在 ASCII 码和汉字国标码时，将会产生二义性。例如，有两个字节的内容为 30H 和 21H，它既表示汉字"啊"的国标码，又表示西文"0"和"!"的 ASCII 码。因此，汉字机内码应对国标码加以适当处理和变换。国标码的汉字机内码为两字节长的代码，它是在相应国标码的每个字节最高位上加 1，即汉字机内码=国标码+8080H。例如，"啊"字的国标码是 3021H，则汉字机内码是 B0A1H。汉字机内码的基础是汉字国标码。

因此，为了避免 ASCII 码和国标码同时使用时产生二义性问题，大部分汉字系统采用将国标码的每个字节的高位置 1 作为汉字机内码。这样既解决了汉字机内码与西文机内码之间的二义性问题，又使汉字机内码与国标码间具有极简单的对应关系。

（4）字形码

字形码又称汉字字模，用于汉字在显示屏或打印机输出。全部汉字字形码的集合称为汉字字库。汉字字形码通常有两种存储方式：点阵字库和矢量字库。

用点阵字库存储字形时，字形码是指汉字字形点阵的代码。根据输出汉字的要求不同，点阵的多少也有所不同。简易形汉字为 16×16 点阵，增强形汉字为 24×24 点阵、32×32 点阵、48×48 点阵等。例如，用 16×16 点阵存储一个汉字，就是将每个汉字用 16 行，每行 16 个，总共 16×16=256 个点表示，每个点使用 1 个二进制位存储，则一个汉字总共需要占用 256/8=32 个字节。"1"表示对应的位置输出点，"0"则表示不输出点。点阵越大，输出的字形就越细致美观，占用的存储空间也越大。使用点阵表示法表示汉字，结构简单，但当需要对汉字进行放大、缩小、平移、倾斜、旋转、投影等变换时，就不能满足汉字在输出效果上的需求。图 2-22 所示是"你"字的字形码。

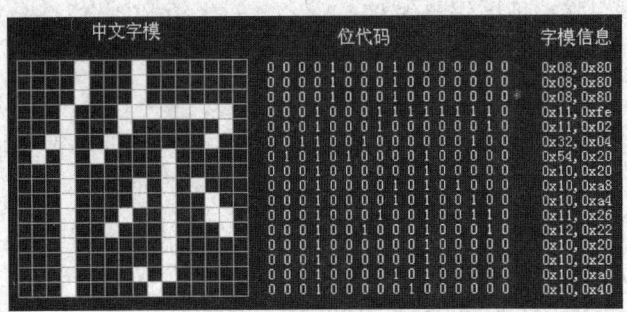

图 2-22 "你"字的字形码

矢量字库存储的是汉字字形的曲线特征等轮廓描述，包含了字形边界上的关键点、连线的导数信息等。当输出汉字时，字体的渲染引擎通过读取这些数学矢量，然后进行一定的数学运算来进行渲染，再输出汉字点阵。矢量化的字形描述与最终输出文字的大小、分辨率无关，可以输出高质量汉字。Windows 中使用的 TrueType 技术就是汉字的矢量存储方式。矢量存储法输出高质量汉字是以牺牲速度为代价的，其运算速度低于点阵字库。

（5）GBK 编码

GBK 编码是一种扩展的汉字编码方案，向下与国标码兼容，是在 GB 2312—1980 标准基础上的编码扩展规范，使用了双字节编码方案，其编码范围从 8140 至 FEFE（除 XX7F 外），共 23 940 个码位，收录了 21 003 个汉字，完全兼容 GB 2312—1980 标准，支持国际标准 ISO/IEC 10646—1 和国家标准 GB 13000—1 中的全部中日韩汉字，并包含 BIG5 编码的所有繁体汉字。GBK 编码方案于 1995 年 10 月开始制定，并于 1995 年 12 月正式发布。Windows 95、Windows 98、Windows NT、Windows 2000、Windows XP、Windows 7 等都支持 GBK 编码方案。

综上所述，为方便汉字输入而形成的汉字编码称为输入码；为表示不同的汉字而形成的汉字编码称为国标码；进一步地，为在计算机内表示汉字而又要区别于 ASCII 码形成的汉字编码称为机内码，机内码是唯一的；为输出汉字而形成的汉字编码称为字形码。汉字从输入到输出，需要经历从"输入码"到"国标码"或"GBK 编码"，再到"机内码"，最后到"字形码"的转换过程。

习　题

一、选择题

1. 1642 年，法国数学家（　　）发明第一台机械式的加法计算器。
   A．查尔斯·巴贝奇　　　　　　　B．帕斯卡
   C．莱布尼茨　　　　　　　　　　D．冯·诺依曼

2. 1671 年，德国数学家（　　）发明第一台能进行加、减、乘、除运算的机械计算机。

  A．查尔斯·巴贝奇   B．帕斯卡

  C．莱布尼茨   D．冯·诺依曼

3. 计算机科学的奠基人是（　　），被誉为"人工智能之父"。

  A．查尔斯·巴贝奇   B．图灵

  C．阿塔诺索夫   D．冯·诺依曼

4. 当今计算机的基本结构和工作原理是由冯·诺依曼提出的，其主要思想是（　　）。

  A．存储程序 B．二进制数 C．CPU 控制原理 D．开关电路

5. 世界上首台实现存储程序的电子计算机是（　　）。

  A．ENIAC B．UNIVAC C．EDVAC D．EDAVC

6. 1946 年世界上有了第一台电子数字计算机，奠定了至今仍然在使用的计算机的（　　）。

  A．外形结构 B．总线结构 C．存取结构 D．体系结构

7. 计算机最早的应用领域是（　　）。

  A．科学计算 B．数据处理 C．过程控制 D．数据分析

8. 某单位自行开发的工资管理系统，按计算机应用的类型划分，它属于（　　）。

  A．科学计算 B．辅助设计 C．数据处理 D．实时控制

9. 用计算机进行资料检索工作，是属于计算机应用中的（　　）。

  A．科学计算 B．数据处理 C．实时控制 D．人工智能

10. "冯·诺依曼计算机"的体系结构主要分为（　　）五大组成部分。

  A．外部存储器、内部存储器、CPU、显示、打印

  B．运算器、控制器、存储器、输入设备、输出设备

  C．输入设备、输出设备、控制、存储、外设

  D．都不是

11. 1946 年第一台计算机问世以来，计算机的发展经历了 4 个时代，它们是（　　）。

  A．低档计算机、中档计算机、高档计算机、手提计算机

  B．微型计算机、小型计算机、中型计算机、大型计算机

  C．组装机、兼容机、品牌机、原装机

  D．电子管计算机、晶体管计算机、集成电路计算机、大规模超大规模集成电路计算机

12. CAD 是计算机的主要应用领域，它的含义是（　　）。

  A．计算机辅助教育   B．计算机辅助测试

  C．计算机辅助设计   D．计算机辅助管理

13. 计算机辅助（　　）的英文缩写为 CAM。

  A．制造 B．设计 C．测试 D．教学

14. 32位微型计算机中的32是指（　　）。
    A. 微机型号　　　　B. 内存容量　　　　C. 存储单位　　　　D. 机器字长
15. 微处理器处理的数据基本单位为字。一个字的长度通常是（　　）。
    A. 16个二进制位　　　　　　　　　　B. 32个二进制位
    C. 64个二进制位　　　　　　　　　　D. 与微处理器芯片的型号有关
16. 计算机内部，信息用（　　）表示。
    A. 模拟数字　　　B. 十进制数　　　C. 二进制数　　　D. 抽象数字
17. 计算机的字长是指（　　）位数。
    A. 二进制　　　　B. 八进制　　　　C. 十进制　　　　D. 十六进制
18. 字节是计算机中存储容量的单位，1个字节由（　　）位二进制序列组成。
    A. 4　　　　　　B. 8　　　　　　　C. 10　　　　　　 D. 16
19. 存储在计算机内部的一个西文字符占1个字节，1个汉字占（　　）个字节。
    A. 1　　　　　　B. 2　　　　　　　C. 4　　　　　　　D. 8
20. 二进制数101101转换为十进制是（　　）。
    A. 46　　　　　　B. 65　　　　　　C. 77　　　　　　D. 45
21. 二进制数11010.111转换成八进制数是（　　）。
    A. 56.7　　　　　B. 12.1　　　　　C. 32.7　　　　　D. 77.3
22. 二进制数1110111.11转换成十六进制数是（　　）。
    A. 77.C　　　　　B. 77.3　　　　　C. E7.C　　　　　D. E7.3
23. 十进制数32.125转换成二进制数是（　　）。
    A. 10000.001　　B. 1100.0001　　C. 100000.001　　D. 11001.110
24. 十进制数64.375转换成八进制数是（　　）。
    A. 100.3　　　　B. 110.3　　　　 C. 100.71　　　　D. 125.6
25. 十六进制数2B4转换为二进制数是（　　）。
    A. 10101100　　 B. 1010110100　　C. 10001011100　　D. 1010111000
26. 下列不同进制的4个数中，最小数是（　　）。
    A. $(11011001)_2$　　B. $(37)_8$　　C. $(75)_{10}$　　D. $(2A)_{16}$
27. 下列4个无符号十进制数中，能用8位二进制数表示的是（　　）。
    A. 296　　　　　B. 333　　　　　　C. 256　　　　　D. 199
28. 只有当参与运算的两个逻辑值都为"真"时，结果才为"真"，是指（　　）运算。
    A. 与运算　　　　B. 或运算　　　　C. 非运算　　　　D. 异或运算
29. 计算机中机器数有3种表示方法，不属于这3种表示方法的是（　　）。
    A. 反码　　　　　B. ASCII码　　　 C. 原码　　　　　D. 补码
30. 在下面关于字符之间大小关系的说法中，正确的是（　　）。
    A. 空格符>a>A　　　　　　　　　　B. 空格符>A>a
    C. a>A>空格符　　　　　　　　　　D. A>a>空格符

31. 用一个字节最多能编出（　　）不同的码。
    A. 8　　　　　B. 16　　　　　C. 128　　　　　D. 256
32. 汉字系统中的汉字字库中存放的是汉字的（　　）。
    A. 机内码　　　B. 输入码　　　C. 字形码　　　D. 国际码
33. 汉字的国际码由两个字节组成，每个字节的取值范围均在十进制（　　）的范围内。
    A. 33～126　　　B. 0～127　　　C. 161～254　　　D. 32～127
34. 汉字的机内码由2个字节组成，每个字节的取值均大于（　　）十六进制数。
    A. B0H　　　　B. A1H　　　　C. 16H　　　　D. A0H
35. 某计算机的内存是16MB，则它的容量为（　　）个字节。
    A. 16×1024×1024　　　　　　B. 16×1000×1000
    C. 16×1024　　　　　　　　　D. 16×1000
36. 采用任何一种输入法输入汉字，存储到计算机内一律转换成汉字的（　　）。
    A. 输入码　　　B. 机内码　　　C. 国标码　　　D. ASCII 码
37. 下面关于比特的叙述中，错误的是（　　）。
    A. 比特是组成数字信息的最小单位
    B. 比特只有"0"和"1"两个符号
    C. 比特既可以表示数值和文字，也可以表示图像和声音
    D. 比特"1"总是大于比特"0"
38. 二进制数$(1010)_2$与十六进制数$(B2)_{16}$相加，结果为（　　）。
    A. $(273)_8$　　　B. $(274)_8$　　　C. $(314)_8$　　　D. $(313)_8$
39. 所谓"变号操作"，是指将一个整数变成绝对值相同符号相反的另一个整数。假设使用补码表示的8位整数X=10010101，则经过变号操作后，结果为（　　）。
    A. 01101010　　　B. 00010101　　　C. 11101010　　　D. 01101011
40. 若内存中连续 2 个字节的内容其十六进制形式为 34 和 64，则它们不可能是（　　）。
    A. 2 个西文字符的 ASCII 码　　　B. 1 个汉字的机内码
    C. 1 个 16 位整数　　　　　　　　D. 图像中一个或两个像素的编码

二、填空题

1. 一般认为，世界上第一台电子计算机 ENIAC 诞生于_____年。
2. 第一代电子计算机采用的物理器件是_____。
3. 微型计算机诞生于第_____代计算机时期。
4. 人类使用计算机的一种最重要的方式是采用_____来表示存储程序和数据。
5. 未来计算机将朝着巨型化、_____、_____和智能化方向发展。
6. 根据用途及其使用的范围，计算机可以分为_____和专用计算机。

7．微型计算机的种类很多，主要分成台式计算机、笔记本式计算机和_____。

8．在计算机辅助系统中，CAD、CAM、CAI 和 CAE 分别指_____、_____、_____和_____。

9．_____是现代电子信息技术的直接基础。

10．计算机运行时，一次存取、加工和传送的由 0、1 构成的最大位串称为_____。

11．计算机中，1GB=_____MB=_____KB=_____B。

12．反映计算机存储容量的基本单位是_____。

13．进位计数制的两个基本要素是_____和_____。

14．若计算机的字长为 8 位，$[-87]_{原}$=_____，$[-87]_{反}$=_____，$[-87]_{补}$=_____。

15．浮点数取值范围的大小由_____决定，而浮点数的精度由_____决定。

16．用一个字节表示非负整数，最小值为_____，最大值为_____。

17．2 个字节代码可表示_____个状态。

18．基本的逻辑运算包括_____、_____和_____。

19．逻辑运算的结果只有_____种可能。

20．二进制位 0 的非运算结果是_____，它和 1 的与运算、或运算、异或运算的结果分别是_____、_____和_____。

21．在计算机中，西文字符通常使用_____码来表示。

22．ASCII 码使用 8 位二进制数表示 256 种字符，前 128 个字符被称为_____ASCII 码，后 128 个字符被称为_____ASCII 码。

23．字符"A"的 ASCII 码的值为 65，可推出字符"G"的 ASCII 码的值为_____。

24．全部汉字字形码的集合称为_____。

25．16×16 点阵的一个汉字，其字形码占_____个字节，若是 24×24 点阵的一个汉字，其字形码占_____字节。

26．汉字输入时采用_____，在计算机内存储或处理汉字时采用_____，输出时采用_____。

27．现有 1 000 个汉字，每个汉字用 24×24 点阵存储，则存储这些汉字至少需要_____B 的存储容量。

28．已知"中"的区位码为 5448，它的国际码为_____，机内码为_____。

29．以国标码为基础的汉字机内码是两个字节的编码，一般在计算机中，每个字节的最高位是_____。

30．汉字在计算机中，从输入到输出，需要经历从_____码到_____码，再到_____码，最后到_____码的转换过程。

三、判断题

1．世界上第一台电子计算机是 1946 年在美国研制成功的。　　　　　　（　　　）

2. 计算机主要用于科学计算、信息处理、过程控制、辅助系统、通信等领域。
（　　）
3. 计算机中"存储程序"的概念是由图灵提出的。（　　）
4. 电子计算机的计算速度很快，但计算精度不高。（　　）
5. CAD 系统是指利用计算机来帮助设计人员进行设计工作的系统。（　　）
6. 计算机辅助制造的英文缩写为 CAI。（　　）
7. 计算机不仅有记忆功能，还有逻辑判断功能。（　　）
8. 计数制中使用的数码个数被称为基数。（　　）
9. 位是计算机中的最小信息单位。（　　）
10. 两个字节能够表示的最大无符号整数是 65 535。（　　）
11. 在计算机中无法区分数字的正负，只能在显示时区分。（　　）
12. 十进制数的 11，在十六进制中仍表示成 11。（　　）
13. 二进制数 $(0.1)_2$ 与十进制数 $(0.1)_{10}$ 的大小相等。（　　）
14. 计算机中用来表示内存容量大小的最基本单位是位。（　　）
15. 计算机的原码和反码相同。（　　）
16. 计算机中数值型数据和非数值型数据均以二进制数据形式存储。（　　）
17. 微型计算机中使用最普遍的字符编码是 ASCII 码。（　　）
18. 国标码和区位码指的是一种汉字编码。（　　）
19. 用汉字输入法输入汉字时，只能单个字输入，不能输入词组。（　　）
20. 外码是用于将汉字输入计算机而设计的汉字编码。（　　）

四、简答题

1. 简述冯·诺依曼体系结构的特点。
2. 计算机的发展经历了哪几个阶段？
3. 简述计算机的发展趋势。
4. 简述 ASCII 码的编码特点。
5. 简述汉字国标码的特点和它与机内码的不同。

第 3 章 计算机系统

一个完整的计算机系统由硬件系统和软件系统两大部分组成。其中，硬件系统是由机械、光、电、磁器件构成的具有计算、控制、存储、输入和输出功能的物理设备的总称，如中央处理器（central processing unit，CPU）、存储器、硬磁盘驱动器、光盘驱动器、主机板、各种接口卡、显示器、打印机、绘图仪、调制解调器等，硬件也称硬设备。软件系统是运行于硬件系统之上的程序集合和由程序处理的数据集合，如 Windows 操作系统、UNIX/Linux 操作系统、Oracle 等各种数据库管理系统。硬件是软件赖以工作的物质基础，软件的正常工作是硬件发挥作用的唯一途径，它使计算机有组织、有目的地运行。计算机系统必须要配备完善的软件系统才能正常工作，充分发挥硬件的各种功能。图 3-1 所示为计算机系统的组成。

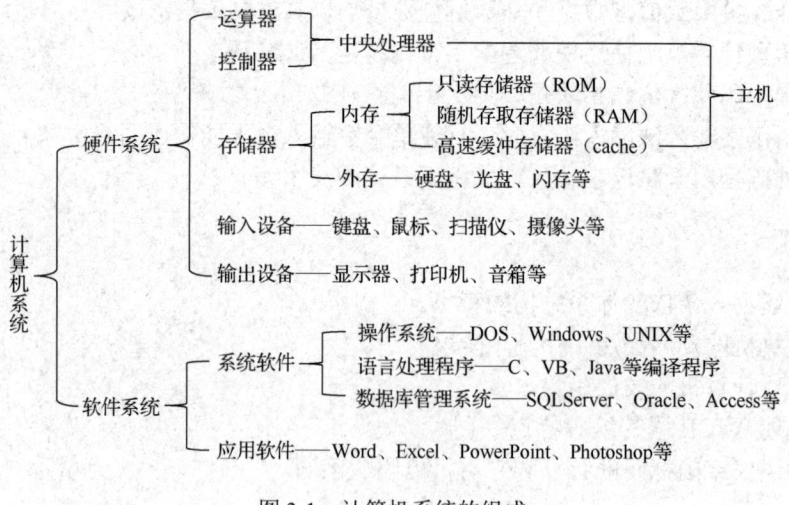

图 3-1 计算机系统的组成

3.1 计算机体系结构

计算机体系结构是指计算机软、硬件的系统结构，有两方面的含义：首先，它把计算机的数据表示、寻址方式、数据运算、执行指令等看成是一台计算机的逻辑组成中最基本的软件。其次，通过计算机各功能部件的相互连接和相互作用，实现机器指令级的各种功能。

从 1946 年世界上第一台电子计算机 ENIAC 诞生至今，计算机在体系结构上一直沿用了冯·诺依曼提出的体系结构（图 3-2），其特点如下：

1）程序和数据都以二进制数的形式存储在计算机的存储器中，通过使用标识来区分出哪些是程序，哪些是数据。

2）程序由指令构成。计算机运行过程中，把要执行的程序和要处理的数据首先放入内存，再按照顺序自动地从内存中逐条取出指令并执行，称作顺序执行程序。

3）计算机硬件由控制器、运算器、存储器、输入设备和输出设备五大核心部分组成。

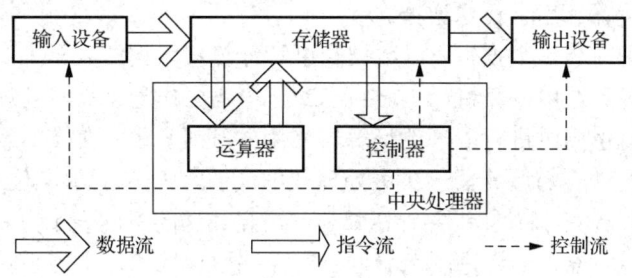

图 3-2　冯·诺依曼提出的体系结构

控制器、运算器、存储器、输入设备和输出设备间的相互连接和相互作用，得以实现机器指令级的各种功能。从最基本的功能和作用原理来说，计算机是在控制器的全面控制下，接收经数字化编码的程序和数据，把它存放在存储器中，根据程序的要求，由运算器对数据进行快速运算，产生结果数据再输出。因此，可以把控制器、运算器、存储器、输入设备和输出设备看成是一台计算机逻辑组成中的基本部件。

1. 控制器

控制器（controller）是整个计算机系统的神经中枢，用于指挥各部件之间协调有序地工作。在控制器的指挥下，计算机能够自动按照程序设定的步骤进行工作，以完成特定任务。控制器由程序计数器（program counter，PC）、指令寄存器（instruction register，IR）、指令译码器（instruction decoder，ID）、时序控制电路（timing control circuit，TCC）和微操作控制电路（micro-control circuit，MC）组成。

1）程序计数器：存放被执行指令的地址，使控制器每次都能够根据程序计数器中存放的地址找到要执行的指令。

2）指令寄存器：暂时存放正在被执行的指令。

3）指令译码器：解析指令，将指令的功能解释为计算机能够识别的形式。

4）时序控制电路：制定指令的执行时机，使指令在规定的时段内有条不紊地执行。

5）微操作控制电路：建立数据通路任务，控制信号在各部件之间的传递。

在时序控制电路规定好的时段内，每执行一条指令，控制器就根据程序计数器内存放的指令地址，找到指令的存放位置，取出指令，暂存在指令寄存器中；然后，由指令译码器解析指令功能，确认指令功能后，再由微操作控制电路向实现该功能的部件发出控制信号，控制该部件的运转，从而指挥各个部件高速协调地工作。

2. 运算器

运算器是整个计算机系统的计算中心，主要由执行算术运算和逻辑运算的算术逻辑单元（arithmetic logic unit，ALU）、存放被操作数据和中间运算结果的寄存器以及连接各个部件的数据通路组成，用以完成对数据的各种算术运算和逻辑运算。

运算器的基本操作包括加、减、乘、除四则运算，与、或、非、异或等逻辑运算，以及移位、比较运算和用于传送数据。

运算器的处理对象是数据，所以数据长度和计算机数据的表示方法，对运算器的性能影响极大。大多数通用计算机以 16 位、32 位、64 位作为运算器处理数据的字长。能对一个数据的所有位同时进行处理的运算器称为并行运算器。如果一次只能处理一位，则称为串行运算器。有的运算器一次可处理几位（通常为 6 位或 8 位），一个完整的数据分成若干段进行计算，称为串/并行运算器。按照数据的不同表示方法，可以有二进制运算器、十进制运算器、十六进制运算器、定点整数运算器、定点小数运算器、浮点数运算器等。按照数据的性质，有地址运算器和字符运算器等。

3. 存储器

存储器是计算机系统中的记忆部件，用于存放程序和数据。计算机中的全部信息，包括输入的原始数据、计算机程序、中间运行结果和最终运行结果都要保存在存储器中。由于程序和数据都是以二进制形式表示的，因此存储器作为"仓库"，必须使用具有两种稳定状态的物理器件来实现存储。这些物理器件主要包括磁芯、半导体器件、磁表面器件等。

4. 输入设备

输入设备用于向计算机输入数据，包括数字、字符、文字、图形、图像、声音等各种数据。它是用户和计算机系统之间进行信息交换的主要装置之一，是用户与计算机系统实现通信的桥梁。用户可以使用不同类型的输入设备把数据输入到计算机，再进行存储、处理和输出。键盘、鼠标、摄像头、扫描仪、光笔、手写输入板、游戏杆、语音输入装置等都属于输入设备。

5. 输出设备

输出设备是将处理结果返回给外部世界的设备的总称，它将计算机的处理结果或中间处理结果以人能识别的形式（如显示、打印、绘图等）表达出来。这些表达可能是作为使用者能够视觉上体验的，或是作为被计算机控制的其他设备的输入。常见的输出设备有显示器、打印机、绘图仪、音响设备等。

就各部分分工而言，通过控制器的控制，输入设备负责把信息（包括程序和数据）

输入到存储器中,包括内存储器和外存储器;运算器负责对数据进行加工处理,即实现算术运算和逻辑运算;输出设备负责将信息传送到外部,供用户查看或保存。

3.2 计算机工作原理

按照冯·诺依曼体系结构,数据和程序存放在存储器中,控制器根据程序中的指令序列进行工作。概括地说,按照程序编排的顺序,一步一步地取出指令,自动地完成指令规定的操作是计算机最基本的工作原理。

3.2.1 指令系统

指令系统是计算机能够执行的全部指令的集合,是计算机硬件的语言系统,又称机器语言。它描述了计算机的控制信息和"逻辑判断"能力。不同计算机的指令系统包含的指令种类和数目不同。一般均包含算术运算型、逻辑运算型、数据传送型、判定和控制型、输入和输出型等指令。指令系统是表征一台计算机性能的重要因素,它的格式与功能不仅直接影响到机器的硬件结构,也直接影响到系统软件,影响到机器的适用范围。

一条指令由操作码和操作数构成。

1. 操作码

操作码是唯一区分系统中不同指令的编号。根据操作码,控制器能知道要执行的是指令系统中的哪条指令,实现何种功能,完成何种操作(如加、减、乘、除、与、或、非、异或、数据传送等)。操作码的长度取决于指令系统中指令的条数,换言之,对于长度为 n 的二进制编码,若每一个编码可表示指令系统中的一条指令,则最多可表示 2^n 条指令。一台计算机可能有几十条至几百条指令,每一条指令都有一个相应的操作码,计算机通过识别操作码来完成不同的操作。

2. 操作数

操作数描述指令的操作对象,是指令执行的参与者,指出操作对象(如数据)的来源。它或者直接给出操作数,或者指出存放操作数的存储器地址或寄存器名,根据存储器地址或寄存器名找到被操作的对象。指令中,内容不随指令的执行而改变的操作数称为源操作数。相反,内容随指令的执行而改变的操作数为目标操作数。多数情况下,操作数可有一个或者多个。只有一个操作数的指令称为单操作数指令,有两个操作数的指令称为双操作数指令。双操作数分别被称为源操作数(source)和目的操作数(destination)。

程序运行过程中,被执行的全部指令均来源于它的指令系统。例如,表 3-1 所示为某类型计算机的指令系统。

表 3-1 某类型计算机的指令系统

指令名称	操作码	操作数			功能
	D_1	D_2	D_3	D_4	
HALT	0000				终止程序执行
LOAD	0001	R_D	M_S		$R_D \leftarrow M_S$
STORE	0010	M_D		R_S	$M_D \leftarrow R_S$
ADDI	0011	R_D	R_{S1}	R_{S2}	$R_D \leftarrow R_{S1}+R_{S2}$
ADDF	0100	R_D	R_{S1}	R_{S2}	$R_D \leftarrow R_{S1}+R_{S2}$
MOVE	0101	R_D	R_S		$R_D \leftarrow R_S$
NOT	0110	R_D	R_S		$R_D \leftarrow \overline{R_S}$
AND	0111	R_D	R_{S1}	R_{S2}	$R_D \leftarrow R_{S1}$ AND R_{S2}
OR	1000	R_D	R_{S1}	R_{S2}	$R_D \leftarrow R_{S1}$ OR R_{S2}
XOR	1001	R_D	R_{S1}	R_{S2}	$R_D \leftarrow R_{S1}$ XOR R_{S2}
INC	1010	R			$R \leftarrow R+1$
DEC	1011	R			$R \leftarrow R-1$
ROTATE	1100	R	n	0 或 1	$R \gg n$ 或 $R \ll n$
JUMP	1101	R	n		若 $R_0 \neq R$,则 PC=n,否则继续

注:R_S、R_{S1}、R_{S2} 为源寄存器地址;R_D 为目的寄存器地址;M_S 为源内存单元地址;M_D 为目标内存单元地址;$D_1 \sim D_4$ 为操作数;$\leftarrow$ 为赋值。

表 3-1 中,一条指令占用 2 个字节,被划分为 4 个 4 位的域,左边 1 个为操作码域,最多可表示 $2^4=16$ 条指令,总共设计 14 条指令,分别使用 0000~1101 表示;其余 3 个为操作数域,寄存器地址占用 1 个操作数域,内存地址作为 1 个操作数,占用 2 个操作数域。任何不被使用的操作数域均被置成 0000。例如,终止程序运行指令 HALT 不包含任何操作数,它的操作数域均被置成 0000;非运算指令 NOT 使用 2 个 4 位操作数,它的最后一个操作数域被置成 0000。

加法指令有 2 条,分别为 ADDI 和 ADDF。ADDI 用作整数相加,ADDF 用作浮点数相加。ROTATE 指令是循环移位指令,若它的第 3 个操作数为 0,则表示把寄存器 R 中的二进制数右循环移位 n 个位置;若为 1,则表示把寄存器 R 中的二进制数左循环移位 n 个位置;JUMP 是跳转指令,用于转去执行程序的第 n 条指令。

3.2.2 工作流程

计算机主要处理两种信息流:数据信息和指令控制信息。数据信息指的是原始数据、中间结果、结果数据等,这些信息从存储器进入运算器进行运算,所得的运算结果再存入存储器或传递到输出设备。指令控制信息是由控制器对指令进行分析、解释后向各部件发出的控制命令,指挥各部件协调地工作。指令周期用来度量指令的执行时间。一个指令周期是指计算机执行一条指令所花费的时间。它被划分为 3 个阶段,分别是取指阶段,从内存中取出要执行的指令;译码阶段,把指令翻译成计算机能够识别的指令;执行阶段,用于执行指令。每执行一条指令,就占用一个指令周期的时间。

在取指阶段,控制单元根据程序计数器给出的内存单元编号(即内存单元地址)到编号指定的内存单元中取出指令,再装入指令寄存器;然后,程序计数器自动加1,指向下一条要执行的指令;在译码阶段,指令被翻译成计算机能够识别的形式,从而知道这条指令要执行的动作和要操作的对象。在执行阶段,指令被执行。当第三阶段执行结束,控制单元就重新开始新的指令周期,执行下一条指令。指令按照这样的方式一直执行下去,直到所有指令执行完毕。为了能够清楚地解释计算机是如何工作的,图3-3中引入一台非真实的简单计算机来刻画计算机的工作流程。

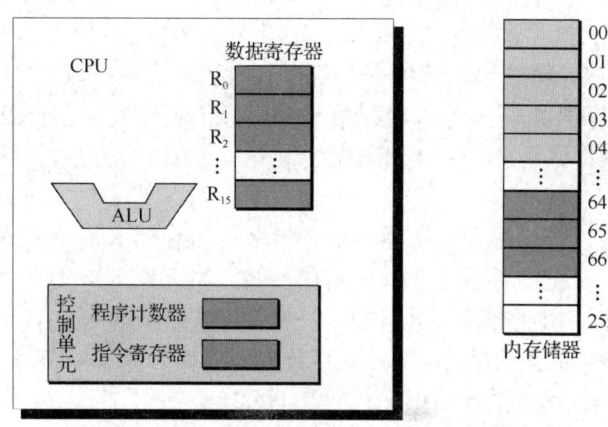

图3-3 简单计算机结构

如图3-3所示,简单计算机由两部分组成,分别是CPU和内存储器。它们一起构成了计算机的主机,即简单计算机是一台主机。

CPU又被划分为3个组成部分,即数据寄存器用于寄存数据;算术逻辑单元用于执行算术运算和逻辑运算;控制单元用于控制算术逻辑单元的操作和对内存储器中的数据进行存取。

每个数据寄存器设置存储16位的二进制数,总共16个数据寄存器,编号为$R_0 \sim R_{15}$;控制单元包含2个专用寄存器,一个是程序计数器,用于保存下一条被执行的指令在内存中的存放位置;另一个是指令寄存器,用于寄存当前正在执行的指令。当一条指令执行结束时,程序计数器就自动加1,并指向下一条将被执行的指令。

内存储器共包含256个16位的二进制存储单元,编号为$M_0 \sim M_{255}$。前面的64个存储单元专门用于连续存放被执行的程序的指令,其余192个存储单元用于存放数据。

同时,简单计算机使用表3-1的指令系统。根据建立的简单计算机,通过一个实例来说明计算机是如何执行程序的。假设:程序的功能是让整数A和B相加,得到结果C。

由于算术逻辑单元只能对放入数据寄存器中的数据进行处理,数据寄存器的数量又十分有限,而大多数计算机在运行程序的时候,处理的数据又很多,不可能一次把所有数据都放入到数据寄存器中。因此，比较好的做法如下：首先，把程序要处理的数据放入内存，当用到哪一个数据时，再把哪一个数据装入到数据寄存器。

把数据从内存单元装入到数据寄存器所使用的指令是 LOAD，操作码以十进制数字表示是 1。相加的两个整数分别装入编号是 M_{64} 和 M_{65} 的两个内存单元，那么，在把两数相加之前，要使用两条 LOAD 指令把存储在 M_{64} 和 M_{65} 这两个内存单元中的整数分别装入到数据寄存器 R_0 和 R_1 中，指令代码就分别是 1064 和 1165，其中最高位的 1 表示操作数，次高位 0 和 1 分别表示数据寄存器 R_0 和 R_1，低位的 64 和 65 分别表示内存单元 M_{64} 和 M_{65}。

相加两个整数之后，要把结果首先保存在数据寄存器中，使用的指令是 ADD，操作码为 3。两个整数分别位于数据寄存器 R_0 和 R_1 中，结果首先保存于数据寄存器 R_2 中，指令代码就是 3201，其中的数字 2、0 和 1 分别表示数据寄存器 R_2、R_0 和 R_1。

接下来，还要把计算结果从数据寄存器存入内存，使用指令 STORE，操作码为 2。此时，结果位于寄存器 R_2，要存入内存单元 M_{66}，指令代码就是 5662。程序执行结束，使用指令 END，操作码为 0，指令代码就是 0000。因此，运行加法程序总共需要 5 条指令，分别如下。

① 第 1 条指令：把内存单元 M_{64} 中的内容装入寄存器 R_0，代码是 1064。
② 第 2 条指令：把内存单元 M_{65} 中的内容装入寄存器 R_1，代码是 1065。
③ 第 3 条指令：相加寄存器 R_0 和 R_1 中的内容，结果放入 R_2，代码是 3201。
④ 第 4 条指令：把寄存器 R_2 中的内容放入内存单元 M_{66}，代码是 5662。
⑤ 第 5 条指令：程序执行结束，代码是 0000。

运行之前，需要先把程序全部都装入内存，程序才能运行。假定：加法程序的 5 条指令分别被装入到编号是 $M_0 \sim M_4$ 的内存单元，并且假定：相加的两个整数分别是 161 和 254，分别位于内存单元 M_{64} 和 M_{65} 中，结果为 415，被放入到 M_{66} 的内存单元中。5 条指令，总共需要经历 5 个指令周期。

1. 周期 1

在第 1 指令周期开始时，程序计数器指向运行程序的第 1 条指令，它位于内存单元 M_0 中。控制单元：首先，取出 M_0 中的指令 1064，并装入指令寄存器，程序计数器的值再增加 1；其次，将指令代码 1064 翻译为：取出内存单元 M_{64} 中的整数 161，并把它放入数据寄存器 R_0；然后，执行指令，把保存在内存单元 M_{64} 中的整数 161 装入数据寄存器 R_0。此时，第 1 指令周期结束，第 1 条指令执行完毕，如图 3-4 所示。

2. 周期 2

在第 2 指令周期开始时，程序计数器指向运行程序的第 2 条指令，它位于内存单元 M_1 中。控制单元：首先，取出 M_1 中的指令 1065，并装入指令寄存器，程序计数器的值再增加 1；其次，将指令代码 1065 翻译为：取出内存单元 M_{65} 中的整数 254，并把它放入数据寄存器 R_1；然后，执行指令，把保存在内存单元 M_{65} 中的整数 254 装入数据寄存器 R_1。此时，第 2 指令周期结束，第 2 条指令执行完毕，如图 3-5 所示。

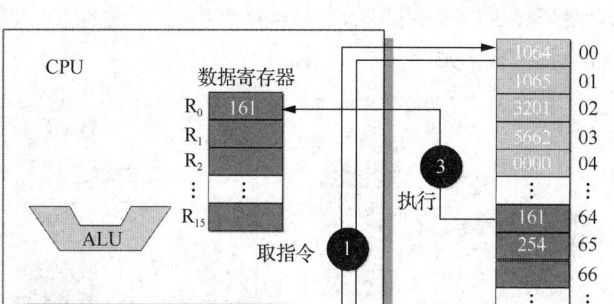

图 3-4　第 1 指令周期

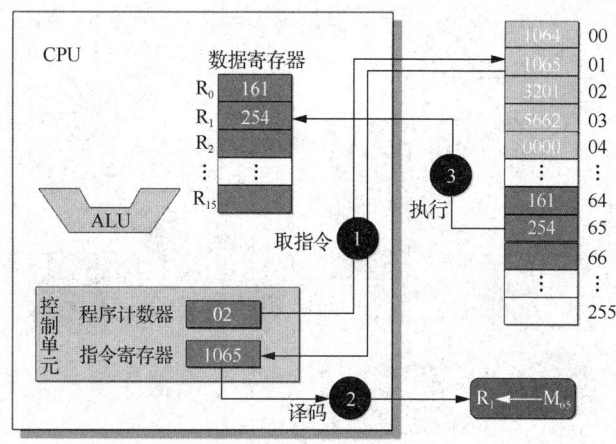

图 3-5　第 2 指令周期

3. 周期 3

在第 3 指令周期开始时，程序计数器指向运行程序的第 3 条指令，它位于内存单元 M_2 中，控制单元：首先，取出 M_2 中的指令 3201，并装入指令寄存器，程序计数器的值再增加 1；其次，将指令代码 3201 翻译为相加数据寄存器 R_0 和 R_1 中的整数，并把结果放入数据寄存器 R_2；然后，执行指令，将 R_0 和 R_1 中的整数相加，结果 415 装入 R_2。此时，第 3 指令周期结束，第 3 条指令执行完毕，如图 3-6 所示。

4. 周期 4

在第 4 指令周期开始时，程序计数器指向运行程序的第 4 条指令，它位于内存单元 M_3 中，控制单元：首先，取出 M_3 中的指令 5662，并装入指令寄存器，程序计数器的值再增加 1；其次，将指令代码 5662 翻译为把数据寄存器 R_2 中的计算结果，存入内存单

元 M_{66}；然后，执行指令，将 R_2 中的结果 415 存入内存单元 M_{66}。此时，第 4 指令周期结束，第 4 条指令执行完毕，如图 3-7 所示。

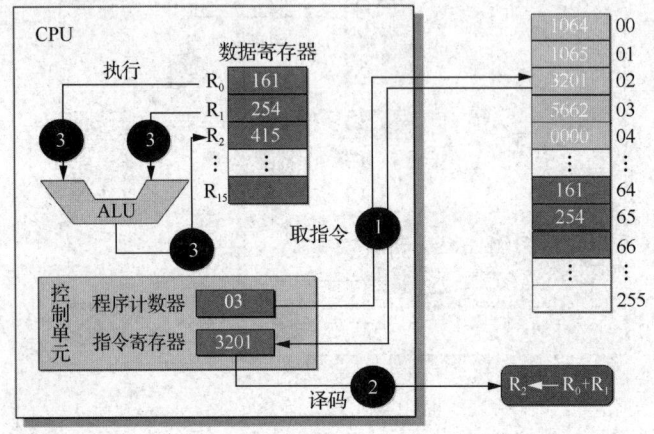

图 3-6　第 3 指令周期

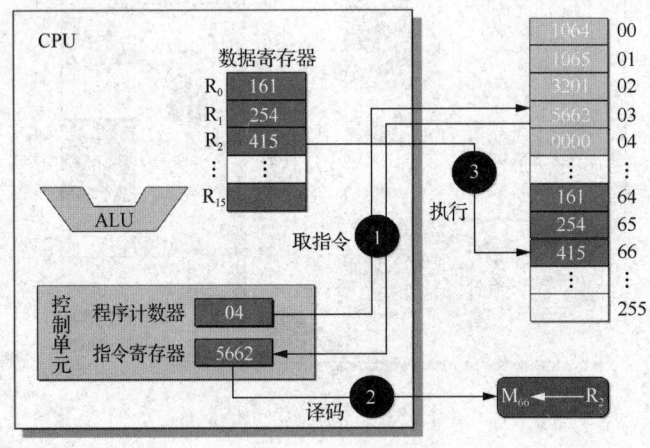

图 3-7　第 4 指令周期

5. 周期 5

在第 5 指令周期开始时，程序计数器指向运行程序的第 5 条指令，它位于内存单元 M_4 中，控制单元：首先，取出 M_4 中的指令 0000，并装入指令寄存器，程序计数器的值再增加 1；其次，将指令代码 0000 翻译为终止执行；然后，执行指令，意味着程序执行结束。此时，第 5 指令周期结束，第 5 条指令执行完毕，如图 3-8 所示。

由 CPU 和内存储器构成的主机承担了执行程序的主要任务。程序在运行前必须首先从外存装入内存，再由 CPU 从内存读取程序的每一条指令，程序才能运行。每一条指令的执行是在一个指令周期内，由 CPU 经过取指、译码和执行 3 个阶段来完成的，直到所有指令执行结束。

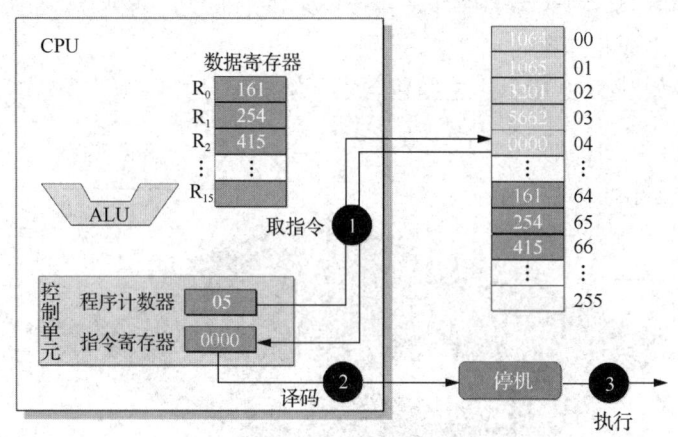

图 3-8　第 5 指令周期

3.3　计算机硬件组成

从外观上看，一套基本的计算机硬件主要由主机箱、显示器、键盘和鼠标组成。根据使用者自己的需要，还可增加一些外部设备，如打印机、扫描仪、U 盘、音箱等，如图 3-9 所示。

图 3-9　计算机和外部设备

计算机主机箱内部主要包括主板、CPU、CPU 散热器、内存条、硬盘、光盘驱动器、声卡、网卡、显卡、电源等设备。除 CPU 与内存条构成主机外，其余的组成部分也均可被称为外部设备（简称外设）。

3.3.1　主板

主板是计算机的核心部件，其余全部组成部件都是直接或间接通过主板实现连接的。主板作为一块电路板，上面布满了各种电路，它可以说是计算机的神经系统，CPU、内存、显示卡、声卡、网卡等部件都是直接安装在主板上，而硬盘、光盘驱动器等部件需要通过接线和主板相连接。

计算机主板如图 3-10 所示，主要包含以下组成部分。

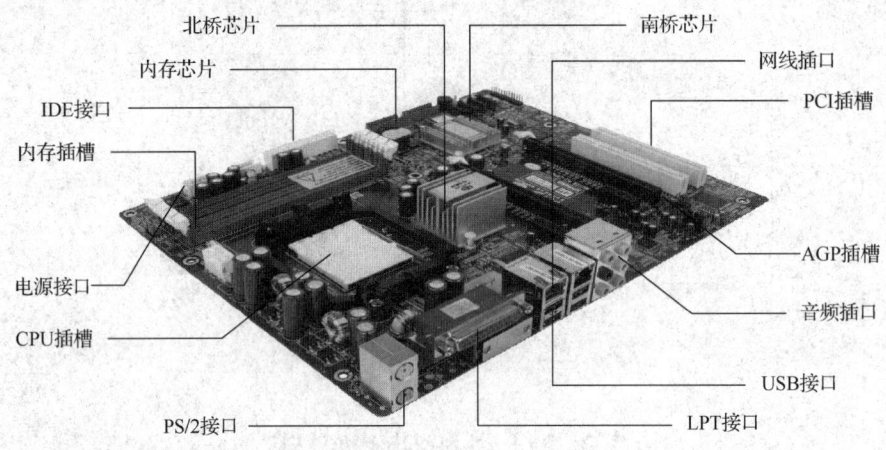

图 3-10　计算机主板

1. 北桥芯片

北桥芯片（north bridge）是主板芯片组中起主导作用的最重要的组成部分，也称为主桥（host bridge）。北桥芯片负责与 CPU 的联系并控制内存、AGP、PCI-E 等数据在北桥内部的传输，提供 CPU 的类型和主频、系统的前端总线频率、内存类型和最大容量、AGP 插槽、PCI-E 插槽、ECC 纠错等支持。整合型芯片组的北桥芯片还集成了显示核心。北桥芯片通常位于主板上靠近 CPU 插槽的位置，这主要是考虑到北桥芯片与处理器之间的通信最为密切，为提高通信性能而缩短传输距离。北桥芯片的数据处理频繁，发热量高，一般通过在芯片上覆盖散热片进行散热来保持北桥芯片工作的稳定性。有些北桥芯片还安装了风扇进行散热。

2. 南桥芯片

南桥芯片（south bridge）也是主板芯片组的重要组成部分。它主要负责 I/O 总线之间的通信、IDE 设备的控制，提供对 KBC（键盘控制器）、RTC（实时时钟控制器）、USB（通用串行总线）、Ultra DMA/33（66）EIDE 数据传输方式和 ACPI（高级配置和电源管理接口）等支持。例如，Intel 的 P35 芯片组所搭配的南桥芯片就是 ICH9 系列。根据不同的需要和定位，南桥芯片的规格略有不同。

3. 内存芯片

内存芯片是用于构成系统内部存储器的集成电路，主要包括 ROM BIOS 芯片和 CMOS RAM 芯片。其中，ROM BIOS 芯片中存储了最基本的主板控制指令，用于实现各种设备的初始化、启动、关闭等操作。常见的 ROM BIOS 芯片品牌是 WINBOND、SST、ATMEL、Intel 等。CMOS RAM 芯片（CMOS 是一种制作工艺名称）用于存储不允许丢失的系统 BIOS 硬件配置信息，如硬盘驱动器类型、显示模式、内存大小和系统工作状态参数等。一般通过在主板上安装一块纽扣锂电池来保证 CMOS RAM 芯片的供电。

4. CPU 插槽

CPU 插槽是一个方形的插座，用于实现 CPU 与主板的连接。CPU 经过多年发展，采用的接口方式有引脚式、卡式、触点式、针脚式等。目前 CPU 的接口都是针脚式接口，对应到主板上就有相应的插槽类型。不同型号的主板，其 CPU 插槽的规格不同，接入的 CPU 类型也不同，在插孔数、体积、形状上都有变化，不能互相插接。

5. 内存插槽

内存插槽是指主板上用来安插内存条的插槽，用于实现内存条与主板的连接。主板所支持的内存种类和容量都是由内存插槽来决定的。通常，主板上的内存插槽至少会有两个，而有的主板也会根据需要设置 4 个、6 个或 8 个内存插槽。每个内存插槽可连接一个内存条。目前，市面主流的内存插槽是 DIMM（dual inline memory module，双列直插存储器模块）插槽。

6. PCI 插槽

主板上的 PCI 插槽是基于 PCI（pedpherd component interconnect，周边元件扩展接口）局部总线的扩展插槽，其位宽为 32 位或 64 位，工作频率为 33MHz，最大数据传输率为 133Mb/s（32 位）和 266Mb/s（64 位）。PCI 插槽上可安插显卡、声卡、网卡、内置 modem、内置 ADSL modem、USB 2.0 卡、IEEE 1394 卡、IDE 接口卡、RAID 卡、电视卡、视频采集卡以及其他种类繁多的扩展卡。

7. AGP 插槽

AGP 是 accelerated graphics port（图形加速端口）的缩写，是显卡的专用扩展插槽，它是在 PCI 图形接口的基础上发展起来的一种新的接口方式。AGP 规范是 Intel 公司解决计算机处理（主要是显示）3D 图形能力差的问题而出台的。随着 3D 游戏的制作越来越复杂，使用了大量的 3D 特效和纹理，使原来传输速率为 133Mb/s 的 PCI 总线不堪重负，因此 Intel 才推出了拥有高带宽的 AGP 接口。这是一种与 PCI 总线迥然不同的图形接口，它完全独立于 PCI 总线之外，而直接把显卡与主板控制芯片连在一起，使得 3D 图形数据省略了越过 PCI 总线的过程，很好地解决了低带宽 PCI 接口造成的系统瓶颈问题。可以说，AGP 代替 PCI 成为新的图形端口是技术发展的必然。

8. IDE 接口

IDE（integrated drive electronics）是现在普遍使用的外部接口，主要用于把硬盘驱动器和光驱接入系统。它采用 16 位并行数据传送方式，体积小，数据传输快。一个 IDE 接口只能连接两个外部设备。随着新一代串行接口 SATA 的迅速发展，IDE 设备逐渐被 SATA 设备所取代。

9. PS/2 接口

PS/2 接口仅能用于连接键盘和鼠标。PS/2 接口最大的好处就是不占用串口资源。一般情况下，主板都配有两个 PS/2 接口，上为鼠标接口（绿色），下为键盘接口（紫色）。

10. USB 接口

USB 接口是如今较为流行的接口，最大可以支持 127 个外设，并且可以独立供电，其应用非常广泛。USB 接口可以从主板上获得 500mA 的电流，支持热插拔，真正做到了即插即用。一个 USB 接口可同时支持高速和低速 USB 外设的访问，由一条四芯电缆连接，其中两条是正负电源，另外两条是数据传输线。高速外设的传输速率为 12Mb/s，低速外设的传输速率为 1.5Mb/s。USB 2.0 标准最高传输速率可达 480Mb/s。USB 3.0 已经出现在主板中，并已开始普及应用。

11. LPT 接口

LPT 接口一般用来连接打印机或扫描仪。其默认的中断号是 IRQ7，采用 25 脚的 DB-25 接头。LPT 接口的工作模式主要有 3 种，分别为 SPP 标准工作模式、EPP 增强型工作模式和 ECP 扩充型工作模式，其差别主要在于数据传输方式和传输速率上的不同。

12. 电源接口

主板上一般只有一个电源接口，用来给全部设备供电，常见的是 20 针+4 针。20 针是主电源接口。多数 CPU 功率较大，导致发热量高，因此使用 4 针接口给 CPU 风扇进行辅助供电来达到降低 CPU 温度的目的。如果显卡功率高，也需要外界电源，显卡上也可有一个 4 针的电源接口，用于连接显卡风扇。主板上的接口，除风扇接口外，全部都由主板电源供电。

13. 音频插口

音频插口用于连接音频设备，包括音箱、耳机、传声器等，实现各种音频数据的输入和输出。

14. 网线插口

网线插口是网卡与网络之间的接口，用于安插网线，使计算机能够接入网络。常见的网线插口是 RJ-45，用于双绞线的连接。

3.3.2 中央处理器

中央处理器（CPU）是计算机必备的核心部件，其作用相当于大脑在人体中的作用。计算机中的程序和数据都是由 CPU 来运行和处理的。程序运行时，由 CPU 负责执行指令、运算数据、控制输入/输出系统等工作。不同的 CPU，它的设计技术、工艺标准和参数指标都存在差异，但都能够满足计算机的运行需求。组装时，CPU 安插在主板的 CPU 插槽上。CPU 插槽是一个方形的插座。不同型号的主板，其 CPU 插槽的规格有所不同，安插的 CPU 类型也不同。图 3-11 所示是 CPU 的外观。

图 3-11　CPU 的外观

能够反映 CPU 性能的指标主要有主频、核心数量和数据传输位数。其中，主频是衡量 CPU 工作速度的重要指标。主频越高，CPU 的运算速度就越快。一般的常用 CPU 主频有 2.4GHz、3.3GHz、3.4GHz 和 4.0GHz 等。核心数量是衡量 CPU 工作速度的另一个重要指标。核心数量越多，CPU 能同时运行的程序就越多，运行效果就越好。常用 CPU 的核心数量有双核、四核、六核乃至八核。CPU 的数据传输位数是指计算机能够同时传送的二进制位的个数，同时传送的位数越多，运算速度就越快。计算机先后经历了 4 位机、8 位机、16 位机、32 位机和 64 位机，现阶段常用的 CPU 为 64 位。

3.3.3 CPU 散热器

CPU 散热器用于降低正在运转的 CPU 的温度。凡是电子产品都会在加电工作的时候产生热量，就这一点，CPU 也不例外。当 CPU 工作时，功率较大，如果产生的热量过多而无法散去，就导致 CPU 温度过高，将会严重影响 CPU 的正常运转，甚至损毁 CPU。因此，需要在 CPU 表面上安置散热器，通过散热器上风扇的转动，及时散出 CPU 工作时产生的热量，降低 CPU 温度，从而保证 CPU 的正常运转。一般来说，散热器的散热效果有 30%取决于风扇的转速，但并非转速越高越好。每分钟 3 500 转到 5 200 转之间的转速是比较合乎常规的。如果散热器功率过大，不但冷却效果没有多大增强，反而可能会加重计算机的工作负荷，最终缩短 CPU 和风扇的寿命。因此，在选择 CPU 功率大小的同时，也要合理选择与 CPU 功率相匹配的散热器。图 3-12 是 CPU 散热器。

图 3-12 CPU 散热器

3.3.4 内部存储器

内部存储器（memory，简称内存）作为计算机的重要部件之一，是 CPU 能够直接访问的计算机物理空间，是与 CPU 进行沟通的桥梁。内存的特点是存取速率快。常用软件，如 Windows 操作系统、打字软件、游戏软件等，一般都是保存在硬盘等外存设备上的。要使用这些软件，必须把它们从外存装入内存才能运行。平时输入一段文字或玩一个游戏，其实都是在内存中进行的。这就好比在一个书房里面，存放书籍的书架和书柜相当于计算机的外存，而我们工作时使用的办公桌就是内存。通常，我们把正在运行的程序和正在处理的数据放入内存。一般内存可以分为随机存取存储器（RAM）和只读存储器（ROM）两种。

RAM 是一种可读写存储器，其内容可以随时根据需要读出，也可以随时重新写入新的信息。这种存储器又可以分为静态 RAM（SRAM）和动态 RAM（DRAM）两种。SRAM 的特点是存取速度快，但价格也较高，一般用作高速缓存。DRAM 的特点是存取速度相对于 SRAM 较慢，但价格较为低廉，一般用作计算机的主存。不论是 SRAM 还是 DRAM，当关闭电源电压时，RAM 中保存的信息都将全部丢失。RAM 在计算机中主要用来存放正在执行的程序和临时数据。

ROM 是一种内容只能读出而不能写入和修改的存储器，其存储的信息是在制作该存储器时就被写入的。在计算机运行过程中，ROM 中的信息只能被读出，不能写入新的内容。计算机断电后，ROM 中的信息不会丢失，即在计算机重新加电后，其中保存的信息依然是断电前的信息，仍可被读出。ROM 常用来存放一些固定的程序、数据和系统软件等，如检测程序、BOOT ROM、BIOS 等，这些信息在 ROM 出厂时，就已经被写入，通常称为掩膜 ROM。只读存储器除了掩膜 ROM 外，还有可编程 ROM（PROM）、可擦除可编程 ROM（EPROM）和电可擦除可编程 ROM（E^{2}PROM）等类型。PROM 在制造时并不写入程序和数据，而是由用户根据需要自行写入，一旦写入，就不能更改。与 PROM 相比，EPROM 的内容可以反复修改。但 EPROM 与 RAM 不同，虽然其内容可以通过擦除实现多次更新，但只要更新固化好以后，就只能读出，而不能像 RAM 那样可以随机读出和写入信息。E^{2}PROM 也称 Flash 闪存，普遍用于可移动电子硬盘和数码照相机等设备的存储器中。不论是哪种 ROM，其中存储的信息均不受断电的影响，具有永久保存信息的特点。图 3-13 所示是内存的分类。

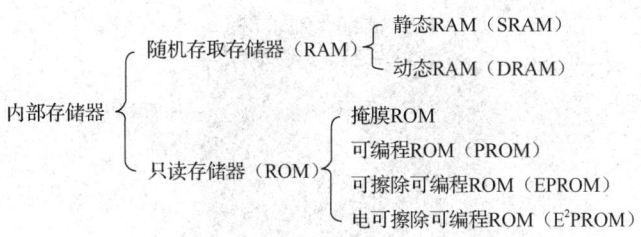

图 3-13　内存的分类

为了解决内存与 CPU 的速度不匹配问题，计算机引入了高速缓冲存储器（cache）。cache 一般用 SRAM 存储芯片实现，可以分为 CPU 内部的一级高速缓存和 CPU 外部的二级高速缓存。通常，内存条指的是 RAM，它们安插在主板的内存插槽上，与主板连接。内存条的好坏将直接影响计算机的运行速度。一般来讲，内存条的容量越大越好。市面上主流内存条的容量为 1GB、2GB、4GB、8GB 和 16GB 等。图 3-14 所示是内存条的外观。

图 3-14　内存条的外观

3.3.5　外部存储器

随着用户对信息处理数据量的增大和对数据长期存储的需求，外部存储器（简称外存）产生了。它是指除计算机内存及 CPU 缓存以外的存储器，无论系统断电与否，外存中的数据都能够被长期保存。常见的外部存储器有硬盘、光盘、U 盘等。

1. 硬盘

硬盘（hard disk）也称为温彻斯特式硬盘，是计算机上最主要的外部存储设备。它由磁盘片、读写控制电路和驱动机构成，如图 3-15 所示。其中，每一张盘片被划分为正反两面；每一个盘面以主轴为圆心，被划分为若干同心圆，称为磁道；每一个磁道又被划分为若干段等长的弧，称为扇区。信息就存储在一个一个的扇区中。扇区是硬盘中存储信息的基本单元。每一个盘面都配备有一个读/写磁头，用于感应盘片的正反两面。读/写磁头被固定在移动臂上。当磁盘的盘片高速旋转时,通过移动臂移动磁头进行感应，把数据读出或写入。

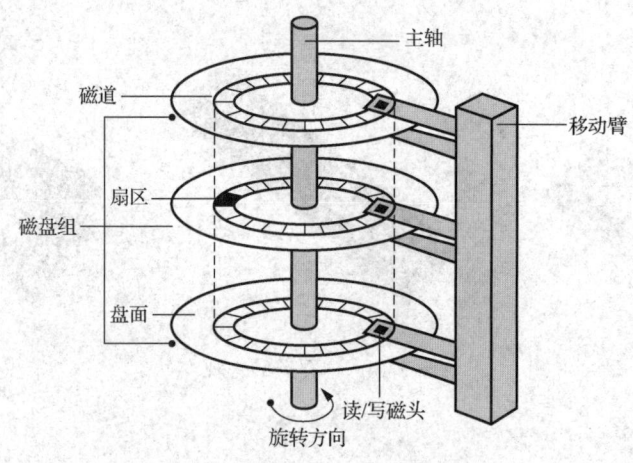

图 3-15 硬盘结构

通常,把不运行的程序和不处理的数据存储在硬盘上。在计算机系统重新启动或断电的情况下,存储在硬盘上的程序和数据不会丢失,可长期保存。通过使用数据线和电源线来实现硬盘与主板的连接。硬盘的存储空间相对来说都比较大。目前,硬盘的存储容量一般都在 1000GB 以上。此外,为了方便携带,将笔记本式计算机的硬盘装在密封盒里面,携带到目的地,再通过 USB 接口和计算机相连接,此时的硬盘被称为移动硬盘。

2. 光盘

随着多媒体技术的推广,光盘以其容量大、寿命长、成本低的特点而备受人们青睐,并被迅速普及。目前,用于计算机的光盘按照技术可划分为 3 类:CD、DVD、蓝光(BD)。CD 光盘容量较小,已经逐渐退出市场;DVD 光盘容量有 4.7GB、9.4GB 等几种,应用很广;蓝光光盘容量大,有 25GB、50GB 等多种。现在蓝光光盘及蓝光驱动器价格逐渐下降,正在慢慢被人们接受。

光盘驱动器是用来读/写光盘数据的设备,也是在台式计算机和笔记本式计算机中比较常见的一种设备,仍使用数据线和电源线与主板相连接。与硬盘相比,光盘数据的读/写是通过光盘驱动器中的光学头发射出激光束来感应光盘盘面进行的。随着多媒体的应用越来越广泛,光盘驱动器在计算机中已经成为标准配置。目前,主流的光盘驱动器可分为 CD-ROM 型、DVD 型、康宝型、蓝光型等几种类型。图 3-16 所示是光盘与光盘驱动器。

(a)光盘　　　　　　　　　　　　　　(b)光盘驱动器

图 3-16　光盘与光盘驱动器

3. U 盘

U 盘的全称是 USB 闪存盘,英文名称是 USB flash disk,也被称为优盘、闪盘。它是一种使用 USB 接口的无须物理驱动器的微型高容量移动存储产品,存储量从几 MB 到几 GB 级以上,通过 USB 接口与计算机连接,可以带电热插拔,实现即插即用。U 盘连接到计算机的 USB 接口后,U 盘中的信息就可与计算机进行交换了。现在市面上出现了许多支持多种端口的 U 盘,即三通 U 盘(USB 电脑端口、iOS 苹果接口、安卓接口)。因其具有操作简单、携带方便、容量大、用途广泛的优点,U 盘已经成为较便携的外存设备之一,如图 3-17 所示。

图 3-17　U 盘的样式

3.3.6　显卡与显示器

显卡也称显示适配卡或显示卡,如图 3-18 所示,是计算机与显示器之间的一种接口卡,安插在主板的 PCI、PCI-E 或 AGP 插槽上。显卡作为计算机的一个重要组成部分,承担输出显示图形的任务,增强显示器的显示效果。同时,显卡还具有图像处理能力,可协助 CPU 工作，提高计算机的整体运行速度。显卡的性能决定了显示器的成像速度和效果。目前主流的显卡是具有 2D、3D 图形处理功能的 PCI-E 接口的显卡，由图形加速芯片（又称图形处理单元，graphics processing unit，简称 GPU）、随机存取存储器（显存或显示卡内存）、数据转换器、时钟合成器以及基本输入/输出系统等五大部分组成。显卡对于从事专业图形设计的人员来说是非常重要的。

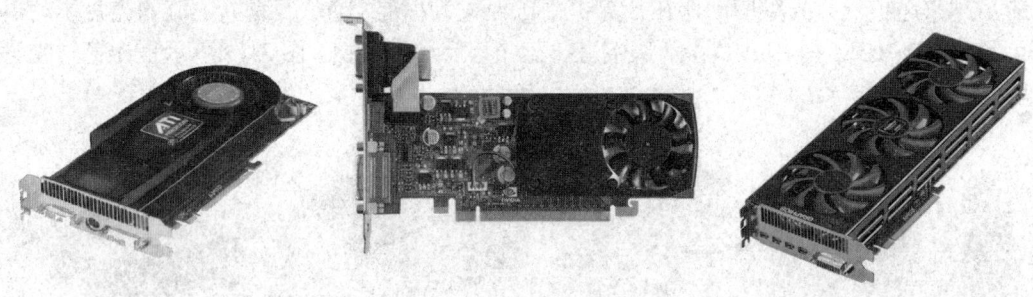

图 3-18　显卡的外观

显示器（图 3-19）是计算机系统最为常用的输出设备，其类型很多。根据显像管的不同可将显示器划分为 3 种类型，分别是阴极射线管（cathode ray tube，CRT）显示器、发光二极管（light emitting diode，LED）显示器和液晶显示器（liquid crystal display，LCD）。目前，最为常用的显示器为液晶显示器。衡量显示器的优劣有两个重要指标，一个是分辨率，是指显示器屏幕上能够显示的以行列计数的像素点数量。例如，1920×1080 的分辨率是指显示器屏幕上能够显示 1920 行×1080 列个像素点。分辨率越高，所能呈现的图像也就越精细；另一个指标是点距，点距是指两个像素中心点之间的距离。点距越小，表明像素点就越小，显示的图像就越细致。

图 3-19　显示器

3.3.7　声卡和音响

声卡（sound card 或 audio frequency interface），又称音频卡，是多媒体计算机的重要部件。它是计算机进行声音处理的一种接口卡，即声卡就是把计算机的数字信号转换成人们能听到的模拟信号。它把计算机中的声音数据经过处理，再通过音响播放出人能够听到的声音。它有 3 个基本功能：一是音乐合成发音功能；二是混音器（mixer）功能和数字声音效果处理器功能；三是模拟声音信号的输入和输出功能。声卡处理的声音信息在计算机中以文件的形式存储。声卡工作时需有相应的软件支持,包括驱动程序、混频程序和 CD 播放程序等。声卡安插在主板的 PCI 或 PCI-E 插槽上,实现与计算机的连接。现阶段的声卡,大部分都是集成在主板上,而非独立的。

音响主要用于输出声音,使用户可以听到美妙动听的声音效果。将音响的数据线插头安插在主板的输出音频插口上,就可以实现音响与计算机的连接。图 3-20 所示是声卡和音响。

（a）声卡　　　　　　　　　　　　　　　　　（b）音响

图 3-20　声卡和音响

3.3.8　键盘和鼠标

键盘是通过按键向计算机输入数据的设备。当用户按下某一键时,键盘内部的控制电路就会产生一个代表这个按键的代码,并把代码送入主机,系统就能够知道用户按下了哪一个按键。主流的键盘有两种类型:PS/2 型键盘和 USB 键盘。PS/2 键盘与主板上的紫色 PS/2 接口相连;USB 键盘与主板的 USB 接口相连。

鼠标是一种流行的输入设备,它可以通过移动光标方便准确地进行定位,因其外形酷似老鼠而得名。根据结构不同,鼠标可分为机械鼠标和光电鼠标两种。现阶段,绝大多数用户使用的鼠标为光电鼠标。从系统内部来讲,主流的鼠标也有两种类型:PS/2 鼠标和 USB 鼠标。PS/2 鼠标与主板上的绿色 PS/2 接口相连;USB 鼠标与主板的 USB 接口相连。

图 3-21 所示是键盘和鼠标。

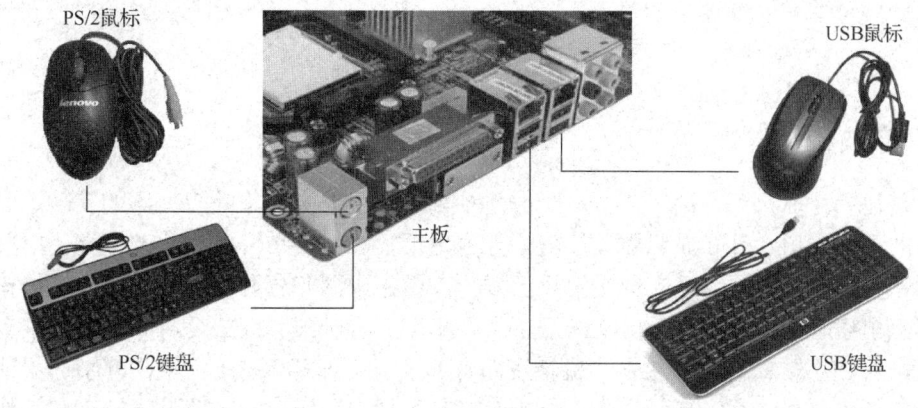

图 3-21　键盘和鼠标

3.3.9 打印机

打印机也是计算机系统中常用的输出设备,用于将输出数据打印在各种纸质材料上。打印机可以通过 LPT 接口或 USB 接口与主板相连。目前,常用的打印机有点阵式打印机、喷墨打印机和激光打印机 3 种。

1. 点阵式打印机

点阵式打印机又称为针式打印机,如图 3-22(a)所示,有 9 针、12 针和 24 针 3 种。针数越多,针距越密,打印出来的字迹就越美观。目前,点阵式打印机主要应用于银行、税务、商店等的票据打印业务。

2. 喷墨打印机

喷墨打印机如图 3-22(b)所示,是通过喷墨管将墨水喷射到普通打印纸上,从而实现字符、汉字或图像等数据的输出。其主要优点是打印精度较高、噪声低、价格便宜;缺点是打印速度慢,墨水消耗量大,日常维护费用较高。

3. 激光打印机

激光打印机如图 3-22(c)所示,具有精度高、打印速度快、噪声低等优点,正逐渐成为办公自动化的主流产品。激光打印机的一个重要性能指标就是 DPI(dot per inch,每英寸点数),即分辨率。打印机的分辨率越高,其输出质量就越好。

(a)针式打印机

(b)喷墨打印机

(c)激光打印机

图 3-22 打印机类型

3.3.10 机箱和电源

机箱作为计算机配件的一部分,一般包括外壳、用于固定软硬驱动器的支架、面板上必要的开关、指示灯和显示数码管等。外壳用钢板和塑料结合制成,硬度高,主要起保护机箱内部元件的作用;支架主要用于固定主板、电源和各种驱动器。此外,机箱还具有屏蔽电磁辐射的重要作用。从外观上看,机箱分为卧式和立式两种。目前,大多数计算机用户使用立式机箱。通常,机箱正面有 Power 按钮和 Reset 按钮,分别用于开关和重新启动计算机,并配有一个或多个光盘驱动器插口;机箱背面有电源接口和其他插口,分别用于固定电源和各类插口。

图 3-23 所示是计算机的机箱和电源。

图 3-23　计算机的机箱和电源

电源是为计算机中各个组成部件供电的重要设备。作为计算机电力的主要来源，它是计算机各部件的供电枢纽。为了能够及时散出电源工作时产生的热量，保证电源稳定工作，在电源上也配有风扇，用于散热。计算机属于弱电产品，各部件的工作电压较低，一般在±12V 以内，并且是直流电。而普通的市电为 220V（有些国家为 110V）交流电，不能直接在计算机部件上使用。因此计算机和很多家电一样需要一个电源配件，负责将普通市电转换为计算机可以使用的电压。一般将电源安装在计算机内部。计算机核心部件的工作电压非常低，但计算机工作频率非常高，因此计算机对电源的要求比较高。目前，计算机电源为开关电路，将普通交流电转为直流电，再通过斩波控制电压，将不同的电压分别输出给主板、硬盘、光驱等计算机部件。计算机电源主要分为 AT 电源和 ATX 电源两种。在 ATX 电源未出现前，从 286 到 586 计算机一直是使用 AT 电源供电。随着 ATX 电源的普及，AT 电源已淡出市场。

3.4　计算机软件系统

计算机软件系统包括在计算机上运行的相关程序、数据和有关文档。通常把计算机软件系统分为系统软件和应用软件两大类。

3.4.1　系统软件

系统软件（system software）是控制和协调计算机及其外围设备，支持应用软件开发和运行的各种程序的集合。其主要功能是调度、监控和维护计算机系统；管理计算机系统中各种独立的硬件，使它们可以协调工作。有了系统软件，计算机用户和其他软件就可以将计算机看作一个整体，而不需要再顾及底层每个硬件是如何工作的。系统软件能够合理地调试计算机系统的各种资源，使之得到高效率的使用，能帮助用户调试程序、查找程序错误等，减轻用户管理计算机的负担。

系统软件一般包括操作系统、语言处理程序、支撑软件、数据库管理系统等。

1. 操作系统

操作系统（operating system，OS）是位于计算机的硬件层之上和其他所有应用软件层之下的一个系统软件，是一组用于管理计算机的软硬件资源、合理组织计算机的工作流程、方便用户使用计算机的程序集合。在安装了操作系统的计算机上，用户需要做的只是把命令发送给操作系统，具体工作由操作系统完成，至于工作如何进行，用户不必关心，这就极大地方便了用户使用计算机。操作系统需要处理如管理与配置内存、决定系统资源供需的优先次序、控制输入设备与输出设备、操作网络与管理文件系统等基本事务。操作系统提供了一个让用户与系统交互的操作界面。目前，被广泛使用的操作系统主要有 Windows、Linux 等。

（1）Windows

Microsoft Windows 操作系统是美国 Microsoft 公司研发的一套操作系统，问世于 1985 年。起初它仅仅是 Microsoft-DOS 模拟环境，随着它不断地更新升级，现在已经越来越易用，也逐渐成为人们最喜爱的操作系统。

Windows 是一种面向大众使用计算机的操作系统。Windows 采用图形化操作界面，与早期的磁盘操作系统（DOS）需要输入指令来使用计算机的方式相比更为人性化。Microsoft 公司一直在致力于 Windows 操作系统的开发和完善。随着计算机硬件和软件的不断升级，Microsoft 公司的 Windows 也在不断升级，从架构的 16 位、16+32 位混合版（Windows 9x）、32 位再到 64 位，系统版本从最初的 Windows 1.0 到人们熟知的 Windows 95、Windows 98、Windows ME、Windows 2000、Windows 2003、Windows XP、Windows Vista、Windows 7、Windows 8、Windows 8.1、Windows 10 和 Windows Server 服务器企业级操作系统，不断持续更新。

（2）Linux

Linux 是一个运行于 32 位或 64 位计算机上，可以免费使用和自由传播，支持多用户、多任务、多线程和多 CPU 的操作系统。Linux 操作系统诞生于 1991 年 10 月 5 日（这是首次正式向外公布的时间）。Linux 有许多不同版本，称为发行版，如 Red Hat Linux、Ubuntu Linux、CentOS Linux 等，但它们都共用相同的 Linux 内部核心程序，简称内核。Linux 作为操作系统，可安装在多种计算机设备上，如手机、平板电脑、路由器、视频游戏控制台、台式计算机、大型机和超级计算机等。相对于 Windows 而言，Linux 在处理事务上，有着更高的效率和可靠性，能够充分利用计算机资源。因此，Linux 经常用于网站服务器、科学计算等专业事务处理，是一种面向专业人群使用的计算机操作系统。

2. 语言处理程序

语言处理程序是为用户设计的编程服务软件，其作用是把使用汇编语言及高级语言编写的源程序翻译成计算机能识别的目标程序。语言处理程序是将程序设计语言编写的源程序转换成机器语言的形式，以便计算机能够运行。语言处理程序除了要完成语言间的转换外，还要进行语法、语义等方面的检查，语言处理程序总共包含3种：汇编程序、编译程序和解释程序。

3. 支撑软件

支撑软件又称为工具软件，包括系统诊断程序、调试程序、排错程序、编辑程序、查杀病毒程序，是为了维护计算机系统正常运行或支持系统开发所配置的软件。支撑软件是在系统软件和应用软件之间，提供应用软件设计、开发、测试、评估、运行检测等辅助功能的软件。随着计算机科学的发展，软件的开发和维护成本在计算机系统中占的比重越来越大，远远超过硬件。因此，支撑软件的研究具有重要意义，它直接促进软件的发展。

4. 数据库管理系统

数据库管理系统（database management system，DBMS）是一种操纵和管理数据库的软件，用于建立、使用和维护数据库。它对数据库进行统一的管理和控制，以保证数据库的安全性和完整性。用户通过 DBMS 访问数据库中的数据，数据库管理员也通过 DBMS 进行数据库的维护工作。DBMS 可使多个应用程序和用户用不同的方法在同时或不同时刻去建立、修改和询问数据库。DBMS 提供数据定义语言（data definition language，DDL）和数据操作语言（data manipulation language，DML），供用户定义数据库，实现对数据的添加、删除等操作。有了数据库管理系统，用户就可以在抽象意义下处理数据，而不必顾及这些数据在计算机中的布局和物理位置。常见的数据库管理系统有 SQL Server、Oracle、DB2、Visual FoxPro、Access、SYBASE、MySQL 等。

3.4.2 应用软件

应用软件（application software）是和系统软件相对应的，也称为应用程序，是专业软件公司针对应用领域的需求，为解决某些实际问题而研制开发的程序，或由用户根据需要编制的各种实用程序，它拓宽了计算机的应用领域。应用软件通常需要系统软件的支持，才能在计算机硬件上有效运行。典型的应用软件有文字处理软件（如 Word）、电子表格软件（如 Excel）、演示文稿软件（如 PowerPoint）、网页浏览软件（如 Internet Explorer、Chrome）、网页制作软件（如 Dreamweaver）、财务管理软件（如金蝶、用友）、视频播放软件（如暴风影音）、音频播放软件（如酷我音乐）、网络聊天（如 QQ）等。

习 题

一、选择题

1. 一个完整的计算机系统包括（　　）。
   A．计算机及其外部设备　　　　　B．主机、键盘、显示器
   C．系统软件和应用软件　　　　　D．硬件系统和软件系统
2. 计算机的硬件系统包括（　　）。
   A．内存和外设　　　　　　　　　B．显示器和主机
   C．主机和打印机　　　　　　　　D．主机和外部设备
3. 下面关于计算机系统硬件的说法中，不正确的是（　　）。
   A．CPU 主要由运算器、控制器和寄存器组成
   B．当关闭计算机电源后，RAM 中的程序和数据就消失了
   C．硬盘上的数据可由 CPU 直接存取
   D．硬盘驱动器既属于输入设备，又属于输出设备
4. 计算机内部各种算术运算和逻辑运算的功能，主要是通过（　　）来实现的。
   A．CPU　　　　B．主板　　　　C．内存　　　　D．显卡
5. 中央处理器（CPU）主要由（　　）组成。
   A．控制器和内存　　　　　　　　B．运算器和内存
   C．控制器和寄存器　　　　　　　D．运算器和控制器
6. 微型计算机的运算器、控制器及内存储器的总称是（　　）。
   A．CPU　　　　B．ALU　　　　C．MPU　　　　D．主机
7. 微型计算机中运算器的主要功能是进行（　　）。
   A．算术运算　　B．逻辑运算　　C．算术或逻辑运算　　D．函数运算
8. 计算机工作的本质是（　　）。
   A．取指令、运行指令　　　　　　B．执行程序的过程
   C．进行数的运算　　　　　　　　D．存、取数据
9. 处理器的速度是指处理器核心工作的速率，它常用（　　）来表述。
   A．系统的时钟速率　　　　　　　B．执行指令的速度
   C．执行程序的速度　　　　　　　D．处理器总线的速度
10. 硬盘连同驱动器是一种（　　）。
    A．内存储器　　　　　　　　　　B．外存储器
    C．只读存储器　　　　　　　　　D．半导体存储器

11. 运算器和控制器的总称是（　　）。
    A．CPU　　　　　B．ALU　　　　　C．集成器　　　　D．逻辑器
12. 在微型计算机中，控制器的基本功能是（　　）。
    A．实现算术运算和逻辑运算　　　　B．存储各种控制信息
    C．保持各种控制状态　　　　　　　D．控制机器各个部件协调一致工作
13. 下面不属于外存储器的是（　　）。
    A．硬盘　　　　　B．软盘　　　　　C．光盘　　　　　D．内存条
14. AGP 总线主要用于（　　）与系统的通信。
    A．硬盘驱动器　　B．声卡　　　　　C．图形/视频卡　　D．以上都是
15. 硬盘驱动器是计算机的一种外存储器，它的重要作用是（　　）。
    A．保存处理器将要处理的数据或处理的结果
    B．保存用户需要保存的程序和数据
    C．提供快速的数据访问方法
    D．使保存在其中的数据不因断电而丢失
16. 计算机广告中的"0.24mm 彩显"的含义是（　　）。
    A．该彩色显示器的分辨率可以达到 1920×1600 像素
    B．该显示器能够区分相邻距离为 0.24mm 的两个点
    C．该显示器的分辨率目前是最高的
    D．该显示器的扫描电子束直径为 0.24mm
17. 下列说法中，不正确的是（　　）。
    A．ROM 可作为输出缓冲区使用
    B．CPU 的主要功能是对指令、操作和时间的控制以及数据加工
    C．DVD-ROM 标准向下兼容，能读目前的音频 CD 和 CD-ROM
    D．浮点数的精度由尾数的位数决定
18. 下面关于显示器的叙述中，错误的是（　　）。
    A．显示器的分辨率与中央处理器的型号有关
    B．分辨率 1024×768 表示屏幕水平方向每行有 1024 个点，垂直方向每列 768 个点
    C．显示卡是驱动和控制计算机显示器以显示文本、图形、图像信息的硬件装置
    D．像素是显示屏上能独立赋予颜色和亮度的最小单位
19. Windows 是（　　）。
    A．系统软件　　　B．应用软件　　　C．编译软件　　　D．支持软件
20. 下面关于内存储器的叙述中，错误的是（　　）。
    A．内存储器和外存储器是统一编址的，字节是存储器的基本编址单位
    B．CPU 正在执行的指令与数据都必须存放在内存储器中，否则就不能进行处理

C．内存速度快而容量相对较小，外存则速度较慢而容量相对很大
D．cache 存储器也是内存储器的一部分

21．衡量微型计算机价值的主要依据是（　　）。
A．功能　　　　　B．性能价格比　　　C．运算速度　　　　D．操作次数

22．cache 是一种高速度、容量相对较小的存储器。在计算机中，它处于（　　）。
A．内存和外存之间　　　　　　　B．CPU 和主存之间
C．RAM 和 ROM 之间　　　　　　D．硬盘和光驱之间

23．Mb/s 常用来描述计算机的运算速度，其含义是（　　）。
A．每秒钟处理百万个字符　　　　B．每分钟处理百万个字符
C．每秒钟执行百万条指令　　　　D．每分钟执行百万条指令

24．计算机的一条指令一般由（　　）组成。
A．地址和数据　　　　　　　　　B．操作码和操作数
C．国标码和机内码　　　　　　　D．ASCII 码和国标码

25．计算机能够直接识别和执行的语言是（　　）。
A．汇编语言　　　B．自然语言　　　　C．机器语言　　　　D．高级语言

26．一般来说，计算机指令的集合称为（　　）。
A．程序　　　　　B．机器语言　　　　C．模拟语言　　　　D．汇编语言

27．微型计算机的内存储器比外存储器（　　）。
A．读写速度快　　　　　　　　　B．存储容量大
C．运算速度快　　　　　　　　　D．以上 3 项都对

28．在衡量微型计算机的性能指标中，（　　）用于表示微型计算机系统的性能稳定。
A．可用性　　　　　　　　　　　B．兼容性
C．平均无障碍工作时间　　　　　D．性能价格比

29．下列存储器中，访问周期最短的是（　　）。
A．硬盘存储器　　B．外存储器　　　　C．内存储器　　　　D．软盘存储器

30．断电后会使存储数据丢失的存储器是（　　）。
A．RAM　　　　　B．硬盘　　　　　　C．ROM　　　　　　D．软盘

31．在微型计算机内存储器中，不能用指令修改其存储内容的是（　　）。
A．RAM　　　　　B．DRAM　　　　　C．ROM　　　　　　D．SRAM

32．度量存储容量的基本单位是（　　）。
A．字　　　　　　B．字节　　　　　　C．位　　　　　　　D．KB

33．SRAM 存储器是（　　）。
A．静态随机存储器　　　　　　　B．静态只读存储器
C．动态随机存储器　　　　　　　D．动态只读存储器

34．CPU 不能直接访问的存储器是（　　）。
A．ROM　　　　　B．RAM　　　　　　C．cache　　　　　　D．外存储器

35. 要使用外存储器中的信息，应先将其调入（　　）。
   A．控制器　　　　B．运算器　　　　C．微处理器　　　　D．内存储器
36. SRAM 的特点是（　　）。
   A．在不断电的情况下，其中的信息保持不变，因而不必定期刷新
   B．在不断电的情况下，信息不能长期保持，因而必须定期刷新才不至于丢失信息
   C．其中的信息只能读不能写
   D．其中的信息断电后也不会丢失
37. 在微型计算机中，I/O 设备的含义是（　　）。
   A．输入/输出设备　　　　　　　　B．通信设备
   C．网络设备　　　　　　　　　　D．控制设备
38. ROM 与 RAM 的主要区别是（　　）。
   A．ROM 是内存储器，RAM 是外存储器
   B．ROM 是外存储器，RAM 是内存储器
   C．断电后，ROM 中保存的信息会丢失，而 RAM 中的信息则可长期保存、不会丢失
   D．断电后，RAM 中保存的信息会丢失，而 ROM 中的信息则可长期保存、不会丢失
39. 下面各组设备中，全部属于输入设备的一组是（　　）。
   A．键盘、磁盘和打印机　　　　　　B．键盘、扫描仪和鼠标
   C．键盘、鼠标和显示器　　　　　　D．硬盘、打印机和键盘
40. 硬盘中，存储信息的基本单位是（　　）。
   A．扇区　　　　B．磁道　　　　C．盘面　　　　D．柱面

二、填空题

1. 计算机系统由_____和_____两大部分组成。
2. 计算机硬件和计算机软件既相互依存，又互为补充。可以这样说，_____是计算机系统的"躯体"，_____是计算机的"灵魂"。
3. 计算机由_____、_____、_____、_____和_____ 5 部分组成。
4. 计算机软件分为_____和_____两大类。
5. 计算机的外设很多，分成两大类，一类是输入设备，另一类是输出设备。其中，显示器、音箱属于_____，键盘、鼠标、扫描仪属于_____。
6. 一条指令的执行需要_____、_____和_____ 3 个过程。
7. 光盘刻录机可以分为_____和_____；显示器可以分为_____和_____。

8．主板上的 IDE 接口表示的是_____接口。

9．存储器分为_____和_____两种。

10．内存是一个广义的概念，它包括_____和_____。

11．内存条上标有 5-4-4-12 等字样，表示的是存取速度，用 ns（纳秒）来计量，该数值越小，说明内存速度_____。

12．目前硬盘主要可分为两大类，即_____接口及_____接口。

13．市面上常见的显示器主要有_____（CRT）显示器、_____（LED）显示器和_____（LCD）。

14．对于移动臂磁盘，磁头在移动臂的带动下，移动到指定柱面的时间称寻找时间，而指定扇区旋转到磁头位置的时间称_____时间。

15．光盘的信息传送速度比硬盘_____，容量比硬盘_____。

16．通常计算机的存储器是由一个 cache、主存和辅存构成的三级存储体系。cache 存储器一般采用_____半导体芯片。

17．能把计算机处理好的结果转换成为文本、图形、图像或声音等形式并输送出来的设备称为_____设备。

18．通常用屏幕水平方向上显示的点数乘垂直方向上显示的点数来表示显示器的清晰程度，该指标称为_____。

19．微型计算机系统可靠性可以用平均_____工作时间来衡量。

20．未来的计算机将朝巨型化、微型化、_____、智能化的方向发展。

21．微型计算机的发展以_____技术为特征标志。

22．内存地址从 5000H 到 53FFH，共有_____个内存单元。若该内存每个存储单元可存储 16 位二进制数，并用 4 片存储芯片构成，则芯片的容量是_____。

三、判断题

1．存储单元也就是计算机存储数据的地方，内存、CPU 的缓存、硬盘、光盘都为存储单元。（   ）

2．在选购主板的时候，一定要注意与 CPU 对应，否则是无法使用的。（   ）

3．目前，液晶显示器的点距比 CRT 显示器的点距小。（   ）

4．计算机中的时钟主要用于系统计时。（   ）

5．SRAM 存储器是动态随机存储器。（   ）

6．存储器中的信息既可以是指令，也可以是数据。（   ）

7．程序和数据不必装入内存，计算机就能够执行和处理。（   ）

8．磁道是生产磁盘时直接刻在磁盘上的。（   ）

9．一个指令周期是 CPU 执行一条指令所花费的时间。（   ）

四、简答题

1. 简述微型计算机系统的组成。
2. 简述计算机内存的分类及各类的特点。
3. 简述内存储器与外存储器的区别,以及内存储器中 ROM 与 RAM 的区别。
4. 简述硬盘的存储结构。
5. 为什么要在计算机中增加高速缓冲存储器?高速缓冲存储器有什么特点?
6. 衡量计算机显示器显示质量的指标主要有哪些?含义分别是什么?
7. 什么是操作系统?它的作用是什么?

第 4 章 操 作 系 统

计算机操作系统是用户与计算机硬件之间的桥梁，为用户与计算机硬件提供了一个交流的平台，它能够协调并控制计算机系统内部的主要部件相互配合、有条不紊地工作。在大学里有很多与计算机相关的课程，并且在以后的就业与生活中也离不开计算机。因此，只有学好计算机及 Windows 操作系统，才能解决以后学习和就业时遇到的计算机方面的困难和障碍。

Windows 操作系统是由美国 Microsoft 公司开发的一款窗口化操作系统，它的出现使 PC 进入了全新的图形用户界面操作模式，比从前的指令操作系统（如 DOS）更为人性化。Windows 操作系统是目前世界上使用最广泛的操作系统，如 Windows 7 和 Windows 10 等。本章将介绍 Windows 10 操作系统的基本操作、文件管理、程序管理以及系统管理及安全维护等内容。通过本章的学习，读者可以轻松掌握 Windows 10 操作系统的使用方法与技巧，解决读者对计算机系统的日常维护等问题。

4.1 操作系统概述

4.1.1 操作系统的基本概念

操作系统（operation system，OS）属于系统软件，是直接控制和管理计算机系统基本资源、方便用户充分且有效地使用这些资源的程序集合，是计算机系统中所有硬件、软件和数据资源的组织者和管理者，是一个大型的应用程序。

在计算机系统中，操作系统直接运行在"裸机"上，位于硬件和用户之间，其他软件都必须在操作系统的支持下才能运行。因此，操作系统是最基本的系统软件，是解决用户与计算机交互问题以及合理地进行计算机的资源管理问题的核心。

操作系统有并发性、共享性、虚拟性和不确定性 4 个特点。

4.1.2 操作系统的功能

操作系统通常具有以下 5 个功能。

（1）处理器管理

处理器是完成运算和控制的设备。在多道程序运行时，每个程序都需要一个处理器，而一般计算机中只有一个处理器。操作系统的一个功能就是安排好处理器的使用权，也就是说，在哪个时刻处理器分配给哪个程序使用是操作系统决定的。

（2）存储管理

计算机的内存中有成千上万个存储单元，都存放着程序和数据。何处存放哪个数据都是由操作系统来统一安排与管理的，这就是操作系统的存储功能。

（3）设备管理

计算机系统中配有各种各样的外部设备。操作系统的设备管理功能采用统一管理模式，自动处理内存和设备间的数据传递，从而减轻用户为这些设备设计输入/输出程序的负担。

（4）作业管理

作业是指要求计算机独立完成的一个任务。操作系统的作业管理功能包括两点：一是在多道程序运行时，使得用户合理地共享计算机系统资源；二是提供给操作人员一套控制命令用来控制程序的运行。

（5）文件管理

计算机系统中的程序或数据都要存放在相应的存储介质上。为了便于管理，操作系统将相关的信息集中在一起，称为文件。操作系统的文件管理功能就是负责这些文件的存储、检索、更新、保护和共享。

4.1.3 操作系统的分类

操作系统主要包括以下几种类型。

（1）批处理操作系统

批处理是指用户将一批作业提交给操作系统后就不再干预，由操作系统控制它们自动运行。这种采用批量处理作业技术的操作系统称为批处理操作系统。批处理操作系统分为单道批处理系统和多道批处理系统。批处理操作系统不具有交互性，它是为了提高 CPU 的利用率而被提出的一种操作系统。

（2）分时操作系统

分时操作系统是利用分时技术的一种联机的多用户交互式操作系统，每个用户可以通过自己的终端向系统发出各种操作控制命令，完成作业的运行。分时是指把处理机的运行时间分成很短的时间片，按时间片轮流把处理机分配给各联机作业使用。

（3）实时操作系统

实时操作系统是一个能够在指定或者确定的时间内完成系统功能，以及对外部或内部事件在同步或异步时间内做出响应的系统。实时操作系统对响应时间有严格的要求，要以足够快的速度进行处理，可分为硬实时和软实时两种类型。

（4）通用操作系统

通用操作系统是指同时兼有多道批处理、分时、实时处理的功能，或者兼有其中两种以上功能的操作系统。

（5）网络操作系统

网络操作系统是指一种在通用操作系统功能的基础上提供网络通信和网络服务功能的操作系统。

(6) 分布式操作系统

分布式操作系统是指一种以计算机网络为基础的,将物理上分布的具有自治功能的数据处理系统或计算机系统互联起来的操作系统。分布式操作系统中各计算机之间无主次之分,系统中若干台计算机可以并行运行同一个程序。分布式操作系统用于管理分布式系统资源。

(7) 嵌入式操作系统

嵌入式操作系统是指一种运行在嵌入式智能芯片环境中,对整个智能芯片及它所操作、控制的各种部件装置等资源进行统一协调、处理、指挥和控制的系统软件。

4.2 其他常用操作系统简介

在计算机的发展中,出现过许多不同的操作系统,其中常用的有 UNIX、Linux、DOS、Mac OS、Windows、Android 操作系统等。下面分别介绍除 Windows 外的这些常用的操作系统的发展历程及它们的功能特点。Windows 10 操作系统将在 4.3 节讲解。

1. UNIX 操作系统

UNIX 操作系统是美国贝尔实验室的肯·汤普逊(Ken Thompson)和丹尼斯·里奇(Dennis Ritchie)于 1969 年夏在 DEC PDP-7 小型计算机上开发的一个分时操作系统。UNIX 为用户提供了一个分时系统以控制计算机的活动和资源,并且提供了一个交互、灵活的操作界面。UNIX 能够同时运行多进程,并且支持用户之间共享数据。同时,UNIX 支持模块化结构,当安装 UNIX 操作系统时,可以根据个人需要只安装工作需要的部分。因此,UNIX 操作系统是一个强大的多用户、多任务,支持多种处理器架构的分时操作系统。

2. Linux 操作系统

Linux 操作系统是 UNIX 操作系统的一个克隆版本,也是一个多用户、多任务的操作系统,最初由芬兰人林纳斯·托瓦兹(Linux Torvalds)开发。它诞生于 1991 年 10 月 5 日(这是第一次正式向外公布的时间)。Linux 源程序在 Internet 上公开发布后,借助于 Internet 网络,激发了全球计算机爱好者的开发热情。许多人下载该源程序后,按照自己的意愿完善了某一方面的功能,再发布到网上。经过全世界计算机爱好者的共同努力,Linux 成为全球最稳定的、最具有发展前景的操作系统。它最大的特点在于它是一个开放源代码的操作系统,其内核源代码可以自由传播。

3. DOS 操作系统

DOS 最初是 Microsoft 公司为 IBM-PC 开发的操作系统,它对硬件平台的要求很低,适用性较好。在 Windows 95 以前,DOS 是大多数人使用的操作系统。DOS 一般使用命令行界面来接受用户的指令，不过在后期的版本中，DOS 程序也可以通过调用相应的 DOS 中断来进入图形界面模式，然而 DOS 操作系统的单用户、单任务、字符界面并不被非计算机人员所推崇。

4. Mac OS 操作系统

Mac OS 是一套运行于苹果 Macintosh 系列电脑上的操作系统，是基于 UNIX 内核的图形化操作系统，一般情况下在普通 PC 上无法安装。Mac OS 是首个在商用领域成功的图形用户界面。另外，现在疯狂肆虐的电脑病毒几乎是针对 Windows 的，由于 Mac 的架构与 Windows 不同，因此很少受到病毒的袭击。Mac OS 操作系统界面非常独特，突出了形象的图标和人机对话功能。

5. Android 操作系统

Android 是一种以 Linux 为基础的开放源代码操作系统，主要用于便携设备。Android 操作系统最初由安迪·鲁宾（Andy Rubin）开发，最初主要支持手机。2005 年由 Google 收购注资，并组建开放手机联盟开发改良，将其逐渐扩展到平板电脑及其他领域上。2011 年，Android 在全球的市场份额首次超过塞班系统，跃居全球第一。目前，Android 是全球智能手机操作系统的主流。

4.3　Windows 10 操作系统

Windows 10 是由美国 Microsoft 公司开发的应用于计算机和平板电脑的操作系统，于 2015 年发布正式版。Windows 10 系列的操作系统共包含 8 个版本，分别为 Windows 10 Home（家庭版）、Windows 10 Professional（专业版）、Windows 10 Enterprise（企业版）、Windows 10 Education（教育版）、Windows 10 Mobile（移动版）、Windows 10 Mobile Enterprise（移动企业版）、Windows 10 Pro for Workstations（专业工作站版）和 Windows 10 IoT Core（物联网核心版）。

Windows 10 操作系统在易用性和安全性方面有了极大的提升，除了针对云服务智能移动设备、自然人机交互等新技术进行融合外，还对固态硬盘、生物识别、高分辨率屏幕等硬件进行了优化完善与支持。

对于初学者来说，只有掌握了 Windows 10 的基本操作才能有效地利用计算机，更好地控制计算机的软硬件资源。本节主要介绍 Windows 10 的启动与退出、Windows 10 的菜单、窗口、对话框及输入法设置、程序管理、系统管理与维护等操作。

4.3.1　Windows 10 的启动与退出

1. Windows 10 的启动

当按下计算机电源按钮后，通常情况下，系统首先进行设备自检，当所有设备运行正常时,就会启动 Windows 10 系统进度条的界面,一般耗时 3~8s。如果系统设置了密码,屏幕上会出现一个对话框等待用户选择用户名并输入密码,当输入正确后,按【Enter】键即可进入 Windows 10 操作系统,Windows 10 的桌面便出现了,如图 4-1 所示。

图 4-1 Windows 10 桌面

2. Windows 10 的退出

退出 Windows 10 系统并关闭计算机时,用户必须要遵照正确的步骤,不能在 Windows 仍在运行时直接断开计算机的电源,否则可能造成程序数据和处理信息的丢失,甚至造成系统的损坏。

正确退出 Windows 10 并关闭计算机的具体操作步骤如下:

1)保存所有应用程序中处理的结果,并关闭所有正在运行的应用程序。

2)单击"开始"按钮,在弹出的"开始"菜单中单击"电源"按钮,然后在弹出的菜单中单击"关机"。

在关机时,若系统检测到了更新,则会自动安装更新文件。安装完成后即可自动关闭系统,用户不要在系统安装更新文件时拔掉电源。

3. Windows 10 的锁定

若用户仅想离开一段时间,不想让他人使用自己的计算机,则可以启动计算机"锁定"功能。具体操作步骤如下:

1)单击"开始"按钮,在弹出的"开始"菜单中单击 Administratior 按钮。

2)在弹出的下拉菜单中,单击"锁定"命令,如图 4-2 所示。

用户也可以通过【Ctrl+Alt+Delete】组合键启动 Windows 10 特色工作界面,单击"锁定该计算机"命令即可。锁定计算机后，用户只有输入正确的密码才能继续使用，从而防止了他人的误操作，提高了计算机的安全性，图4-3所示为锁定后的计算机界面。

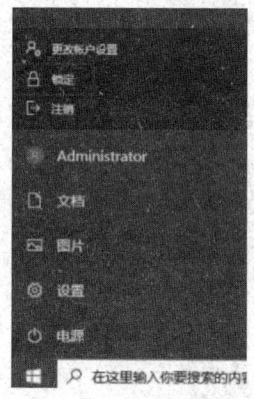

图4-2　"Administratior"菜单

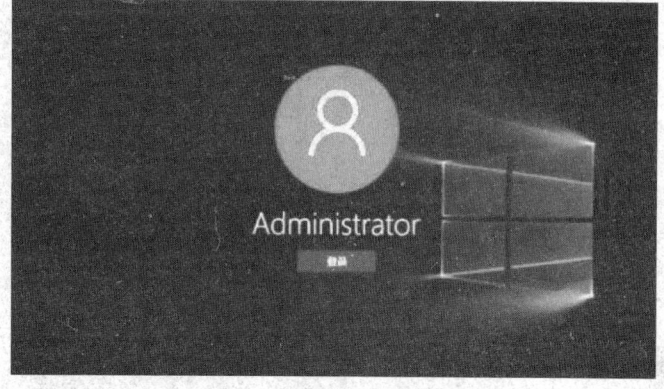

图4-3　锁定后的计算机界面

4. Windows 10 的休眠与睡眠

要了解计算机的休眠与睡眠是什么，就要先了解什么是待机。待机（standby）是指除内存外，计算机其他设备的供电都将中断，只有内存依靠电力维持着其中的数据。当用户恢复时，系统可以直接恢复到待机前的状态。这种模式下，计算机恢复速度是最快的。但若发生供电异常，计算机中待机前未保存的数据都会丢失。

休眠（hibernate）是指系统将内存中的数据全部转存到硬盘上，然后切断对所有设备的供电。这种模式下，计算机完全不耗电，因此不用担心休眠后供电异常。当用户恢复时，系统会从硬盘上将休眠文件的内容直接读入内存，并恢复到休眠前的状态。

睡眠（sleep）模式结合了待机和休眠的优点。在睡眠状态下，系统会将内存中的数据全部转存到硬盘上，然后关闭除内存外所有设备的供电。这样，当用户恢复时，如果在睡眠过程中供电没有发生过异常，就可以直接从内存中的数据恢复，速度很快；若睡眠过程中供电异常，内存中的数据丢失，还可以从硬盘上恢复。

在 Windows 10 中，用户可以根据再次使用计算机的时间情况，通过"电源按钮组"菜单中的"睡眠"按钮来控制计算机，从而缩短计算机的启动时间。

4.3.2　Windows 10 的菜单

Windows 10 的菜单有"开始"菜单、窗口菜单及利用鼠标右击打开的快捷菜单。

1. Windows 10 的"开始"菜单

Windows 10 的"开始"菜单是 Windows 的重要组成部分，整体可以分成两个部分，左侧为常用项目和最近添加使用过的项目的显示区域，还能显示所有应用列表等；右侧则是用来固定图标的区域，如图4-4所示。用户可以单击任务栏上的"开始"按钮来启动"开始"菜单。

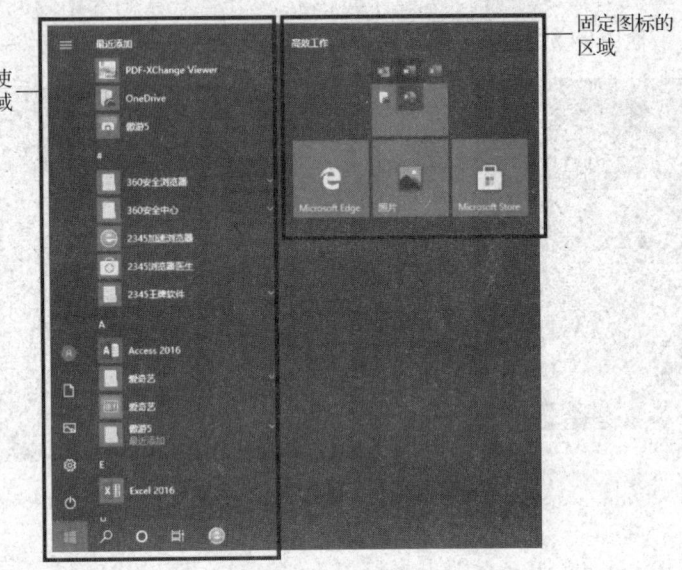

图 4-4 "开始"菜单

如果需要将应用/程序固定到开始菜单,可以在"开始"菜单左侧右击某一个应用项目或者程序文件,在弹出的快捷菜单中选择"固定到'开始'屏幕"命令,之后应用图标就会出现在右侧的区域中,这样就把经常用到的应用项目贴在右边,方便快速查找和使用,如图 4-5 所示。

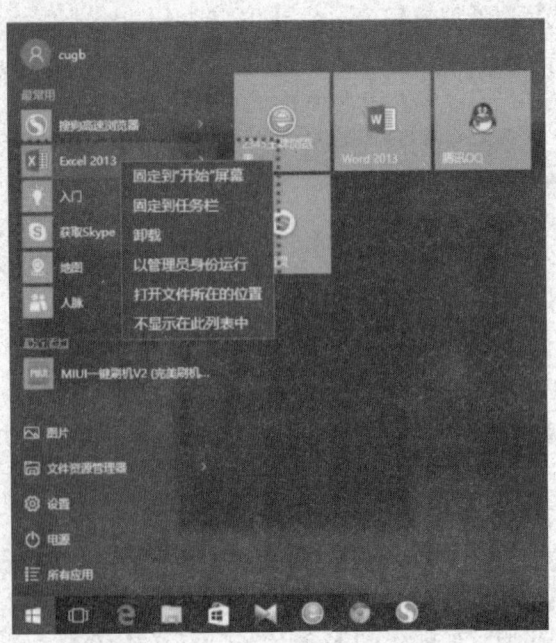

图 4-5 固定到"开始"屏幕

Windows 10 的系统任务栏升级为超级任务栏,可以将常用的应用项目固定到任务栏方便日常使用。在 Windows 10 中将应用项目固定到任务栏的方法为,在"开始"菜单中右击某个应用项目,然后选择"固定到任务栏"。

在"开始"菜单的左下角可以显示更多文件夹,包括下载、音乐、图片等,这些文件夹在 Windows 7"开始"菜单中是默认显示的,在 Windows 10 中需要在"设置"中打开。

"开始"按钮右侧即为"搜索"按钮,方便用户搜索计算机或网络上的内容。"搜索"文本框的功能相当强大,不仅可以搜索计算机中所有的文件和文件夹,还可以搜索计算机中全部的程序。用户还可以在"搜索"文本框中执行全部"运行"对话框可以执行的命令。例如,在"搜索"文本框中输入"DxDiag"命令,用户可以在程序中找到 DxDiag 程序图标,单击该图标,即可打开"DirectX 诊断工具"对话框,如图 4-6 所示。

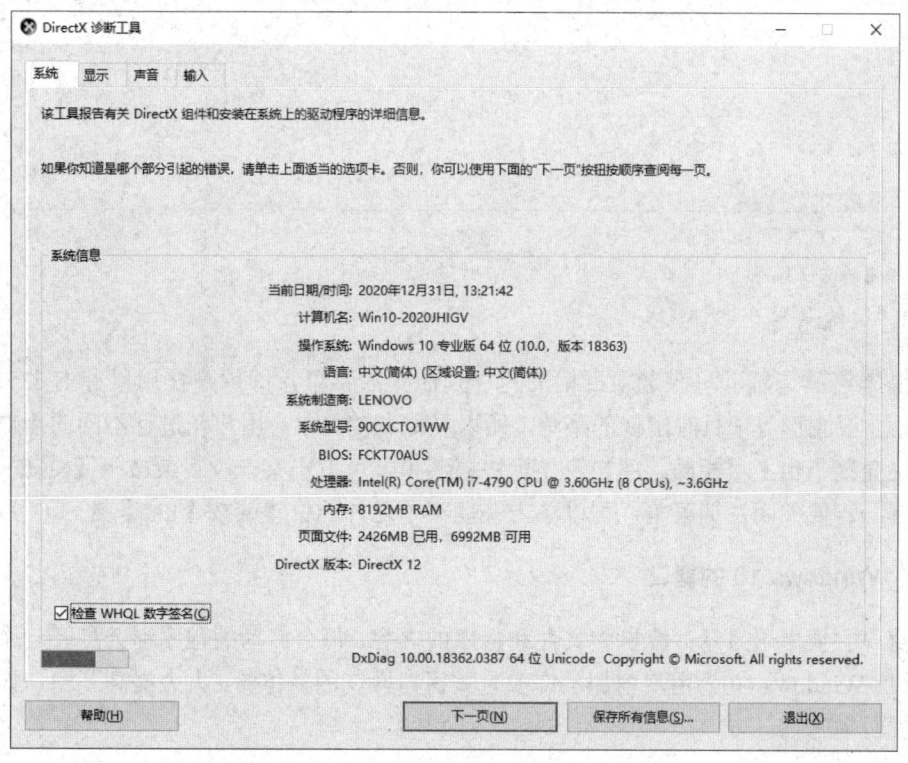

图 4-6 "DirectX 诊断工具"对话框

启动菜单列表中显示的内容可以根据用户自己的需求进行更改,具体方法在 Windows 10 实验中详细讲解。

2. 窗口菜单

大多数程序包含多个程序运行的命令或操作,但这些命令是组织在菜单下面的,以选择列表形式显示。为了使系统窗口屏幕整齐，效果清晰，Windows 10 通常会将这些命令隐藏在某一项菜单中。用户只有在窗口的菜单栏中单击菜单标题之后才会显示里面所有的命令或操作，如图 4-7 所示。

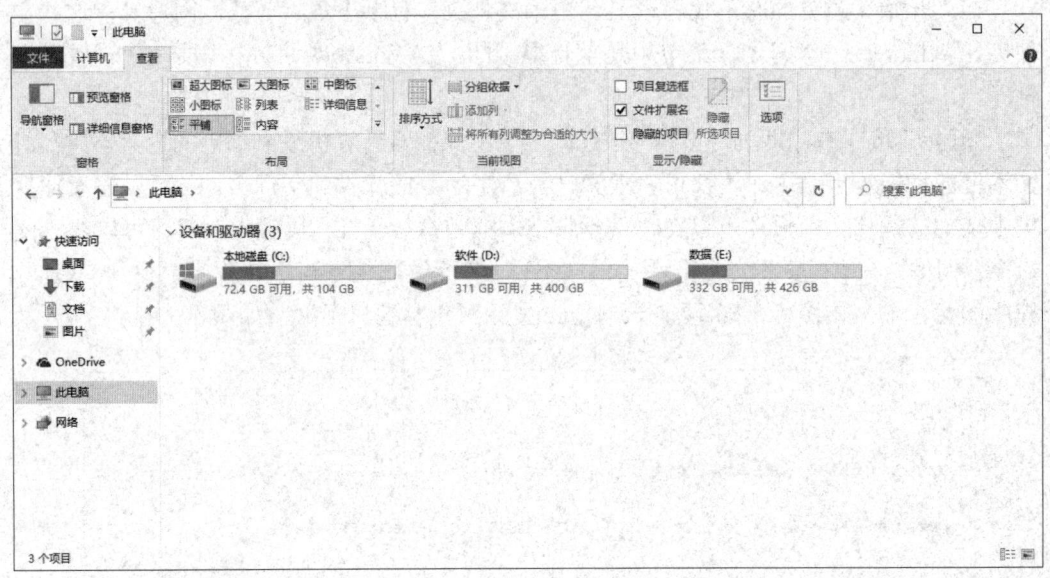

图 4-7 窗口菜单

3. 快捷菜单

快捷菜单是显示与特定项目相关的一列命令的菜单，即用户在用鼠标右击一个图标、桌面或图形等项目时出现的菜单，所以又称右键菜单。用户在进行不同的操作时启动的快捷菜单也不尽相同。用户要显示快捷菜单，可右击某一项目或按下【Shift+F10】组合键；若要关闭快捷菜单，可以单击快捷菜单之外的位置或按【Esc】键。

4.3.3 Windows 10 的窗口

窗口主要用于显示计算机中文件和程序的内容，每个启动的程序都会打开一个独立的窗口。Windows 10 为用户增加了许多有关窗口操作的新体验，大大提高了窗口操作的易用性及趣味性。

1. 窗口的组成

在 Windows 操作系统中，虽然每个窗口的内容各不相同，但大多数窗口具有相同的基本组成部分。图 4-8 所示窗口的主要组成部分包括菜单栏、地址栏、工具栏、"最小化"按钮、"最大化"按钮、"关闭"按钮和"搜索"文本框等，上述各部分的功能如表 4-1 所示。

第 4 章 操作系统

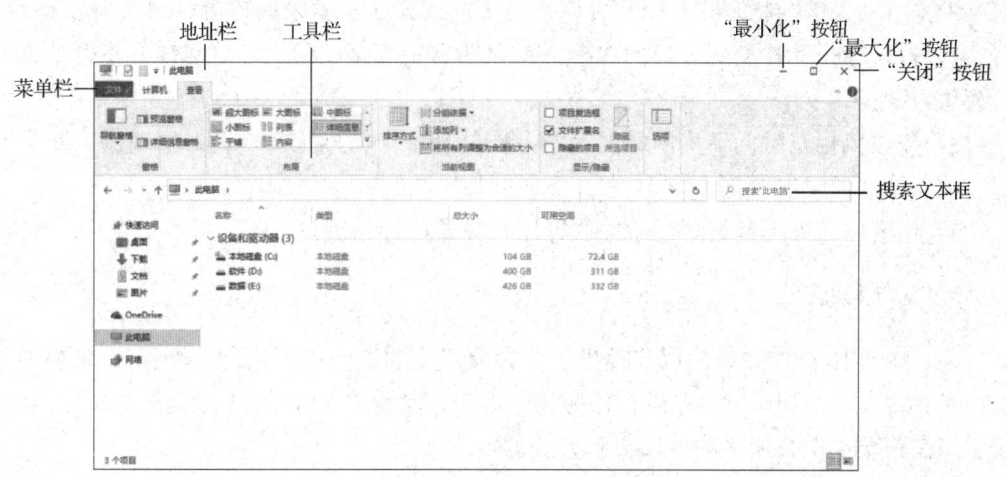

图 4-8 "计算机"窗口

表 4-1 窗口各部分的功能

名称	说明
菜单栏	包含程序中可进行选择的命令,用户可以通过菜单栏的命令执行相应的功能。不同窗口的菜单栏中包括不同的菜单名
地址栏	详细列出用户所选定内容的路径,用户也可以通过各级地址直接定位到其他界面
工具栏	Windows 10 的工具栏较以前版本有很大变化,增加了对计算机管理的相关命令,如"卸载或更改程序"按钮、"打开控制面板"按钮等。将"复制""粘贴""删除"等常用命令均放置在"组织"下拉菜单中
最小化按钮	单击此按钮可以隐藏窗口,使窗口缩小成任务栏上的一个图标
最大化按钮	单击此按钮可以使窗口放大,填充整个屏幕。当窗口最大化后,"最大化"按钮将变成"还原"按钮,再次单击该按钮可以将窗口还原为最大化前的大小
关闭按钮	单击此按钮可以关闭相应的文档或应用程序
搜索文本框	输入文件名或程序名即可查找相应的内容
滚动条	当窗口出现滚动条,表示该窗口的信息没有全部显示。用户可以通过移动滚动条来查看当前视图之外的信息
视图选择区	用户可根据需要改变当前窗口中信息的显示方式,包括列表、详细信息、平铺、内容、小图标等不同显示方式
状态栏	用来显示当前窗口的详细信息
预览区	在文档或图片等不打开的情况下,用户可在此区域预览其内容

2. 调整窗口大小

Windows 中的程序窗口有 3 种状态。第 1 种是窗口铺满整个计算机屏幕,即最大化状态;第 2 种是窗口缩小为一个图标按钮出现在任务栏中,即最小化状态;第 3 种是中间状态,介于最大化和最小化之间。

当窗口处于中间状态时，用户可以使用下面的操作步骤来调整窗口的大小。

1）将鼠标指针移动到窗口的边框或窗口四角中的某一角上，这时鼠标指针变为双向箭头。

2）按住鼠标左键向箭头所指的两个方向的任一个方向拖动，此时窗口的大小将会随着鼠标移动而发生变化。

3）当窗口的大小调整到合适的位置后，释放鼠标左键。

3. 窗口的排列

Windows 10 操作系统为用户提供了 3 种窗口排列方法，分别是层叠窗口、堆叠显示窗口和并排显示窗口。用户可以在任务栏中右击，启动"排列窗口"快捷菜单，如图 4-9 所示，在菜单中选择所需的窗口排列方式即可。

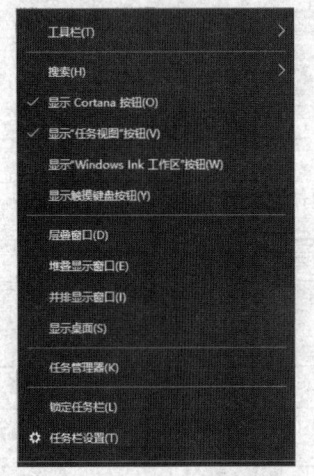

图 4-9 "排列窗口"快捷菜单

4. 窗口的切换

在使用计算机的过程中，同一时刻只能对一个窗口进行操作，这个窗口称为活动窗口。如果用户打开了多个窗口，想在各个窗口之间进行切换，可以使用以下操作方法来完成。

（1）直接利用鼠标切换

在 Windows 10 中，将鼠标指针悬停在任务栏的某个程序图标上，任务栏中该程序图标上方会立即显示该类已经打开所有内容的小预览窗口，如图 4-10 所示。当用户将鼠标移动到任务栏中的 IE 图标时，用户会看到所有打开的网页预览窗格，单击其中的一个窗格，即可切换至该窗口。

（2）通过任务视图按钮

在 Windows 10 任务栏上单击"任务视图"按钮 可以打开多任务视窗，然后使用方向键或鼠标选择要打开的任务窗口即可。

（3）【Win+Tab】组合键切换窗口

在 Windows 10 中可以利用【Win+Tab】组合键进行 3D 窗口切换。首先按住 Win 键，然后按一下 Tab 键，即可在桌面显示各应用程序的 3D 小窗口，每按一次 Tab 键，按顺序可切换到下一个窗口。放开 Win 键，即可在桌面显示刚刚选中的应用程序窗口。

（4）【Alt+Tab】组合键切换窗口

在 Windows 10 中还可以利用【Alt+Tab】组合键来选定想要激活的窗口，同时在 Windows 10 中可以预览其详细内容。

图 4-10　IE 预览窗格

5. 窗口的移动

要移动窗口，用户可以将鼠标指向该窗口的标题栏，然后按住鼠标左键将其拖动到屏幕上合适的位置即可。

4.3.4　Windows 10 的对话框

对话框是 Windows 10 中用户与计算机交互的重要工具。通过对话框，系统可以提示或询问用户进行的下一步操作。一般情况下，用户只能在屏幕上移动对话框的位置而不能改变其大小。Windows 10 系统中的对话框有很多，这些对话框的样式和组成的元素按钮差别较大。一般情况下，对话框会包含选项卡、单选按钮、复选框、命令按钮等重要部分，如图 4-11 所示。

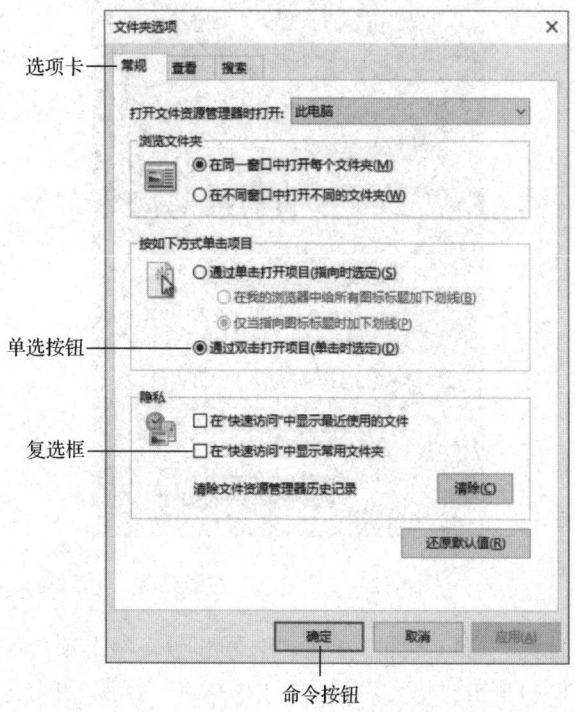

图 4-11　"文件夹选项"对话框

图 4-11 所示"文件夹选项"对话框的各部分功能说明如下。

1）选项卡：在对话框中，各选项卡对应不同的功能设置，单击不同的选项卡，用户可以进行不同的操作。

2）单选按钮：在对话框中，一些选项前存在一个圆形图标，这类按钮称为单选按钮。位于同一组的命令下，单选按钮中的项目，用户只能选择其中的一个使用。

3）复选框：在对话框中，一些选项前存在一个小方格，这类按钮称为复选框。复选框中的内容可供用户使用多个。

4）命令按钮：在对话框中，一般会包括"确定"按钮、"取消"按钮和"应用"按钮。

4.3.5 Windows 10 的输入法设置

选择一款适合自己的输入法，将会大大缩短文字录入的时间，提高工作效率。Windows 10 操作系统附带了多款汉字输入法以供用户选择。设置输入法的方法如下：

1）右击任务栏中的语言栏图标，在弹出的快捷菜单中选择"设置"选项，如图 4-12 所示。也可以通过单击桌面左下角的"开始"按钮选择"设置"选项。

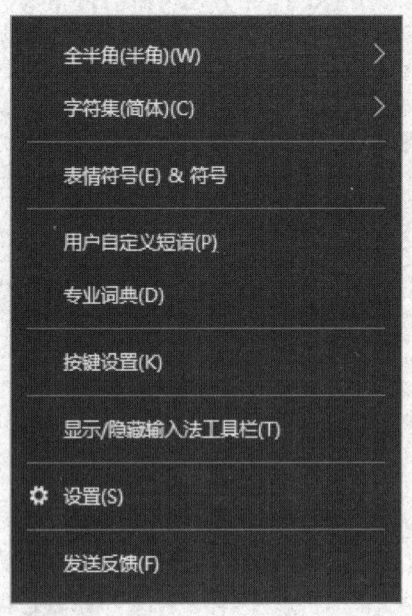

图 4-12 "语言栏"右键菜单

2）在弹出的"设置"窗口界面中单击"时间和语言"选项。

3）在弹出的窗口中单击"语言"选项，如图 4-13 所示。单击窗口中的"中文（简体，中国）"，会出现"选项"按钮。

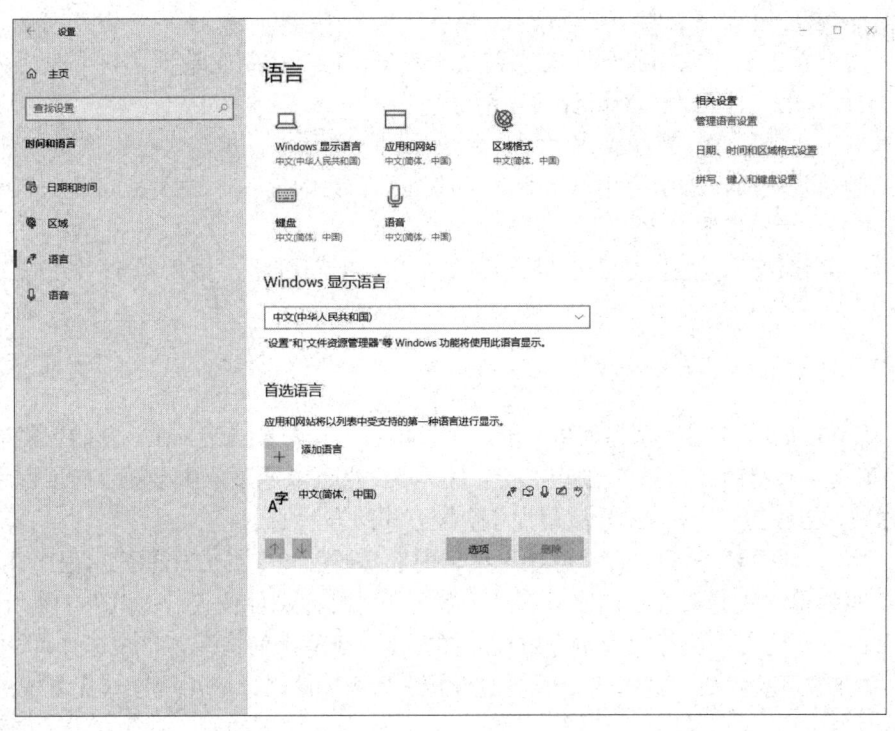

图 4-13 "设置-语言"窗口

4)单击"选项"按钮后,在"语言选项:中文(简体,中国)"页面中单击"添加键盘",选择想要添加的输入法即可。

若用户想删除不适合自己使用的输入法,可以在"语言选项:中文(简体,中国)"页面中选择该输入法后,单击"删除"按钮。若用户想在多种输入法中进行切换,可以使用【Ctrl+Shift】组合键;若用户仅想进行中/英文的快速切换,可以使用【Win+空格】组合键。

4.3.6 Windows 10 的程序管理

应用程序是指为了完成某项或某几项特定任务而被开发运行于操作系统之上的计算机程序。应用程序与应用软件的概念不同,但常常因为概念相似而被混淆。应用程序是计算机软件的重要组成部分。计算机系统实现的各种功能与各项任务都需要运行应用程序来完成。计算机操作系统的一个非常重要的任务就是管理应用程序。

1. 安装 Windows 应用程序

常见的应用软件包括办公类软件、看图类软件、杀毒类软件、压缩类软件、播放器类软件、下载类软件等。若计算机需要此类软件,就需要安装其应用程序。安装文件主要由用户在应用软件销售商处购买获得或通过网络下载获得。无论哪种情况,标准的 Windows 应用程序一般都提供自己的安装程序,文件名一般为 Setup.exe 或 Install.exe。

运行安装应用程序的方法如下:

1)用户首先要获取相应程序的安装光盘或安装包,找到安装程序。一般情况下,软件安装程序的文件名为"Setup.exe"。

2)双击安装程序,系统弹出"用户账户控制"对话框,单击"是"按钮。

3)等待片刻后,系统会出现输入产品序列号密钥的提示,输入完成后,单击"继续"或"下一步"按钮。

4)一般情况下,直接单击"继续"或"下一步"按钮,最后单击"完成"按钮即可。

2. 启动 Windows 应用程序

启动 Windows 应用程序很简单,用户可以单击"开始"按钮,在"开始"菜单中滑动滚动条找到要启动的程序单击即可。当然,用户也可以通过双击桌面上应用程序的快捷方式快速启动应用程序。创建应用程序快捷方式的方法如下:

1)单击"开始"按钮,在"开始"菜单中选择要创建快捷方式的应用程序并右击。

2)在弹出的快捷菜单中依次单击"更多"和"打开文件位置",如图 4-14 所示。

3)在打开的文件位置中选中应用程序并右击,在弹出的快捷菜单中选择"发送到"命令,并在其下拉菜单中选择"桌面快捷方式"命令。此时,应用程序快捷方式的图标将在桌面中出现。

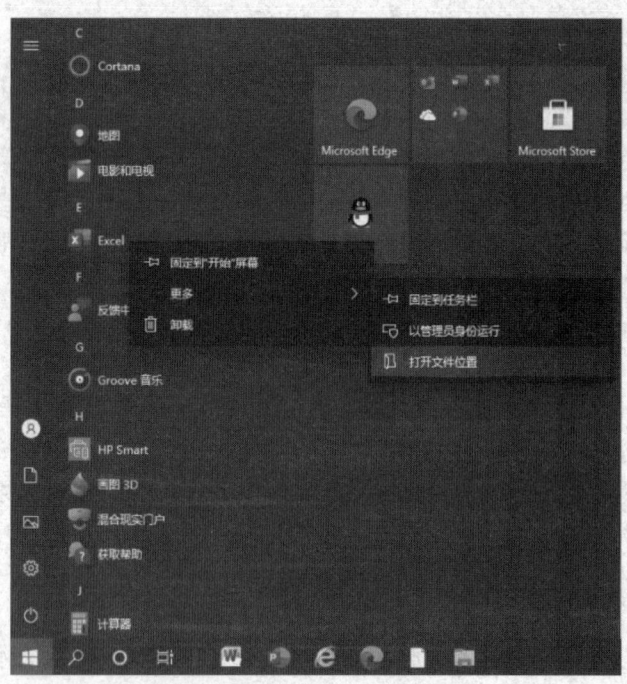

图 4-14 打开应用程序文件位置

用户可以对同一个应用程序创建多个快捷方式,每个快捷方式均有不同的文件名。

当然，用户也可以将常用的应用程序固定到"开始"屏幕或固定到任务栏。日后在"开始"菜单或任务栏中找到该图标，单击后即可启动应用程序。

3. Windows 应用程序的切换

Windows 10 是多任务的操作系统，用户可以在同一时刻执行多个任务。进行应用程序切换有以下 3 种方法。

方法 1：将鼠标移动到任务栏中的各个不同的任务图标，即可进行不同应用程序的切换。

方法 2：在任务栏的空白区域右击，在弹出的快捷菜单中选择"任务管理器"命令。在启动的"任务管理器"窗口中选中"进程"选项卡，在"应用"列表中选择要执行的任务后，右击，在弹出的快捷菜单中选择"切换到"命令，如图 4-15 所示。

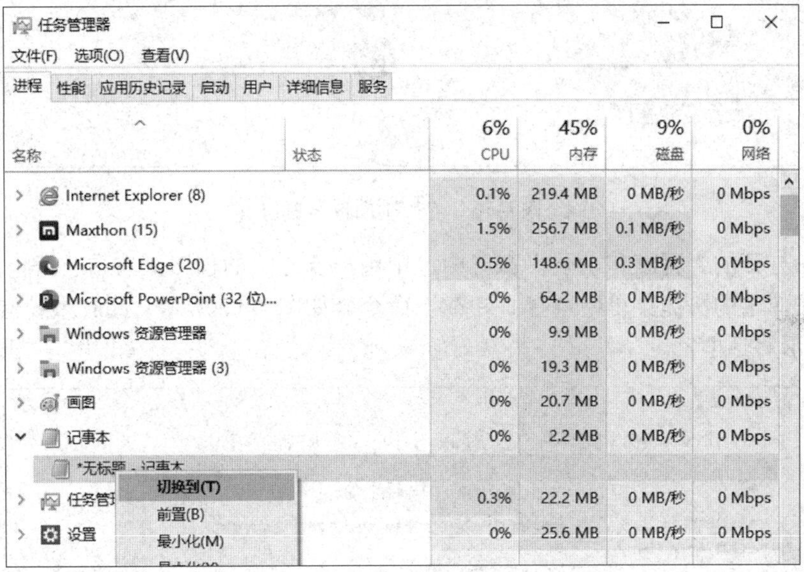

图 4-15 "任务管理器"窗口

方法 3：使用【Alt+Tab】组合键。同时按下键盘上的【Alt】键和【Tab】键，屏幕上会出现任务切换栏，然后松开【Tab】键，则当前选定程序就会出现。若用户需要下一个应用程序，则继续按下【Tab】键，直到选中要执行的任务，再同时松开【Alt】键和【Tab】键。

4. 删除 Windows 应用程序

当系统中某些应用程序较长时间不用并且硬盘空间有限的情况下，用户可以将这些应用程序删除以节省空间。

删除应用程序的方法如下：

1）单击"开始"按钮，在"开始"菜单中选择"Windows 10 系统"→"控制面板"

命令,或者在桌面上右击"此电脑"图标,并在弹出的快捷菜单中选择"属性"选项,在随后打开的"系统"窗口中单击"控制面板主页"命令。

2)将"控制面板"窗口中选择"程序"选项下方的"卸载程序"命令,如图4-16所示。

图4-16 "控制面板"窗口

3)在打开的"程序和功能"窗口中选中用户要删除的程序,右击。

4)在弹出的快捷菜单中选择"卸载"命令,如图4-17所示,此时系统会弹出确认卸载的提示对话框。

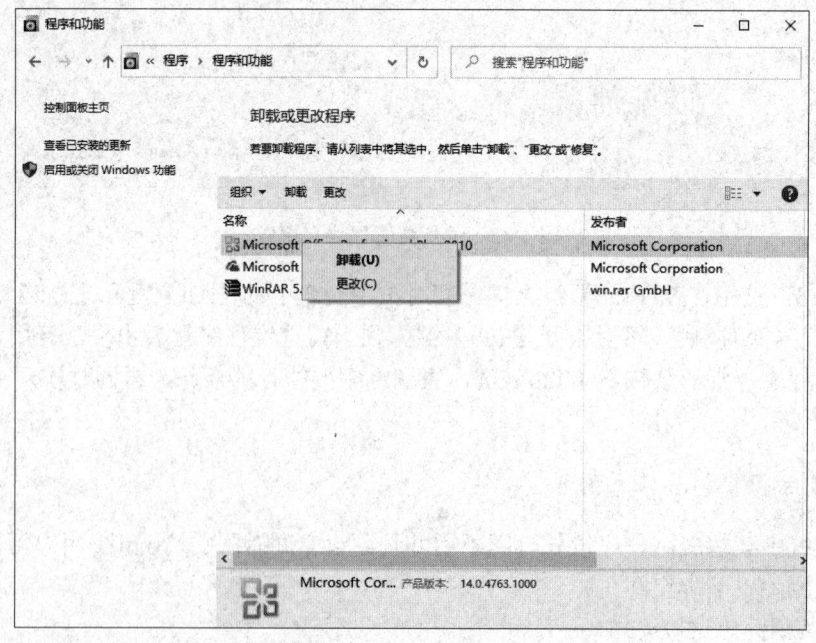

图4-17 卸载应用程序

5）单击"是"按钮，系统会自动完成删除该应用程序的操作；单击"否"按钮，则系统会取消本次的删除操作。

当然，在系统中有一些应用程序在安装时不在 Windows 系统中注册，这样的程序无法利用上述方法进行删除。用户若要删除此类的应用程序，必须手动进行。

5. 让应用程序与 Windows 10 兼容

若某个应用程序是针对旧版本的操作系统开发的，就有可能在新的操作系统上运行时发生不兼容的情况。此时，用户可以尝试使用以下两种方法来解决。

方法 1：为应用程序手动选择兼容模式。

1）选择应用程序后右击（本次操作以 PDF XChange Viewer 程序为例），在弹出的快捷菜单中选择"属性"选项。

2）在打开的"属性"对话框中单击"兼容性"选项卡，如图 4-18 所示，选中"以兼容模式运行这个程序"复选框。

3）然后选择你要使用的模式如 Windows 7/Windows 8 等，单击"确定"按钮。

方法 2：让 Windows 10 选择兼容模式。

如果用户不了解目标程序的详细信息，可以让 Windows 10 自动选择兼容模式运行程序，方法如下：

1）选择应用程序后右击（本次操作以 PDF XChange Viewer 程序为例），在弹出的快捷菜单中选择"运行兼容性疑难解答"命令，此时系统开始检测程序的兼容性问题。

2）在打开的"程序兼容性疑难解答"对话框中选择"尝试建议的设置"命令，系统会提供一种兼容模式设置来让用户运行此应用程序，如图 4-19 所示。

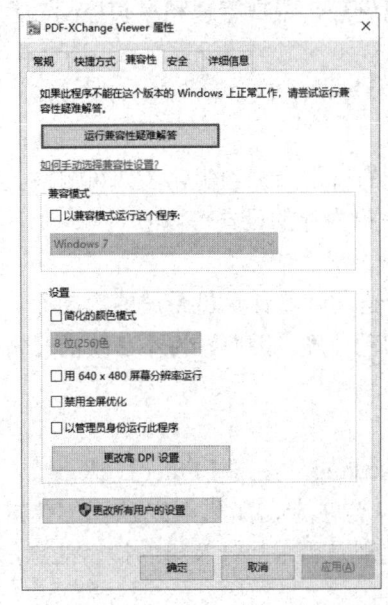
图 4-18　VF 兼容性对话框

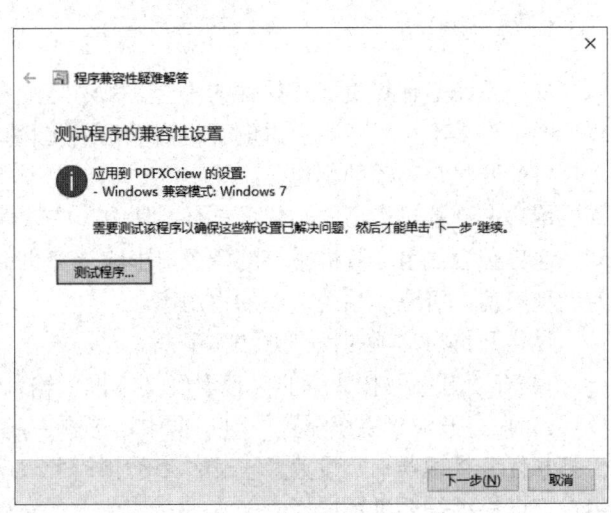
图 4-19　"程序兼容性疑难解答"对话框

3)检测到该程序的兼容模式为 Windows 7,然后再单击"测试程序"按钮。

4)单击"下一步"按钮,若程序能够正常运行,则选择"是,为此程序保存这些设置";若程序还是不能正常运行,则选择"否,使用其他设置再试一次",如图 4-20 所示。此时用户选择可根据提示描述应用程序的异常问题所在,单击"下一步"按钮。在打开的对话框中选择一个用户认为可兼容的操作系统的版本即可,如图 4-21 所示。之后的步骤可参考上述步骤 3)和步骤 4)完成。

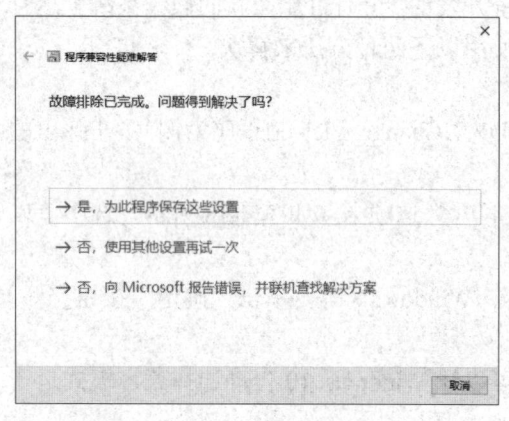

图 4-20 故障是否排除对话框

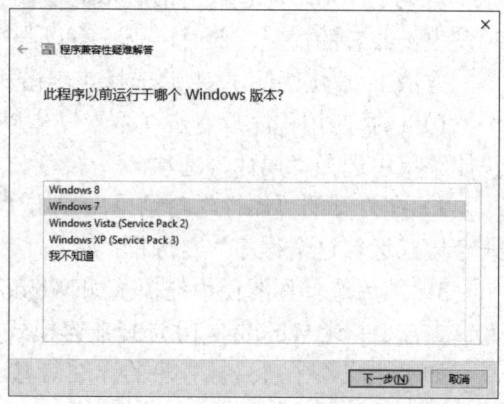

图 4-21 兼容操作系统选择对话框

4.3.7 Windows 10 的系统管理与维护

系统在运行中难免会出现故障,为使计算机性能更稳定、运行更流畅,我们必须要对系统进行管理与维护,下面主要讲解系统优化、磁盘管理、账户管理和家长控制、系统的备份与还原、数据的备份与还原等一些重要的操作。

1. 系统优化

操作系统是计算机运行软件的平台,做好操作系统的日常维护和优化工作可提高计算机的工作效率。以下主要讲解开机启动项的优化、虚拟内存的设置等内容。

(1)开机启动项的优化

用户在计算机中会安装很多软件,其中一些软件会自动随着计算机系统的启动而启动,这势必会占用计算机系统的资源,影响计算机的启动速度。因此,将不必要的开机启动项取消,可降低系统资源的占用率。

优化开机启动项的操作方法如下:

1)在"开始"按钮旁的"搜索"文本框中输入 msconfig,按下【Enter】键。

2)在打开的"系统配置"对话框中,选择"启动"选项卡,如图 4-22 所示。单击"打开任务管理器",设置开机软件启动项。此时会出现是否重启计算机的提示信息,用户可以根据需要进行选择。

（2）虚拟内存的设置

当计算机运行较大程序需要占用大量内存时，物理内存就可能会被占满，此时系统会将那些暂时不用的数据放到硬盘中，这些数据所占用的空间就是虚拟内存。用户要合理设置虚拟内存的大小，以缓解物理内存的紧张。

因为硬盘传输的速度要比内存传输的速度慢得多，所以使用虚拟内存比物理内存效率要慢。用户实际需要的值应该进行多次调整。值太大会产生大量的碎片，严重影响系统速度；值太小就不够用。一般默认的虚拟内存大小是取一个范围值，最好给它一个固定值，这样就不容易产生磁盘碎片。设置虚拟内存的方法如下：

1）选定"此电脑"图标，右击，在弹出的快捷菜单中选择"属性"选项。

2）在打开的"系统属性"对话框中，单击左侧的"高级系统设置"选项，单击"高级"选项卡，如图4-23所示。

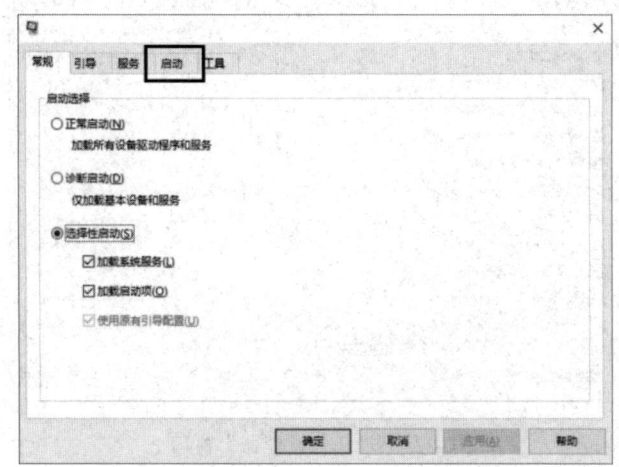
图4-22　"系统配置"对话框

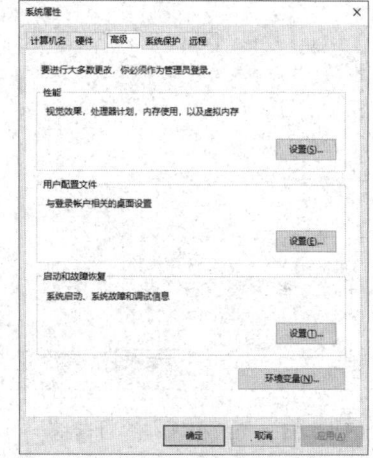
图4-23　"系统属性"对话框

3）在"性能"选项区域中单击"设置"按钮，打开"性能选项"对话框。在其中选择"高级"选项卡。

4）在"虚拟内存"选项区域中单击"更改"按钮，打开"虚拟内存"对话框，如图4-24所示。

5）取消选中的"自动管理所有驱动器的分页文件大小"复选框，然后选中"自定义大小"单选按钮，在"初始大小"文本框和"最大值"文本框中输入合理的虚拟内存的值。

6）单击"确定"按钮即可完成虚拟内存的设置工作。

默认情况下，虚拟内存文件是存放在C盘中的，若用户想要将虚拟内存设置在其他盘中，可以在"虚拟内存"对话框中选中"无分页文件"单选按钮，再单击"设置"按钮，即可将C盘中的虚拟内存清除。此时选中一个新的磁盘（如D盘），然后参考步骤5）完成虚拟内存的设置工作。

（3）使用任务管理器管理进程与任务

任务管理器是 Windows 系统中一个非常重要的工具，它可以帮助用户结束没有响应的程序，查看系统正在运行的进程与服务。用户可以使用【Ctrl+Shift+Esc】组合键直接在 Windows 10 中启动任务管理器，也可以使用【Ctrl+Alt+Delete】组合键启动 Windows 10 特定窗口，然后单击"任务管理器"按钮来启动任务管理器。"任务管理器"窗口如图 4-25 所示。这时，用户就可以在"进程"选项卡中选中没有响应的程序后单击"结束任务"按钮，用户也可以用同样的方法来结束想要关闭的进程。

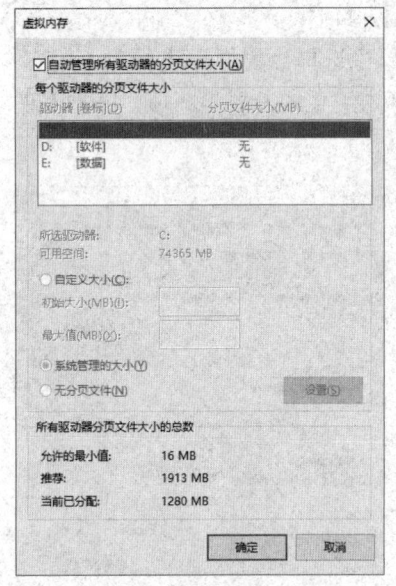

图 4-24 "虚拟内存"对话框

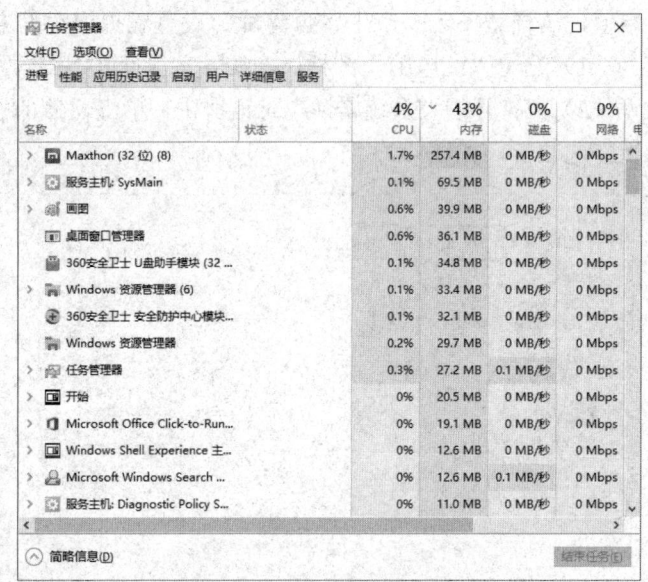

图 4-25 "任务管理器"窗口

2. 磁盘管理

磁盘是计算机用于存储数据的硬件设备，属于外部存储器。用户只有管理好磁盘上的数据，才能使计算机更好地为我们服务。下面主要讲解磁盘格式化、磁盘清理和磁盘碎片整理等一些重要的操作。

（1）磁盘格式化

磁盘分区后，必须经过格式化才能存储数据。为保证磁盘数据在读取方面的通用性，磁盘需要固定的格式标准。由于计算机发展速度较快，不同发展时期使用了不同的格式标准，目前根据计算机使用的操作系统可分为以下 3 种格式化标准：FAT、FAT32 和 NTFS。其中，NTFS 的安全性和稳定性极其出色，在使用中不易产生文件碎片。它能对用户的操作进行记录，并通过对用户权限进行非常严格的限制，使每个用户只能按照系统赋予的权限进行操作，充分保护了系统与数据的安全。NTFS 是 Windows NT 以及之后的 Windows 2000、Windows Server 2003、Windows Server 2008、Windows Vista、Windows 7、Windows 8 和 Windows 10 的标准文件系统。

格式化磁盘意味着在磁盘上可以建立存放文件的磁道和扇区。在 Windows 10 中，各种应用程序向新的磁盘写入文件前必须先格式化磁盘。

格式化磁盘的步骤如下：

1）双击桌面中"此电脑"图标，启动"此电脑"窗口。

2）选定预格式化的驱动器，右击，在弹出的快捷菜单中选择"格式化"命令。

3）启动"格式化"对话框，单击选中"格式化选项"中的"快速格式化"复选框后，单击"开始"按钮即可进行该磁盘的格式化操作，如图 4-26 所示。

（2）磁盘清理

在使用计算机的过程中，经常会遇到磁盘空间不够用的问题，这是由于一些无用文件占用了磁盘，如 Internet 浏览过程产生的临时文件、运行应用软件时存储的临时信息文件、安装程序时产生的安装文件等。为此，用户需要不定期地清理磁盘垃圾文件。

磁盘清理的操作步骤如下：

1）单击"开始"按钮，在弹出的"开始"菜单左侧单击"Windows 管理工具"下拉菜单下的"磁盘清理"按钮，打开"磁盘清理：驱动器选择"对话框，如图 4-27 所示。

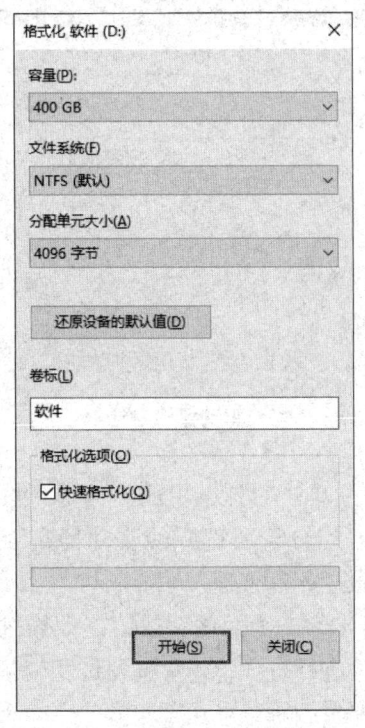

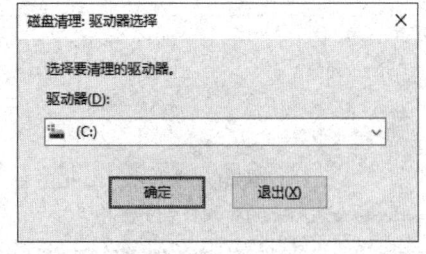

图 4-26 "格式化"对话框　　　　图 4-27 "磁盘清理：驱动器选择"对话框

2）在该对话框中选择待清理的磁盘后，单击"确定"按钮，启动"磁盘清理"对话框，如图 4-28 所示。

3）在"要删除的文件"列表中选择要删除的文件类型，单击"确定"按钮，即可完成该磁盘的清理工作。

（3）磁盘碎片整理

用户在使用计算机过程中看到的每个文件，其内容都是连续的，并没有出现几个文件内容相互掺杂的情况。但实际上磁盘上文件的物理存放方式往往是不连续的，形成所谓"磁盘碎片"。磁盘碎片过多会降低磁盘的存取速度。磁盘碎片的整理就是将部分文件重新写入磁盘相邻扇区的过程，使已用的空间和自由空间尽量连续，以便提高磁盘访问和检索的速度。

进行磁盘碎片整理的操作步骤如下：

1）单击"开始"按钮，在弹出的"开始"菜单左侧单击"Windows 管理工具"下拉菜单下的"碎片整理和优化驱动器"按钮，打开相应的对话框。

2）在"优化驱动器"对话框中选中要进行整理碎片的驱动器，如图 4-29 所示。

图 4-28　"（C:）的磁盘清理"对话框　　　图 4-29　"优化驱动器"对话框

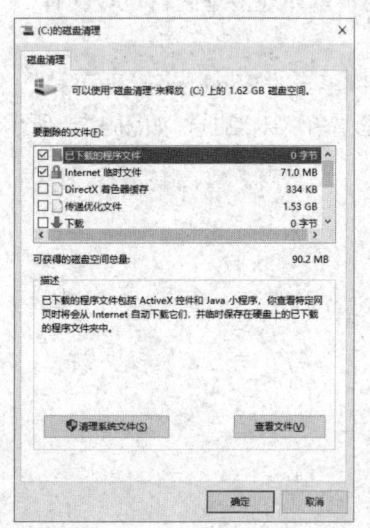

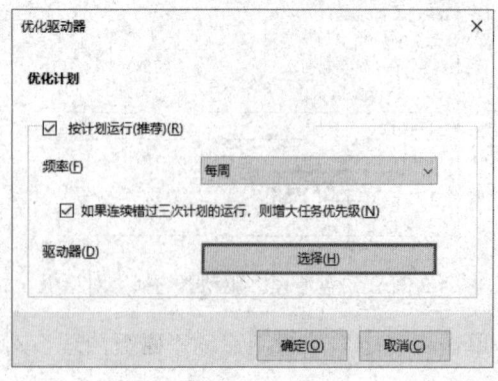

图 4-30　"优化驱动器：优化计划"对话框

3）单击对话框中的"分析"按钮，系统开始分析所选择的驱动器是否需要进行磁盘碎片整理。

4）单击"优化"按钮，计算机开始对碎片进行整理。碎片整理过程较慢，用户需要耐心等待。

用户可以在"优化驱动器"对话框中单击"更改设置"按钮，在打开的对话框中设置计算机自动进行磁盘碎片整理工作的频率，如图 4-30 所示。

3. 账户管理和家长控制

Windows 10 是多用户、多任务操作系统，它允许每个使用计算机的用户在同一台计算机上建立自己不同的账户。用户可以设置自己的用户名和密码，并对计算机进行个性化设置。因此，计算机管理员可以通过账户管理来建立、更改或删除其他用户，启用家长控制功能来限制标准型用户账户使用计算机的时间、运行的程序等。

（1）账户管理

下面重点讲解创建新账户、更改/删除用户账户的方法。

1）创建新账户。用户账户一般分为计算机管理员账户、标准用户账户、来宾账户3种。计算机管理员账户拥有对全系统的控制权，可创建其他用户账户；标准用户账户是权利受限的账户，无权更改大多数计算机的设置；来宾账户是一个临时账户，权限是三者之中最小的。下面讲述创建新账户的方法。

① 单击"开始"按钮，在"开始"菜单中选择"Windows 10 系统"→"控制面板"命令，或者在桌面上右击"此电脑"图标，并在弹出的快捷菜单中选择"属性"选项，在随后打开的"系统"窗口中单击"控制面板主页"命令。

② 在"控制面板"窗口中单击"用户帐户"命令，打开"用户帐户"窗口，如图 4-31 所示。

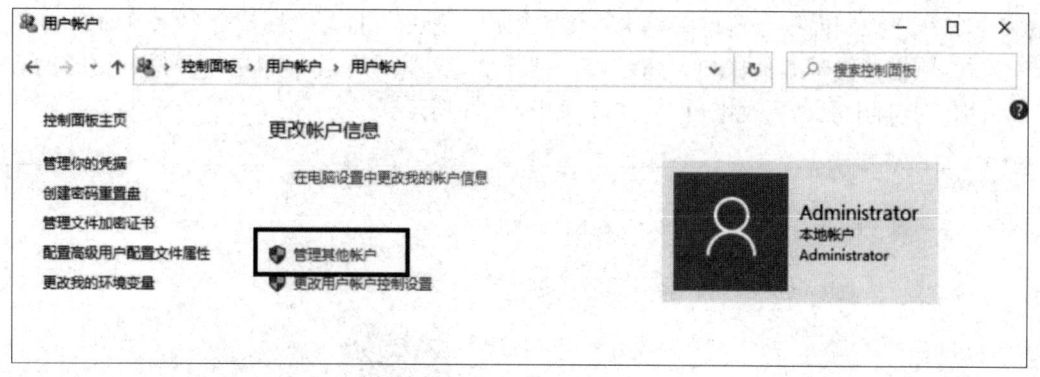

图 4-31 "用户帐户"窗口

③ 单击"管理其他帐户"超链接，在打开的窗口中单击"在电脑设置中添加新用户"超链接打开如图 4-32 所示的窗口，在该窗口中单击"其他用户"下的"将其他人添加到这台电脑"选项。在弹出的窗口中双击中间板块中的"用户"目录，在中间板块空白区域右击，并在弹出的快捷菜单中选择"新用户"选项进入。

④ 在新用户的创建窗口中，输入需要创建的用户名、全名、描述及密码。可自定义更改以上选项，最后单击"创建"按钮即可完成新用户的添加。

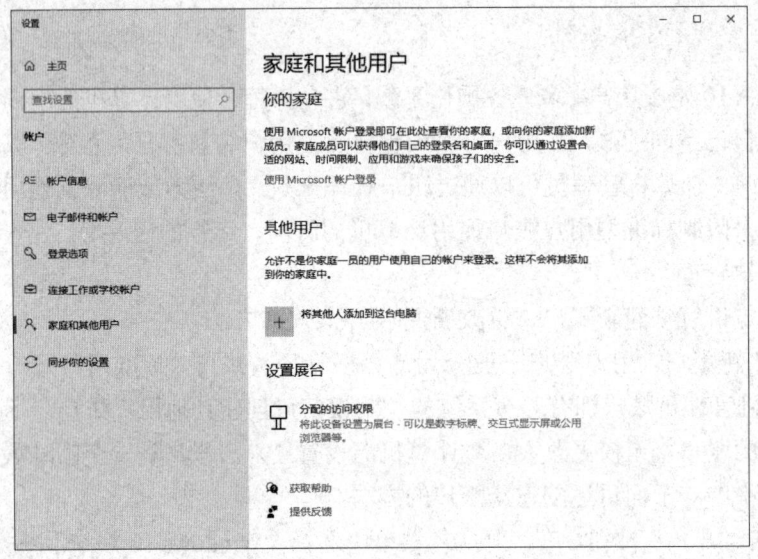

图 4-32　创建新用户

2）更改/删除用户账户。用户可以为已经建立的账户进行更改或删除操作。操作步骤如下：

① 按照之前的操作选择"控制面板"命令，打开控制面板。

② 在"控制面板"窗口中单击"用户帐户"命令，打开"用户帐户"窗口。

③ 单击"管理其他帐户"超链接，打开"管理帐户"窗口。单击要进行更改的账户名称，此时出现"更改帐户"窗口，如图 4-33 所示。

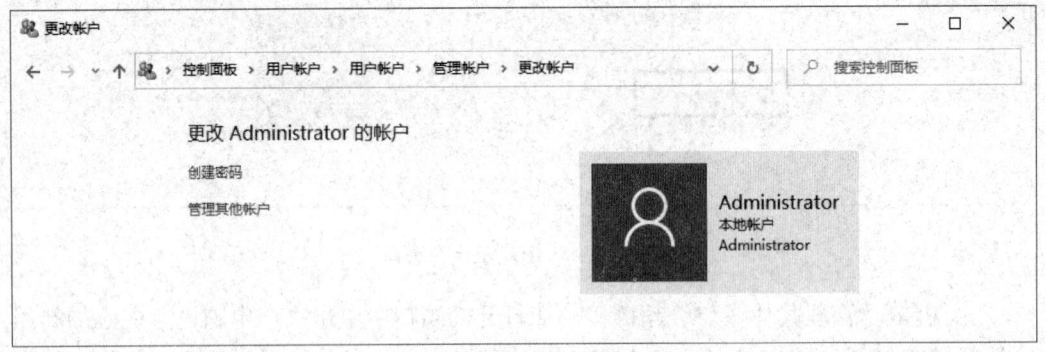

图 4-33　"更改帐户"窗口

④ 单击窗口中各项超链接即可进行更改账户信息的设置。

需要注意的是，本窗口中的"删除帐户"超链接仅对该账户有效，是无法删除其他用户账户的。要想删除其他用户账户，操作者只能使用计算机管理员的账户。删除其他用户的操作可参考上述步骤完成。

（2）家长控制

Windows 10 所提供的家长控制功能是用户对儿童使用计算机的方式进行协助管理的方法。例如，用户可以限制儿童使用计算机的时段、可以玩的游戏类型以及可以运行的程序。启用家长控制功能的方法如下：

1）单击"开始"按钮，在"开始"菜单中选择"Windows 安全中心"命令。

2）在打开的"Windows 安全中心"窗口中选择"家庭选项"命令，打开"家庭选项"窗口，如图 4-34 所示。

3）在"家长控制"列表中，用户可以根据需要设置合理的屏幕使用时间、跟踪孩子的数字生活、限定孩子购买的应用和游戏等。

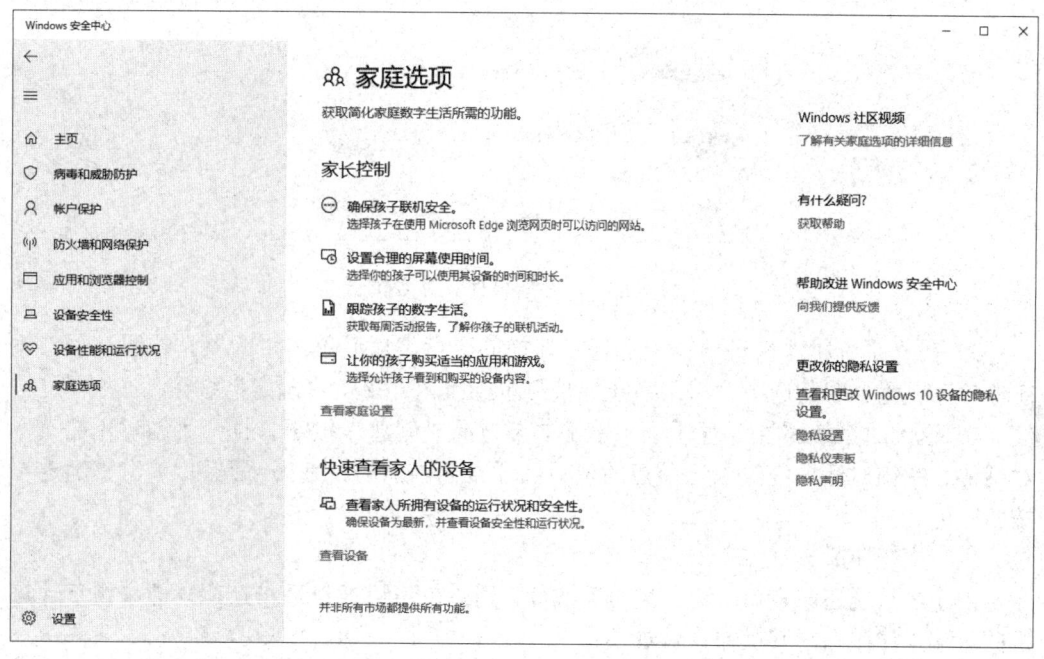

图 4-34 "家庭选项"窗口

4. 系统的备份与还原

计算机在运行中难免会出现故障，若计算机建立了一个还原点，则可以将系统还原到这个还原点的状态上，这样就降低了数据文件的丢失概率。下面主要讲述创建系统还原点与系统还原的操作。

（1）创建系统还原点

手动创建系统还原点的操作方法如下：

1）在桌面上选择"此电脑"图标，右击，在弹出的快捷菜单中单击"属性"命令，打开"系统"窗口。

2）单击左侧的"系统保护"超链接，打开"系统属性"对话框，如图 4-35 所示。

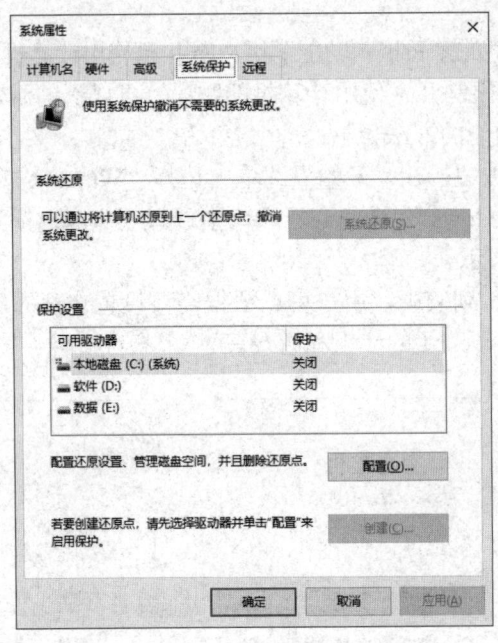

图 4-35 "系统属性"对话框

3）在"系统属性"对话框中选择要保护的磁盘，然后单击"配置"按钮进入"系统保护"设置页面，选中"启用系统保护"单选按钮并单击"确定"按钮。

4）返回"系统属性"对话框，单击右下方的"创建"按钮，打开"创建还原点"对话框。在该对话框中输入还原点的名称（通常为当前的日期）。最后，单击"确定"按钮即可。

（2）系统还原

创建好系统还原点后，若系统出现故障，用户就可以通过系统还原功能来恢复计算机的正常工作状态。其操作步骤如下：

1）在桌面上右击"此电脑"图标，选择"属性"选项。

2）在打开的系统窗口左侧单击"系统保护"命令，并在"系统属性"窗口下的"系统保护"选项卡中单击"系统还原"按钮。

3）根据系统还原向导选择系统推荐的还原点或用户自己设置的还原点，然后单击"下一步"按钮。此时，用户确认完该还原点后单击"完成"按钮即可完成系统还原操作。

5. 数据的备份与还原

使用计算机的过程中会产生大量文档，有些文档相当重要，一旦失去将意味着许多工作无法继续进行。因此，及时做好数据备份是十分重要的工作，它可以防止因磁盘故障、停电、病毒入侵等意外所导致的数据丢失和损坏。下面讲解数据的备份与还原操作。

(1) 数据备份

进行数据备份常用的具体操作步骤如下：

1) 在"开始"菜单中单击"设置"按钮，选择"更新和安全"命令，然后单击"备份"选项打开如图 4-36 所示的窗口。

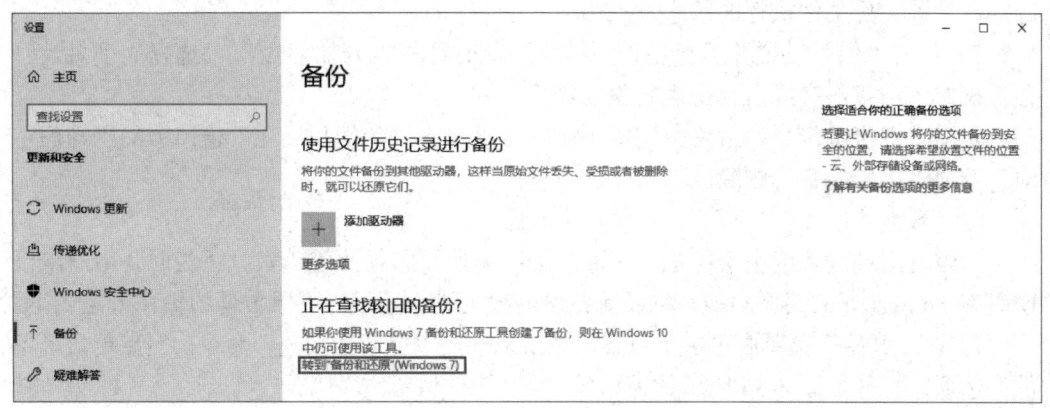

图 4-36 "备份"窗口

2) 单击"转到'备份和还原'（Windows 7）"命令打开"备份和还原（Windows 7）"窗口，单击"设置备份"按钮，此时 Windows 开始启动备份程序，稍后会打开"设置备份"对话框，如图 4-37 所示。

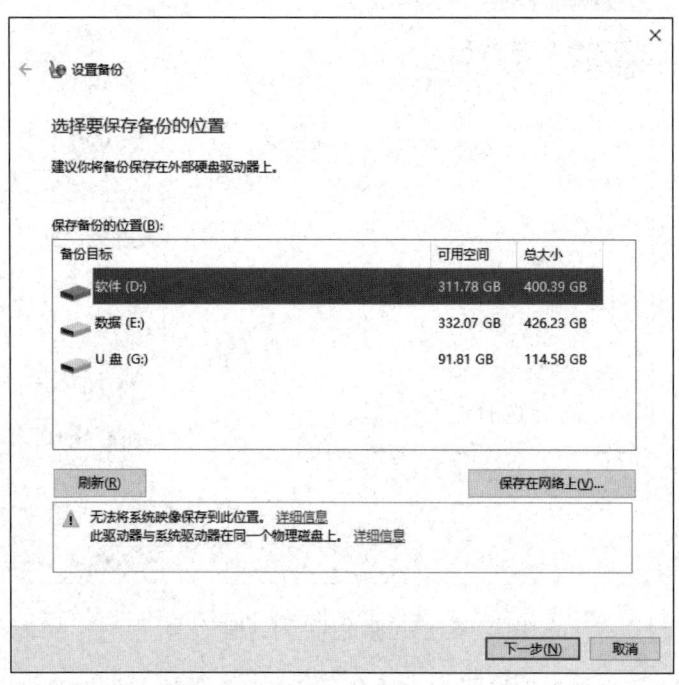

图 4-37 "设置备份"对话框

3）选择备份文件存放的磁盘后，单击"下一步"按钮，在对话框中指定要备份的内容。本例中选择的是"让我选择"单选按钮，然后单击"下一步"按钮。

4）在对话框中选择所要备份的库、驱动器、文件或文件夹，单击所需备份项目前面的方框，使方框中出现"√"标记。单击"下一步"按钮，然后单击"更改计划"超链接，设置备份文件执行的频率。

5）单击"保存设置并运行备份"按钮，此时计算机开始对用户已选择的项目进行备份操作，当备份完成后会出现备份的结果。

若用户多次备份文件后磁盘空间不足，可以单击"备份和还原"窗口中的"管理空间"选项将无用的备份删除。

（2）数据还原

当磁盘出现故障或由于停电、病毒感染和其他原因导致磁盘数据丢失时，用户可以使用 Windows 10 的还原功能，将以前备份的数据进行还原。还原数据的操作方法如下：

1）在"开始"菜单中单击"设置"按钮，选择"更新和安全"命令，然后单击"备份"选项，打开如图 4-36 所示的窗口。

2）单击"转到和还原（Windows 7）"命令打开"备份或还原你的文件"对话框，单击"还原你的文件"命令打开"还原文件"对话框（一），如图 4-38 所示。

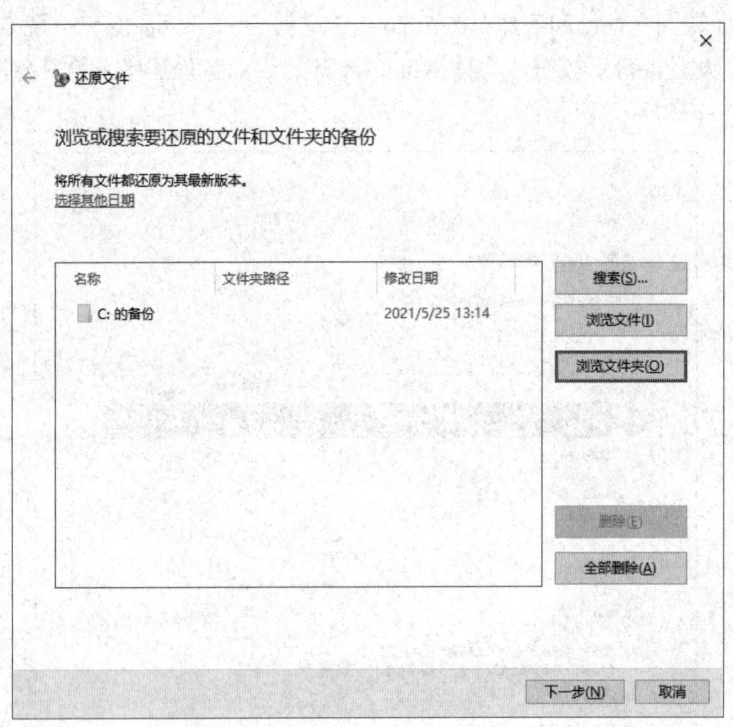

图 4-38 "还原文件"对话框（一）

3）单击"浏览文件夹"按钮，此时出现"浏览文件的备份"窗口。用户选择要还原的文件后，单击"添加文件夹"按钮。

4）在返回的"还原文件"对话框中单击"下一步"按钮。这时，用户需要选择还原文件存放的位置。本例中选中"在原始位置"单选按钮，如图 4-39 所示。

图 4-39　"还原文件"对话框（二）

5）单击"还原"按钮，此时计算机开始还原文件。还原完成后，单击"查看还原的文件"超链接，用户即可看到已经还原的文件。最后单击"完成"按钮即可。

4.3.8　Windows 10 的附件

Windows 10 附件中包含很多系统组件程序。本小节主要讲解 Windows 10 附件中的便签、画图、计算器、写字板、截图工具以及数学输入面板等常用程序的使用方法。

1. 便签

Windows 10 附件中的便签是一个对用户起提醒和留言作用的小工具。用户建立的便签会一直出现在计算机屏幕上，其背景颜色也可以根据用户的爱好进行设置。

新建便签的方法如下：

1）单击"打开"按钮，在"开始"菜单左侧的程序里找到 S 字母分类开头的文件夹，单击 Sticky Notes 即可打开便签功能。

2）将光标定位到便签纸上，直接输入内容即可。若用户想继续新建便签，可以单击便签左上角的新建按钮；若想关闭便签，可以单击便签右上角的关闭按钮；若想更改便签背景颜色，用户可以单击便签右上角的菜单按钮，在弹出的色框中选择其他颜色。

2. 画图

画图是 Windows 10 附件中的图像绘制和处理程序。用户可以利用画图程序来创建、查看、编辑图片。画图窗口的界面如图 4-40 所示。

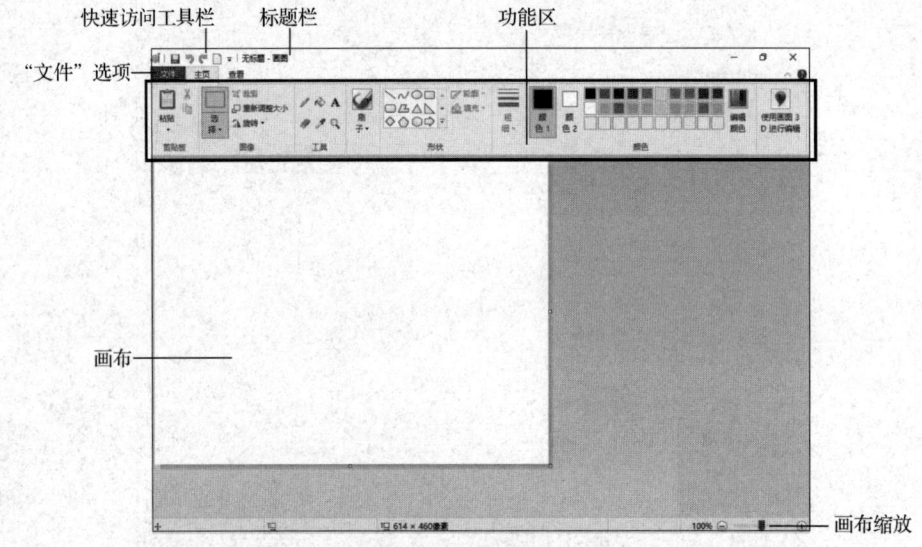

图 4-40　画图窗口

该窗口的主要组成部分包括标题栏、快速访问工具栏、画图按钮、功能区、画布、画布缩放等。上述各组成部分的功能如表 4-2 所示。

表 4-2　"画图"窗口各组成部分的功能

名称	功能
标题栏	用于显示当前正在运行的画布窗口的名称
快速访问工具栏	包含常用操作的快捷按钮，如新建、打开、保存、撤销、重做等，用户还可以自己定制要在其中显示的按钮
"文件"选项	与 Word 文档中"文件"按钮功能相似，包含新建、打开、另存为、打印等常用操作
功能区	画图窗口中共包含"文件"、"主页"和"查看"3 个功能区，不同功能区中包含不同的组，不同的组中包含不同的命令按钮。用户可利用这些命令按钮完成大多数操作
画布	用于画图的区域
画布缩放	用于调节画布视图的大小

下面主要讲述如何利用画图工具制作简单的图画，具体操作步骤如下：

1）单击"开始"按钮，在弹出的"开始"菜单左侧打开"Windows 附件"下拉菜单，单击"画图"程序，启动"画图"窗口。

2）在"主页"功能区"形状"组中单击"五角星"图案；在"轮廓"下拉菜单

中选择"蜡笔"按钮;"填充"下拉菜单中选择"蜡笔"按钮;"粗细"下拉菜单中选择"3px"按钮。

3)单击"颜色1"按钮,在"颜色"选项区域中选择"橙色";单击"颜色2"按钮,在"颜色"选项区域中选择"黄色"。

注意:"颜色1"中的颜色为前景色,相当于笔或刷子的颜色;"颜色2"中的颜色为背景色,相当于形状的填充色。

4)在画布中按住鼠标左键进行拖动,此时,在画布中将绘制出一个星星图案。

5)单击"颜色1"按钮,在"颜色"选项区域中选择"淡青绿色";单击"颜色2"按钮,在"颜色"选项区域中选择"白色"。在"形状"组中单击"云形插图编号"图案。在画布中按住鼠标左键进行拖动,绘制出一个云形图案。

6)单击"工具"组中的"文本"按钮,在"云形"图案中进行鼠标拖动,此时出现文本输入框。在功能区将出现"文本"选项卡,在"字体大小"下拉列表框中选择"20",在文本框中输入文字"想想看,这是什么图形?",最终效果如图4-41所示。

图4-41 插入图形及文字后的效果

7)若是画布中的内容不尽如人意,用户可以使用"工具"组中的"橡皮擦"命令擦除多余的部分。用户可以同时按下【Ctrl+加号】组合键将橡皮擦的擦除范围调大,也可以同时按下【Ctrl+减号】组合键将橡皮擦的擦除范围调小。

8)绘制完成后,单击"保存"按钮,打开"保存为"对话框,在该对话框中设置文件的保存路径及名称,再单击"保存"按钮即可。

若用户需要再次编辑该图片,可以启动画图程序,单击"文件"选项卡,在弹出的下拉菜单中单击"打开"按钮,找到要编辑的图片,按照上述方法进行设计即可。

3. 计算器

计算器是 Windows 10 附件中的数学计算工具程序,用户可以利用计算器来进行数学计算。计算器可以分为标准型、科学型、程序员与统计信息 4 种类型,方便不同用户使用。标准型计算器如图 4-42 所示,其主要按钮功能如表 4-3 所示。

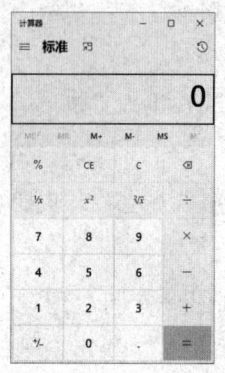

图 4-42 标准型计算器

表 4-3 标准型计算器的按钮功能

按钮名称	功能
MC	清除存储器内容
MR	调用存储器内容
MS	将显示的内容存到存储器
M+	保留以前的运算结果后执行加法操作
M-	保留以前的运算结果后执行减法操作
←	撤销上一个数据的输入,使之成为零
CE	在数字输入期间按下此键将清除输入到寄存器上的值,显示为"0"
C	撤销全部数据、运算符号及存储器上的值
-	求某个数值的负数操作
√	求某个正数的平方根操作
1/x	求某个数值的倒数操作

使用计算器的方法如下(本例中计算数学算式 [(36-3)÷3+50]*(4-2)):

1)单击"开始"按钮,在"开始"菜单左侧的程序里,找到 C 字母分类开头的应用,单击"Calculator"命令启动 Windows 10 计算器对话框。

2)依次单击数字键"3"和"6",单击"-"键,再单击数字键"3",单击"="键,此时计算机结果为 33。

3)单击"/"键,单击数字键"3",单击"="键,此时计算机得出结果 11。

4)单击"+"键,依次单击数字键"5"和"0",单击"="键,此时计算机得出结果 61。

5)单击 MS 键,单击数字键"4",单击"-"键,单击数字键"2",单击"*"键,单击 MR 键,单击"="键,此时计算机得出结果 122。

Windows 10 中的计算器不仅能够进行基本的数值计算,还可以进行单位转换、日期计算及汇率、油耗等计算。用户可以在标准型计算器窗口中单击"查看"按钮,利用其下拉菜单中的命令完成操作,此处不再赘述。

4. 写字板

写字板是 Windows 10 附件中的文字处理程序，用户可以利用写字板来进行文档的建立、编辑及打印工作等。下面详细介绍写字板的功能。

用户可以单击"开始"按钮，在"开始"菜单左侧的程序中找到首字母"W"，展开"Windows 附件"，并单击"写字板"命令来启动"写字板"窗口。其窗口界面与画图界面相似，因此不再赘述。

利用写字板进行文档编辑的方法如下：

1）文字输入。启动写字板窗口，将光标定位到写字板中即可输入文字。若用户输入的文字内容较多，计算机会自动换行。若用户想强制换行，则必须单击【Enter】键。

2）格式化设置。用户可以使用功能区中"主页"选项卡"字体"组中相应的命令按钮进行字体、字号及字体颜色的设置。

3）段落排版。段落的排版是指改变段落的整体外观，包括"段缩进""对齐""行间距""段间距"等多方面的设置。在对某一个段落进行操作时，只需将插入点置于该段落中任意位置，然后进行格式化操作即可；若对多个段落进行统一的排版操作，则首先应选定这几个段落，然后再进行操作。"主页"选项卡"段落"组中设置了 4 个对齐按钮，用户可根据需要进行选择。其中，单击"向左对齐文本"按钮可使正文向页面左边界对齐；单击"居中"按钮可使正文居于左、右页边界的正中（一般用于标题或表格的居中对齐）；单击"向右对齐文本"按钮可使正文向页面右边界对齐；单击"对齐"按钮可使词与词之间自动增加空格的宽度，让正文沿左右页边界对齐。用户也可以单击"段落"组中的"段落"按钮，启动"段落"对话框来设置缩进、间距及对齐方式，如图 4-43 所示，也可以使用标尺中的"对齐"按钮进行段落缩进设置。

图 4-43　"段落"对话框

4）插入图片、日期或对象。用户可以单击"主页"选项卡"插入"组中的相应命令按钮进行图片、日期、图表及公式等内容的插入操作。

5）保存写字板的内容。用户可以在快速访问工具栏中单击"保存"按钮，或单击"文件"选项卡，在弹出的下拉菜单中单击"保存"按钮，将编辑好的文档内容进行保存。

6）单击"关闭"按钮，退出写字板程序。

若用户需要再次编辑该文档，可以启动写字板程序，单击"文件"选项卡，在弹出的下拉菜单中单击"打开"按钮，找到要编辑的文档，按照上述方法进行设计即可。

5. 截图工具

截图工具是 Windows 10 附件中的内容，用户可以利用截图工具来截取屏幕上显示的画面。截图方式分为"任意格式截图""矩形截图""窗口截图""全屏幕截图"4 种。默认的截图方式为"任意格式截图"。

截图的方法如下：用户可以单击"开始"按钮，在"开始"菜单左侧的程序中找到首字母"W"，展开"Windows 附件"并单击"截图工具"命令，如图 4-44 所示。此时，在屏幕上"截图工具"对话框以外的地方，鼠标指针会变成剪刀形状，按住鼠标左键进行拖动，即可进行屏幕截图。截图区域选定完毕后，松开鼠标左键，图形会自动出现在"截图工具"窗口中，如图 4-45 所示。用户可以在常用工具栏中单击"笔"下拉菜单，选择笔颜色，然后在工作区中写上文字，也可以单击"橡皮擦"对输入的文字修改。当然用户还可以单击"工具"下拉菜单下的"选项"命令，设置截图的相关参数。最后单击"保存"按钮，将图片保存。

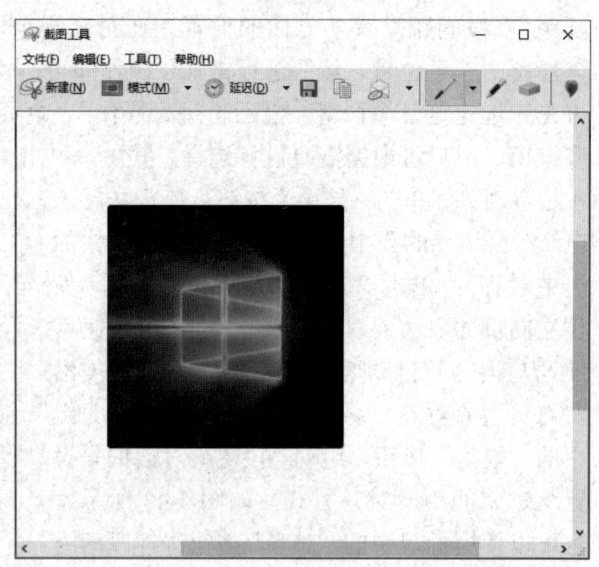

图 4-44 "截图工具"对话框　　　　图 4-45 "截图工具"窗口

6. 数学输入面板

数学输入面板（math input panel）是 Windows 10 附件中的数学公式编辑程序，用户可以利用数学输入面板来编辑复杂的数学公式。其操作方法如下：

1）启动数学输入面板。单击"开始"按钮，在"开始"菜单左侧的程序中找到首字母"W"，展开"Windows 附件"选项，单击"Math Input Panel"命令，打开数学输入面板窗口。

2）书写数学公式。按住鼠标左键，在书写区域内书写公式。此时，系统会对输入的字符进行识别，然后将识别后的内容显示在预览窗格中，如图 4-46 所示。

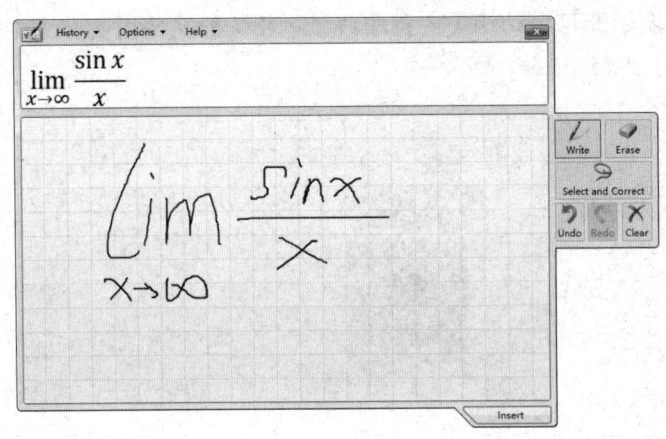

图 4-46 "数学输入面板"窗口

3)擦除错误字符或更改系统识别错的字符。对于写错的字符,用户可以单击"Erase"按钮,当鼠标指针变成橡皮擦时,单击要擦除的字符即可。若系统没有正确识别用户输入的字符,可以单击"Select and Correct"按钮,选中输入的字符,在弹出的下拉列表中选择想要输入的字符。

4)将正确的公式导出。用户可以单击右下角的"Insert"按钮,将输入的公式插入到文档中,也可以将其截图导出(详细方法此处不再赘述)。

若用户需要再次输入相同的公式,可以单击"History"按钮,在下拉菜单中选中需要的公式即可。

4.4 文件和文件夹管理

Windows 10 的文件管理方式与其他绝大部分操作系统相同,继续沿用了树形结构。从使用者的角度看,计算机的硬盘分为若干个驱动器,每个驱动器中都可以存储文件或文件夹。简单地说,文件夹就是文件的集合,可以存放子文件或文件;文件则是 Windows 中最基本的存储单位,可以存储数值、图像、文本等不同类型的数据。本节主要讲解常用的系统文件夹、文件与文件夹的常用操作等内容。

4.4.1 常用的系统文件夹

用户不难发现,在 Windows 10 桌面上除了用户创建的文件夹,默认情况下通常还会包含"此电脑""回收站""网络"等系统文件夹。用户可以在桌面空白处右击启动右键快捷菜单,在菜单中选择"个性化"命令,弹出"设置"窗口,在"主题"选项下单击"桌面图标设置"按钮,如图 4-47 所示。在启动的"桌面图标设置"对话框中选择需要在桌面上显示的其他图标,如图 4-48 所示。这些图标代表着不同的系统文件,用户也可以单击"更改图标"按钮来重新设置系统文件的图标样式。在 Windows 10 桌面上用户双击文件图标即可启动相关的程序或显示相关的文件内容。下面仅以"此电脑""回收站"为例进行详细讲解。

图 4-47 "设置"窗口

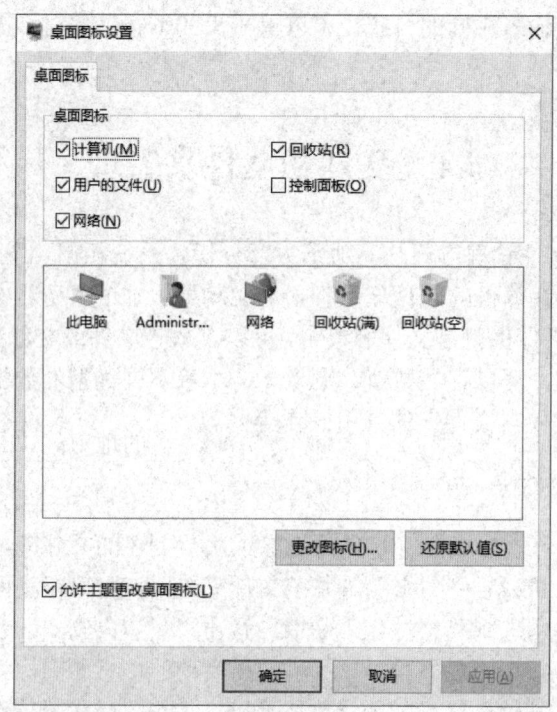

图 4-48 "桌面图标设置"对话框

1. 此电脑

"此电脑"是一个代表计算机资源的文件夹，用户通过"此电脑"系统文件夹可以快速地查看存储在计算机中的所有内容，如图 4-49 所示。"此电脑"的工作区分成两部分，右侧部分列出了硬盘、移动设备、其他连接设备的内容，用户只要双击图标即可查看其内部的信息。同时预览窗口同步显示其详细内容。若用户单击"预览窗口隐藏"按钮，预览区会消失。"此电脑"左侧的资源导航窗格列出了计算机全部系统资源，用户只要单击某个图标，即可在工作区显示其详细资源信息，从而进一步对系统资源进行管理。

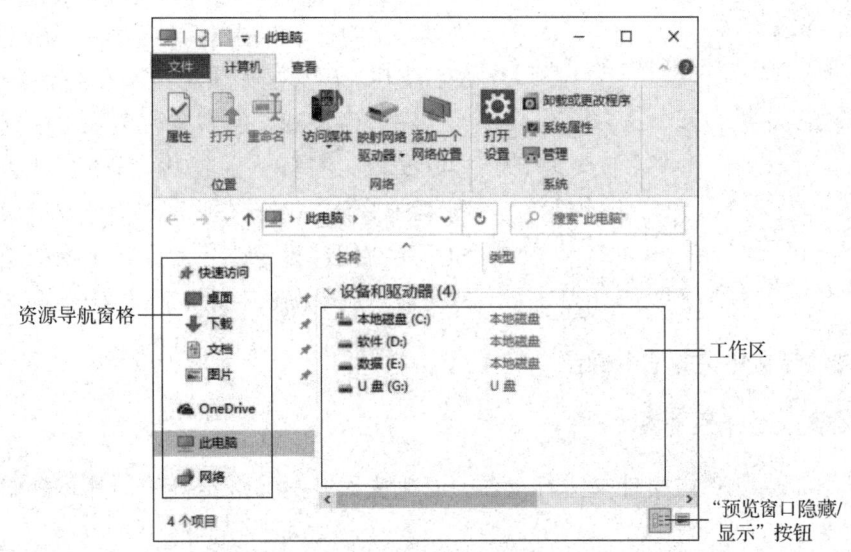

图 4-49 "此电脑"系统文件夹

资源导航窗格中图标前出现的黑色直角三角形，表示其内部资源已经展开；资源导航窗格中图标前出现的白色三角形，表示其内部资源全部隐藏。

2. 回收站

"回收站"是用于存放用户已删除的文件或文件夹的地方。Window 10 中用户删除文件或文件夹的方式有两种：一种是将要删除的文件或文件夹放入"回收站"，这种方式删除的文件或文件夹可以恢复；另一种是彻底删除，这种删除的文件或文件夹是无法恢复的。需要注意的是，无论用户使用哪种删除方式，均不可以对正在使用的文件及文件夹进行删除。用户删除某个文件或文件夹时必须确保该文件或文件夹处于关闭状态。

用户删除文件及文件夹的方法非常简单，可以单击选定该文件或文件夹，并按住鼠标左键将该文件或文件夹拖到"回收站"里。当然，用户也可以在选定被删除的文件或文件夹后按【Delete】键，或右击，在弹出的快捷菜单中选择"删除"命令。利用此方式删除的文件或文件夹，若用户想要将其恢复，可以双击"回收站"，选择要还原的项目后右击，在弹出的快捷菜单中选择"还原"命令。

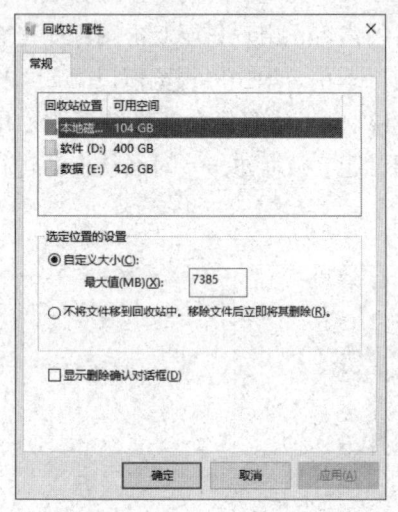

图 4-50　"回收站 属性"对话框

若用户想要彻底删除某个文件或文件夹，可以在删除文件的同时按住【Shift】键，则该文件将被直接彻底删除而不被放入"回收站"中。也可以先把要删除的文件或文件夹放入"回收站"中，然后在"回收站"中找到要彻底删除的文件或文件夹并将其选中后单击"删除"按钮。需要注意的是，使用这两种删除方式删除文件或文件夹后，用户是无法对其进行还原操作的。

在"回收站"的右键快捷菜单中选择"属性"选项，打开"回收站 属性"对话框，如图 4-50 所示。用户在此可以自定义回收站位置和可用空间、设定删除的方式及控制是否在删除时显示删除确认对话框等多项操作。

4.4.2　文件与文件夹的常用操作

1. 选定文件或文件夹

用户若想对文件或文件夹进行操作，必须先对其进行选定操作，具体操作方法如表 4-4 所示。

表 4-4　文件或文件夹的选定操作

选定类型	操作方法
一个对象	单击所要选定的某个文件或文件夹，使其选中
多个连续的对象	先选定第一个对象，再按住【Shift】键，同时选定最后一个对象后释放【Shift】键
多个不连续的对象	先选定第一个对象，按住【Ctrl】键，再依次选定各个对象，最后释放【Ctrl】键。若想取消其中的某个对象的选定，则只需要利用鼠标左键，再次单击该对象即可
一组对象	将鼠标移动到第一个或最后一个对象旁，按下鼠标左键并拖动鼠标，形成一个矩形框，使所有待选定的对象都包含在矩形框中，最后释放鼠标左键
全选	选定一个对象后，按【Ctrl+A】组合键
取消选定	选定对象后，再次单击窗口工作区的任意位置，即可将原来的选定取消

2. 新建文件或文件夹

双击桌面上的"此电脑"图标，用户可以进入要新建文件或文件夹的驱动器或文件夹下。右击窗口的工作区，用户可以启动右键快捷菜单。选择快捷菜单中的"新建"命令,而后在下拉菜单中选择"文件夹"即可完成新建文件夹的操作。若要建立其他类型的文件,可在下拉菜单中直接单击要建立的文件类型图标即可。

3. 重命名文件或文件夹

选定要修改名字的文件或文件夹,右击,在弹出的快捷菜单中选择"重命名"命令,而后用户仅需在对应的文本框中输入新名称,再单击【Enter】键即可。用户也可以在选中需重命名的文件后,单击【F2】键,进行重命名操作。

需要注意的是,文件或文件夹命名要遵守一定的规则。Windows 的文件命名规则如下:

1)文件或文件夹命名不允许超过 255 个字符。
2)不允许使用 /、\、:、*、?、"、<、>、| 等字符。
3)文件或文件夹名称不区分大小写。

4. 移动/复制文件或文件夹

(1) 使用菜单进行移动或复制

选定要复制的对象后右击,从弹出的快捷菜单中选择"剪切"或"复制"命令(剪切操作为移动对象),然后在目标位置的窗口中右击空白工作区,在弹出的快捷菜单中选择"粘贴"命令。

(2) 利用组合键完成移动或复制

按【Ctrl+X】组合键可执行剪切命令;按【Ctrl+C】组合键可执行复制命令;按【Ctrl+V】组合键可执行粘贴命令;按【Ctrl+A】组合键可执行全选命令;按【Ctrl+Z】组合键可执行撤销命令。这几条命令的组合键是用户必须熟记的。

(3) 利用鼠标拖动进行移动或复制

若用户要在同一个驱动器内移动文件或文件夹,可以在选定对象后,按住鼠标左键将其拖至目标位置;如果在拖动的同时按住【Ctrl】键,则在不同路径下将执行复制操作。若在不同的驱动器间使用鼠标直接拖动对象,则执行的是复制操作;若在拖动的同时按住【Shift】键,则执行的是移动操作。

5. 搜索文件或文件夹

Windows 10 提供的搜索功能很强大,用户要想搜索某个文件或文件夹可以通过以下两种方式进行:一种是通过"开始"菜单或任务栏启动 Windows 10 搜索框;另一种则需要用户先打开"此电脑"窗口或计算机中任意驱动器窗口,使用其右上角的"搜索"文本框。

注意:搜索文件时,用户可以使用通配符"*"和"?"。其中"*"表示可以替代 0 个或多个字符;"?"表示可以替代 1 个字符。例如,查找 C 盘中所有图片,用户可以在计算机 C 盘窗口右侧的"搜索"文本框中输入"*.jpg"。此处*是文件名,代表任意文件;.jpg 是图片扩展名,代表文件类型。搜索结果如图 4-51 所示。

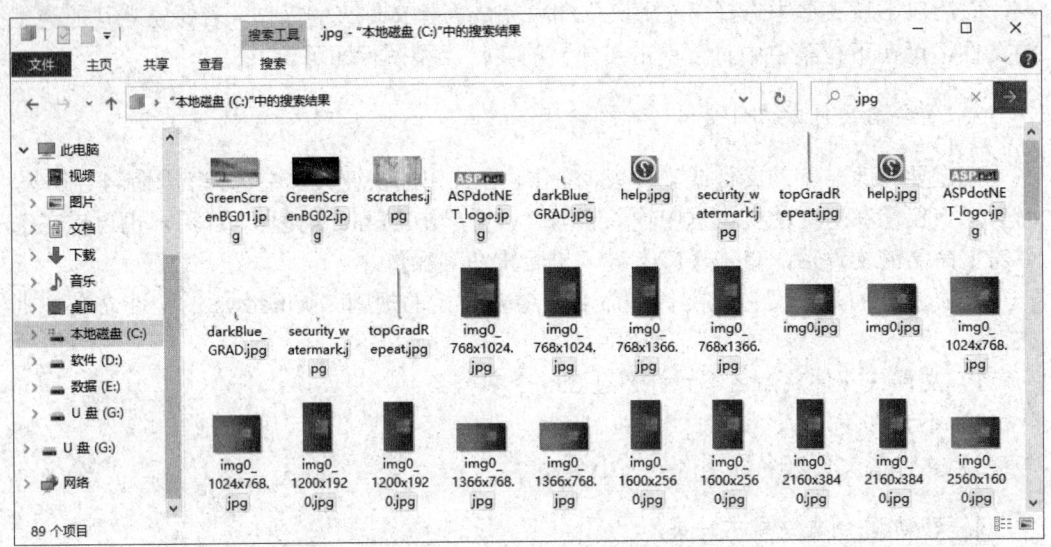

图 4-51 查找 C 盘中所有.jpg 图片的结果

Windows 常用的文件类型及其扩展名如表 4-5 所示。

表 4-5 Windows 常用的文件类型及其扩展名

文件类型	扩展名	文件类型	扩展名
视频文件	.AVI	图片文件	.JPG
备份文件	.BAK	帮助文件	.HLP
批处理文件	.BAT	信息文件	.INF
位图文件	.BMP	乐器数字接口文件	.MID
数据文件	.DAT	幻灯片文件	.PPTX
Word 文件	.DOCX	文本格式文件	.RTF
动态链接库	.DLL	屏幕文件	.SCR
驱动程序文件	.DRV	文本文件	.TXT
可执行文件	.EXE	电子表格文件	.XLSX
字体文件	.FON	声音文件	.WAV

6. 隐藏文件或文件夹

在日常工作中，用户也许不希望某些文件或文件夹被他人看到，这时用户可以将该文件或文件夹隐藏起来。

隐藏文件或文件夹的具体操作步骤如下：

1）选定要隐藏的文件或文件夹，右击，在弹出的快捷菜单中选择"属性"命令。

2）在打开的"属性"对话框的"常规"选项卡中，选中"隐藏"复选框，然后单击"确定"按钮。

3）若隐藏的对象是文件夹，步骤2）后会弹出"确定属性更改"对话框，单击"将更改应用于此文件夹、子文件夹和文件"按钮，最后单击"确定"按钮。

7. 显示隐藏的文件或文件夹

若想查看计算机中隐藏的文件或文件夹，用户可以通过下面的方法完成。

1）双击桌面上的"此电脑"图标，启动"此电脑"窗口。

2）单击"查看"→"选项"→"更改文件夹和搜索选项"按钮，在弹出的"文件夹选项"对话框中单击"查看"选项卡，如图4-52所示。

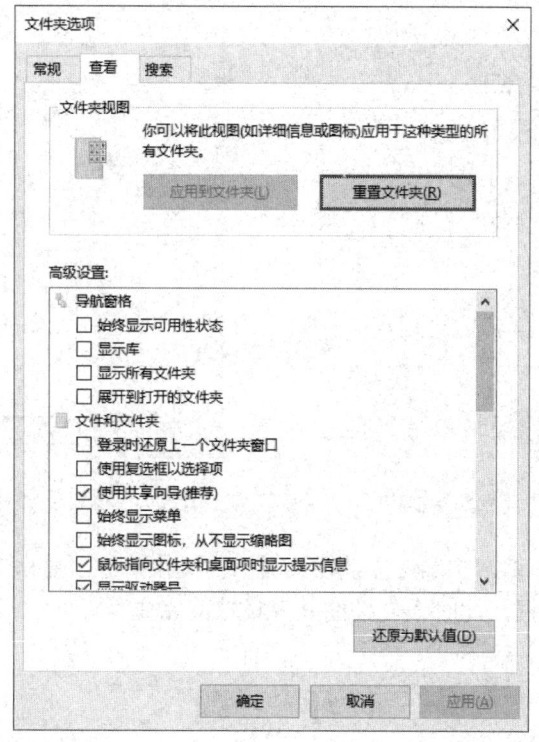

图4-52 "文件夹选项"对话框

3）滑动滚动条，选中"显示隐藏的文件、文件夹和驱动器"单选按钮，单击"确定"按钮。

8. 共享文件或文件夹

用户可以将某个文件或文件夹设置为共享，从而方便其他局域网用户查看和使用。共享文件或文件夹的具体操作步骤如下：

1）选定要共享的文件或文件夹，右击，在弹出的快捷菜单中选择"属性"选项。

2）在弹出的"属性"对话框中单击"共享"选项卡，单击"高级共享"按钮。此时，弹出如图4-53所示的"高级共享"对话框。

3）选中"共享此文件夹"复选框，然后用户可以填写共享名、设置共享的用户数量并在"注释"文本框中填写对共享者的要求。

4）单击"权限"按钮，打开该共享文件夹的"权限"对话框，在该对话框中用户可以设置其他用户对共享文件和文件夹的权限，如图 4-54 所示。

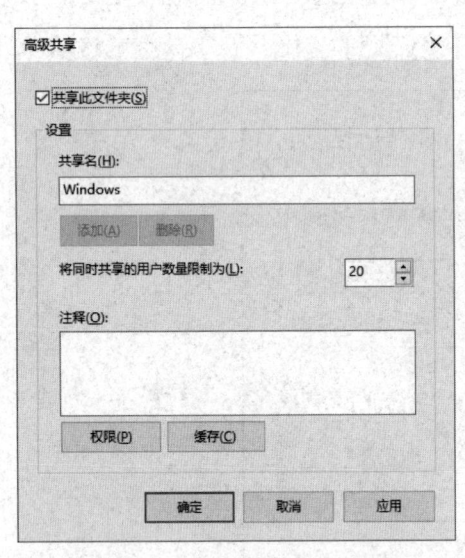

图 4-53 "高级共享"对话框

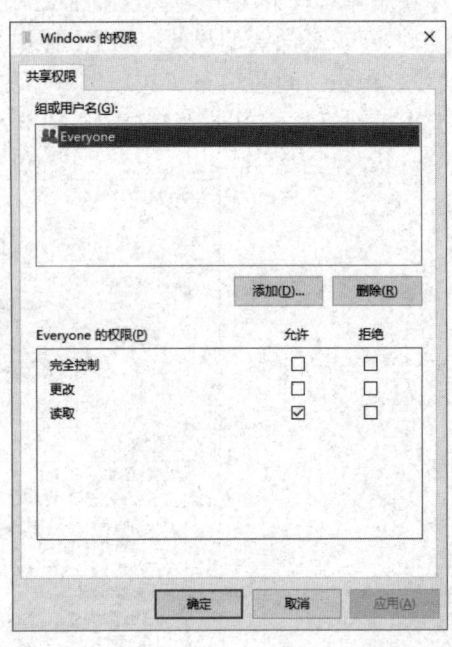

图 4-54 共享文件夹的"权限"对话框

5）设置完成后，单击"确定"按钮，返回"高级共享"对话框，连续单击"确定"按钮，关闭所有对话框，此时该文件的共享设置就完成了。

习　题

一、选择题

1. 以下关于操作系统的描述中，不正确的是（　　）。
   A．操作系统是最基本的系统软件
   B．操作系统直接运行在裸机上，是对计算机硬件系统的第一次扩充
   C．操作系统与用户对话的界面必定是图形界面
   D．用户程序必须在操作系统的支持下才能运行

2. 操作系统的特点不包括（　　）。
   A．并发性　　　　B．确定性　　　　C．共享性　　　　D．虚拟性

3. Windows 10 操作系统是（　　）的操作系统。
   A．单用户、单任务　　　　　　　　B．单用户、多任务
   C．多用户、单任务　　　　　　　　D．多用户、多任务
4. DOS 操作系统是（　　）的操作系统。
   A．单用户、单任务　　　　　　　　B．单用户、多任务
   C．多用户、单任务　　　　　　　　D．多用户、多任务
5. 下面不属于操作系统的是（　　）。
   A．UNIX　　　　B．Linux　　　　C．Android　　　　D．Word
6. 双击 Windows 10 窗口的标题栏将会执行（　　）操作。
   A．最大化/恢复窗口　　　　　　　　B．最小化窗口
   C．关闭窗口　　　　　　　　　　　D．移动窗口
7. 下面关于 Windows 的说法中，正确的是（　　）。
   A．桌面上所有的文件夹都可以删除
   B．桌面上所有的文件夹都可以改名
   C．桌面上的图标不能放到任务栏上的"开始"菜单中
   D．桌面上的图标可以放到任务栏上的"开始"菜单中
8. 为了屏幕的简洁，可将目前不使用的程序最小化，缩成按钮放置在（　　）。
   A．工具栏　　　B．任务栏　　　C．格式化栏　　　D．状态栏
9. 将鼠标指针移至（　　）上拖动，即可移动窗口的位置。
   A．格式化栏　　B．工具栏　　　C．标题栏　　　　D．状态栏
10. 在 Windows 10 系统中，利用（　　）组合键可以打开"开始"菜单。
    A．【Alt+Shift】　　　　　　　　B．【Ctrl+Alt】
    C．【Ctrl+Esc】　　　　　　　　　D．【Tab+Shift】
11. 在 Windows 系统中，当鼠标指针自动变成双箭头时，表示可以（　　）。
    A．移动窗口　　　　　　　　　　　B．改变窗口的大小
    C．滚动窗口的内容　　　　　　　　D．关闭窗口
12. 在 Windows 10 系统中，显示桌面的组合键是（　　）。
    A．【Win+D】　B．【Win+P】　C．【Win+Tab】　D．【Alt+Tab】
13. 在 Windows 10 系统中，若将打开的窗口拖动到屏幕顶端时会将该窗口（　　）。
    A．关闭　　　　B．缩放　　　　C．最小化　　　　D．最大化
14. 当计算机中安装了大量的应用程序或其他文件后，用户可能不断地删除一些不用的应用程序并安装一些新的应用程序。这样，一个应用程序文件可能存储在不连续的空间里，随着不断地使用和操作，系统性能就会显著下降，此时应该进行（　　）。
    A．磁盘查错　　　　　　　　　　　B．磁盘备份
    C．磁盘清理　　　　　　　　　　　D．磁盘碎片整理

15. 我们平常所说的"数据备份"中的数据包括（　　）。
    A．内存中的各种数据
    B．各种程序文件和数据文件
    C．存放在 CD-ROM 上的数据
    D．内存中的各种数据、程序文件和数据文件
16. 以下说法中，最合理的是（　　）。
    A．硬盘上数据不会丢失
    B．只要防止误操作，就能防止硬盘上数据的丢失
    C．只要没有误操作，并且没有病毒的感染，硬盘上的数据就是安全的
    D．不管怎么小心，硬盘上的数据都有可能读不出
17. 在资源管理器窗口中，选择（　　）视图查看方式可以显示文件的大小与修改时间。
    A．缩略图　　　　B．列表　　　　C．内容　　　　D．详细信息
18. 选定要删除的文件，然后按（　　）键，即可删除文件。
    A．【Alt】　　　B．【Ctrl】　　　C．【Shift】　　　D．【Delete】
19. 要选定多个连续的文件夹，其操作为先单击第一项，然后按住（　　）键的同时再单击最后一项。
    A．【Alt】　　　　　　　　　　　B．【Ctrl】
    C．【Shift】　　　　　　　　　　D．【Delete】
20. 在搜索或显示文件时，若用户选择通配符"*.*"，其含义是（　　）。
    A．选中所有含有"*"的文件　　　B．选中所有扩展名中含有"*"的文件
    C．选中所有文件　　　　　　　　D．选中非可执行的文件
21. 若将桌面上的某文件图标拖动到回收站中，则该文件被（　　）。
    A．删除且不允许恢复　　　　　　B．删除但可以恢复
    C．文件被复制到回收站中　　　　D．隐藏
22. 在不同驱动器间移动某个文件夹，会进行（　　）操作。
    A．移动　　　　B．粘贴　　　　C．剪切　　　　D．复制
23. 文件夹中不可存放（　　）。
    A．文件　　　　B．多个文件　　　C．文件夹　　　　D．字符
24. 文件的右键快捷菜单中不包括（　　）命令。
    A．复制　　　　B．粘贴　　　　C．重命名　　　　D．删除
25. 以下关于 Windows 快捷方式的说法中，正确的是（　　）。
    A．一个快捷方式可指向多个目标对象
    B．一个对象可有多个快捷方式
    C．只有文件和文件夹对象可创建快捷方式
    D．不允许为快捷方式创建快捷方式

26．在 Windows 10 系统中，可以使用（　　）组合键直接启动任务管理器。
    A．【Ctrl+Shift+Esc】　　　　　　B．【Ctrl+Alt+Delete】
    C．【Ctrl+Shift+Alt】　　　　　　D．【Ctrl+Alt+Esc】

二、填空题

1．计算机软件分为系统软件与应用软件两部分，操作系统属于_____。

2．通常 Windows 窗口右上角具有最小化、最大化（或还原）和_____3 个按钮。

3．用户可以利用_____组合键来切换窗口。

4．Windows 10 系统中利用_____组合键可以打开"开始"菜单。

5．执行复制操作的组合键是_____；剪切操作的组合键是_____；粘贴操作的组合键是_____；全选操作的组合键是_____；撤销操作的组合键是_____。

6．删除文件或文件夹的方法有两种，一种是_____，另一种是_____。

7．通配符"？"表示_____，"*"表示_____。

8．要查找所有第一个字母为 A 且含有 .docx 扩展名的文件，那么应在搜索框中填入_____。

9．窗口和对话框两者当中，_____是不能改变大小的。

第 5 章　计算机网络

计算机网络是计算机技术和通信技术密切结合的产物,是利用通信线路将地理位置分散、功能独立的多台计算机连接起来,并按照相关协议实现计算机间数据通信与资源共享的计算机系统。本章首先叙述了计算机网络的发展历史,然后阐述了计算机网络的功能、体系结构及分类,继而对网络的拓扑结构和传输介质进行了说明,最后介绍了目前应用最为广泛的局域网技术。

5.1　计算机网络概述

5.1.1　计算机网络的发展史

计算机网络的发展经历了 4 个阶段:网络诞生阶段、网络发展阶段、网络标准化阶段和网络互联时代,如图 5-1 所示。

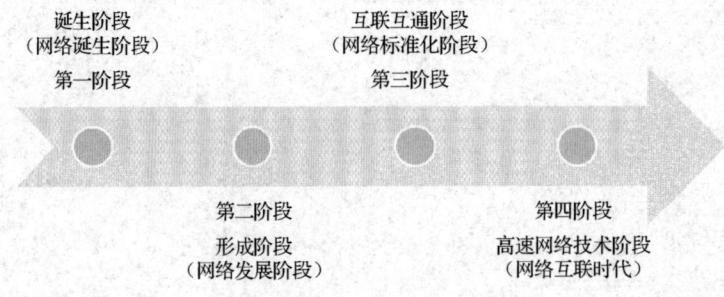

图 5-1　计算机网络发展的 4 个阶段

1. 网络诞生阶段

网络的诞生阶段始于二十世纪五六十年代,以单个计算机为中心的远程联机系统为主要形式,其典型应用是由一台计算机和全美范围内 2000 多个终端组成的飞机订票系统。由于诞生阶段的网络以单个主机为中心,所有的通信都要经过中心结点的处理,因此主机负荷重、响应时间长、可靠性低,线路利用率低,一旦主机发生故障,整个系统就会陷入瘫痪。

2. 网络发展阶段

第二阶段的网络以能够相互共享资源为目的,是互联起来的具有独立功能的计算机集合体。主机间的通信任务构成了通信子网,并且互联的主机相互间能够提供资源的访间，从而组成了资源子网。相对于网络诞生阶段，第二阶段的网络由通信子网承担通信工作，使得资源共享范围更广、通信线路利用率更高。网络结构属于分布控制方式，其可靠性显著提高。

3. 网络标准化阶段

20 世纪 60 年代初期，美国国防部认为，仅有一个集中的军事指挥中心并不安全，万一被摧毁全国军事指挥将处于瘫痪状态，因此有必要设计一个分散的指挥系统——它由一个个分散的指挥点组成，当部分指挥点被摧毁后其他点仍然能够正常工作。因此，1969 年 11 月，美国国防部高级研究计划管理局开始建立一个命名为 ARPAnet 的网络。虽然它只有 4 个节点，但是标志了计算机网络开始迈进一个新的时代。ARPAnet 兴起后，计算机网络发展大幅加快，各大计算机公司相继推出自己的网络体系结构以及相应的软硬件产品。但由于缺少统一的标准，不同厂商的产品很难实现互联，人们迫切需要一种开放性的标准化实用网络环境。这样，应运而生了两种国际通用的两种重要体系结构：OSI 和 TCP/IP。TCP/IP 是一组用于实现网络互联的通信协议。基于 TCP/IP 的参考模型将协议分成 4 个层次：网络访问层、网际互联层、传输层和应用层。

相对于 TCP/IP 模型，OSI 参考模型的抽象能力高，能够很好地描述各种网络。但由于没把握好时机，技术上不够成熟，实现上非常困难。相反，TCP/IP 是先有协议集，再建立模型。整个体系结构非常灵活，虽然有许多不尽如人意的地方，但应用上比较成功，逐渐成为被大家广泛使用的工业标准。

4. 网络互联时代

20 世纪 90 年代以来，局域网技术发展成熟，出现了高速网络技术、多媒体网络、智能网络等。整个网络就像一个对用户透明的大的计算机系统，网络真正进入了互联阶段。互联网时代各个网络之间的连接主要依靠路由器，主机结点之间的通信可能要经过多个路由，甚至多种网络，包括主干网、地区网、校园网等。

5.1.2 计算机网络的功能

信息交换、资源共享、协同工作是计算机网络的基本功能，从计算机网络应用角度来看，计算机网络的功能因网络规模和设计目的的不同，往往有一定的差异。归纳起来有如下几个方面。

1. 资源共享

计算机资源主要指计算机的硬件、软件和数据资源。共享资源是组建计算机网络的主要目的之一。网络用户可以共同分享分散在不同地理位置的计算机上的各种硬件、软件和数据资源，为用户提供了极大的方便。

2. 平衡负荷及分布处理

某台计算机负担过重时，或该计算机正在处理某项工作时，网络可将新任务转交给空闲的计算机来完成,这样处理能均衡各计算机的负载,提高处理问题的实时性。对大型综合性问题,可将问题各部分交给不同的计算机分别处理,充分利用网络资源,提高计算机的处理能力,即增强实用性。对解决复杂问题来讲,多台计算机联合使用并构成高性能的计算机体系,这种协同工作、并行处理要比单独购置高性能的大型计算机便宜得多。

3. 提高可靠性

一个较大的系统中,个别部件或计算机出现故障是不可避免的。计算机网络中的各台计算机可以通过网络互相设置为后备机,这样一旦某台计算机出现故障,网络中的后备机即可代替继续执行,保证任务正常完成,避免系统瘫痪,从而提高计算机的可靠性。

4. 信息快速传输与集中处理

国家宏观经济决策系统、企业办公自动化的信息管理系统、银行管理系统等一些大型信息管理系统,都是信息传输与集中处理系统,都要靠计算机网络来支持。

5. 综合信息服务

正在发展的综合服务数字网可提供文字、数字、图形、图像、语音等多种信息传输,实现电子邮件、电子数据交换、电子公告、电子会议、IP电话和传真等业务。计算机网络将为政治、军事、文化、教育、卫生、新闻、金融、图书、办公自动化等各个领域提供全方位的服务,成为信息化社会中传送与处理信息的不可缺少的强有力的工具。目前,互联网(Internet)就是最好的实例。

1)电子邮件是应用较广泛的网络交流方式之一。发邮件时收件人不一定要在网上,但他只要在以后任意时候打开邮箱,都能看到属于自己的来信。

2)网上交易就是通过网络做生意。其中有一些是要通过网络直接结算,这就要求网络的安全性要比较高。

3)视频点播是一项娱乐或学习项目,在智能小区、酒店或学校应用较多。它的形式跟电视选台有些相似,不同的是节目内容是通过网络传递的。

4)联机会议也称视频会议,顾名思义就是通过网络开会。它与视频点播的不同在于所有参与者都需主动向外发送图像。为实现数据、图像、声音实时同传,它对网络的处理速度提出了更高的要求。

5.1.3 计算机网络的体系结构

在网络系统中,由于计算机的类型、通信线路类型、连接方式、通信方式等的不同,导致网络结点的通信有很大的不便。为解决上述问题,必然涉及网络体系结构的设计和生产各网络设备的厂商共同遵守的标准等问题,也就是计算机网络的体系结构和协议问题。

1. 计算机网络的体系结构简介

为了完成计算机之间的通信合作,将每个计算机互联的功能划分为定义明确的层次，规定了不同层次进程通信的协议及相邻层之间的接口及服务。将这些不同层次进程间通信的协议以及相邻层接口统称为网络体系结构。现代计算机网络都采用了分层结构。

开放式系统互联参考模型是由 ISO 制定的标准化开放式的计算机网络层次结构模型，又称 OSI/RM，共有 7 个层次，如图 5-2 所示。

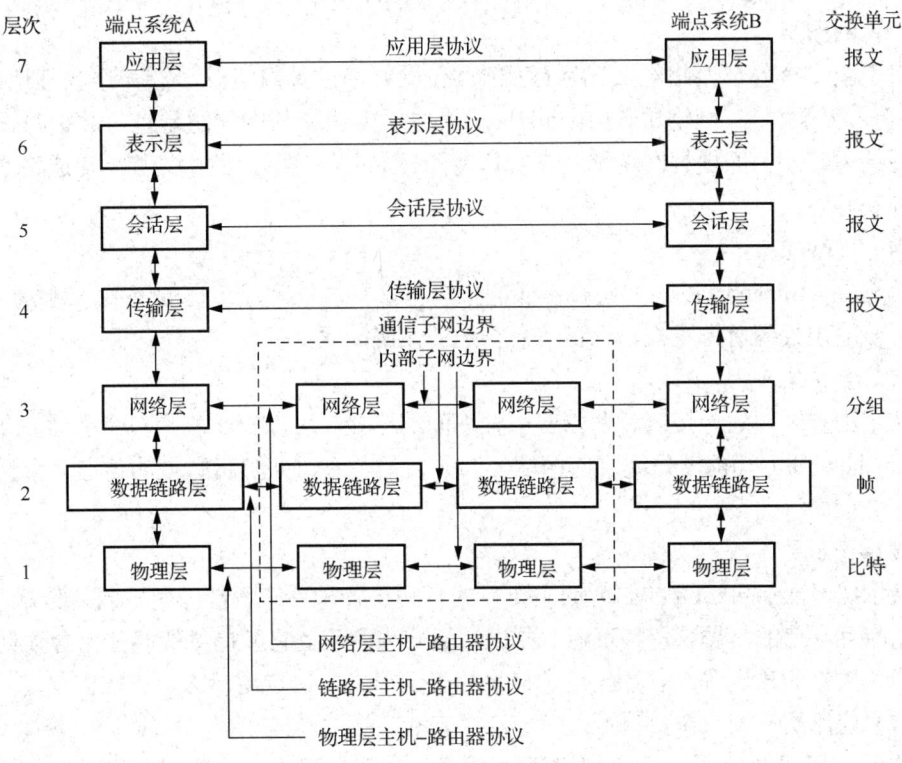

图 5-2　OSI/RM 七层参考模型

OSI/RM 模型共分为 7 层，从下到上依次为物理层、数据链路层、网络层、传输层、会话层、表示层和应用层。计算机网络层次结构模型将网络通信问题分解成若干个容易处理的子问题，然后各层"分而治之"，逐个加以解决。

在计算机网络体系结构层次中，各层的功能和作用可简单归纳如下：

（1）物理层

物理层（physical layer）定义了硬件接口的电气特性、机械特性以及应具备的功能等。例如，多少伏特的电压代表 1，多少伏特的电压代表 0，电缆线如何与网卡连接，采用哪种来传送数据并确保位（bit）数据能够被正确收送。它包括所有可用的组网方法。物理层正确利用传输介质，定义了物理设备之间的机械动作。

（2）数据链路层

数据链路层（data link layer）主要提供的服务包含：检查和改正在物理层可能发生

的错误，负责将由物理层传来的未经处理的位数据转成数据帧（frame），正确地传送数据帧等。为了当帧出现在网络电缆上时确定帧目标，该层在帧的开头加上了自己的头，它包括帧大小、源物理地址和目标物理地址等。物理地址的作用在于将网络结点相互区分。数据链路层分为两个子层，MAC（media access control，介质访问控制）子层管理包到目标的传送过程，LLC（logic link control，逻辑链路控制）子层从上层接收包并发送到 MAC 层。数据链路层连通每个结点，解决数据的传送问题。

（3）网络层

对于由多个外部网络组成的网际网来说，网络中的计算机除了有一个物理地址外，还应有一个网络号。网络层（network layer）主要用在解释网络层地址，并把数据引导至合适的网络上，即根据网络地址在实体之间建立网络连接、路由切换、交通堵塞的疏导与控制等。

（4）传输层

传输层（transport layer）负责错误的检查与修复，以确保传送的质量。网络层选择路由；传输层找到对方主机，保证信息传送的正确无误。

（5）会话层

两个用户之间的连接或者两端应用程序间的连接，可以把它称为一个会话。会话层（session layer）的功能就是建立起两端之间的会话关系，并负责数据的传送。会话层指出对方是谁。

（6）表示层

表示层（presentation layer）的主要目的是解决各种系统可能使用不同的数据格式、但无法相互通信的问题，使其可通过共同的格式来表示。它所提供的服务包含数据语法的转换、数据的传送等。表示层决定信息的表示形式，决定用什么语言交流。

（7）应用层

应用层（application layer）主要用于提供给用户一个良好的应用环境，它主要指网络操作系统和具体的应用程序。应用层规定用户应用的规则和做什么事。

通常把计算机网络分成通信子网和资源子网两大部分。OSI/RM 参考模型的低三层（物理层、数据链路层和网络层）属于通信子网的范畴；高三层（会话层、表示层和应用层）属于资源子网的范畴。传输层起着承上启下的作用。

2. 网络通信协议

计算机之间进行通信时，必须用一种双方都能理解的语言，这种语言被称为协议。例如，我们在寄信时和邮局的关系，必须正确书写收信人的地址和姓名，寄信人的地址和姓名，最后再贴一张邮票。也就是说，只有能够传达并且理解这些"语言"的计算机才能在计算机网络上与其他计算机进行通信。可见协议是计算机网络中一个重要的概念。

（1）网络通信协议概念

协议（protocol）是指计算机之间通信时对传输信息内容的理解、信息表示形式以及各种情况下的应答信号都必须遵守的一个共同约定。目前，最常用的网络协议是TCP/IP（传输控制协议/网际协议）。

在网络协议的控制下，网络上大小不同、结构不同、处理能力不同、厂商不同的产品才能连接起来，实现互相通信、资源共享。从这个意义上来说，协议是计算机网络的本质特征之一。

（2）网络通信协议的三要素

一般来说，通过协议可以解决三方面的问题，即协议的三要素。

1）语法（syntax）：涉及数据、控制信息格式、编码及信号电平等，即解决如何进行通信的问题，如报文中内容的顺序和形式。

2）语义（semantics）：涉及用于协调和差错处理的控制信息，即解决在哪个层次上定义的通信及其内容，如报文由哪些部分组成、哪些部分用于控制数据、哪些部分是通信内容。

3）定时（timing）：涉及速度匹配和排序等，即解决何时进行通信、通信的内容先后顺序及通信速度等。

协议必须解决语法（如何讲）、语义（讲什么）和定时（讲话顺序）这三部分问题，才能比较完整地完成数据通信的功能。

5.1.4 计算机网络的分类

计算机网络分类的标准有很多，如按覆盖的地理范围分类，按计算机网络传输速率分类，按传输介质分类，按拓扑结构分类，按网络交换方式分类，按逻辑形式分类，按通信方式分类，按服务类型分类，按计算机网络的用途分类等。

1. 按覆盖的地理范围分类

（1）局域网

局域网（local area network，LAN）地理范围一般是几百米到十千米之内，属于小范围内的联网，如一个建筑物内、一所学校内、一个工厂的厂区内等。局域网的组建简单、灵活，使用方便。

（2）城域网

城域网（metropolitan area network，MAN）地理范围可从几十千米到上百千米，覆盖一个城市或地区，是一种中等形式的网络。

（3）广域网

广域网（wide area network，WAN）地理范围一般在几千千米，属于大范围联网，如几个城市、一个或几个国家，是网络系统中的最大型的网络，能实现大范围的资源共享，如Internet网络。

2. 按传输速率分类

网络的传输速率有快有慢，传输速率快的称为高速网，传输速率慢的称为低速网。

传输速率的单位是 b/s（每秒比特数）。一般将传输速率在 Kb/s～Mb/s 范围的网络称为低速网，在 Mb/s～Gb/s 范围的网络称为高速网。也可以将 Kb/s 网称为低速网，将 Mb/s 网称为中速网，将 Gb/s 网称为高速网。

说明：数据信号的传输速率通常用每秒比特来表示，是指单位时间内所传送的信息量，即每秒传送多少个位信息，单位为比特/秒（b/s），称为比特率。

带宽是指传输信道的宽度。带宽的单位是 Hz（赫兹）。按照传输信道的宽度可分为窄带网和宽带网。一般将 kHz～MHz 带宽的网络称为窄带网，将 MHz～GHz 的网络称为宽带网，也可以将 kHz 带宽的网络称窄带网，将 MHz 带宽的网络称中带网，将 GHz 带宽的网络称宽带网。通常情况下，高速网就是宽带网，低速网就是窄带网。

3. 按传输介质分类

传输介质是指数据传输系统中发送装置和接收装置间的物理媒体，按其物理形态可以划分为有线网和无线网两大类。

（1）有线网

传输介质采用有线介质连接的网络称为有线网。常用的有线传输介质有双绞线、同轴电缆和光导纤维。

局域网通常采用单一的传输介质，而城域网和广域网采用多种传输介质，如双绞线、同轴电缆和光缆的组合。

（2）无线网

采用无线介质连接的网络称为无线网。目前无线网主要采用 3 种技术，即微波通信、红外线通信和激光通信。微波通信用途最广，目前的卫星网就是一种特殊形式的微波通信，它利用地球同步卫星作为中继站来转发微波信号。一个同步卫星可以覆盖地球的三分之一以上的表面，3 个同步卫星就可以覆盖地球上的全部通信区域。

4. 按网络交换方式分类

1）线路交换（circuit switching）最早出现在电话系统中，早期的计算机网络就是采用此方式来传输数据的，数字信号经过变换，成为模拟信号后才能联机传输。

2）报文交换（message switching）是一种数字化网络。当通信开始时，源机发出的一个报文被存储在交换机里，交换机根据报文的目的地址选择合适的路径发送报文，这种方式称为存储—转发方式。

3）分组交换（packet switching）也采用报文传输，但它不是以不定长的报文作为传输的基本单位，而是将一个长的报文划分为许多定长的报文分组，以分组作为传输的基本单位。这不仅大大简化了对计算机存储器的管理，而且也加快了信息在网络中的传播速度。分组交换优于线路交换和报文交换，具有许多优点，因此，它已成为计算机网络中传输数据的主要方式。

随着通信技术和计算机网络技术的发展，出现了高速数据交换技术，例如：

① 数字语音插空技术（digital speech interpolation，DSI）：能提高线路交换的传输

能力。该技术是一种能提高话音电路利用率的技术。大量统计数据表明：在电话通信中，由于每句话间的间隙、词汇间隙以及停顿思考等原因，平均有40%～50%的时间间隔内是不传输话音信号的。若利用这些空隙时间来传输其他话路的信号，就能将电话线路的利用率提高近一倍。

② 帧中继（frame relay）：是目前广泛使用的X.25分组交换通信协议的简化和改进。这种高速分组交换技术可灵活设置信号的传输速率，充分利用资源，提高传输效率，可对分组呼叫进行带宽的动态分配，具有低延时、高吞吐量的网络特性。

③ 异步传输模式（asynchronous transfer mode，ATM）：是电路交换与分组交换技术的结合，能最大限度地发挥线路交换与分组交换技术的优点，具有从实时的语音信号到高清晰电视图像等各种高速综合业务的传输能力。

5. 按服务方式分类

（1）客户机/服务器网络

服务器是指专门提供服务的高性能计算机或专用设备，客户机是指用户计算机。这是由客户机向服务器发出请求并获得服务的一种网络形式。多台客户机可以共享服务器提供的各种资源。这是最常用、最重要的一种网络类型，不仅适合于同类计算机联网，也适合于不同类型的计算机联网，如PC、MAC机的混合联网。这种网络的安全性容易得到保证，计算机的权限、优先级易于控制，监控容易实现，网络管理能够规范化。网络性能在很大程度上取决于服务器的性能和客户机的数量。目前，针对这类网络有很多优化性能的服务器，称为专用服务器。银行、证券公司都采用这种类型的网络。

（2）对等网

对等网不要求专用服务器。每台客户机都可以与其他每台客户机对话，共享彼此的信息资源和硬件资源。组网的计算机一般类型相同。这种组网方式灵活方便，但是较难实现集中管理与监控，安全性也低，较适合作为部门内部协同工作的小型网络。

6. 其他分类方法

1）按拓扑结构可分为总线型结构、星形结构、环形结构、树形结构和网状结构。
2）按计算机网络的用途可分为公用网络和专用网络。
3）按通信方式分类可划分为点对点传输网络和广播式传输网络。点对点传输网络是数据以点到点的方式在计算机或通信设备中传输，可在星形网、环形网采用这种传输方式。广播式传输网络，数据在公用介质中传输。无线网和总线型网络属于这种类型。
4）按网络逻辑形式可分为通信子网、资源子网。通信子网是面向通信控制和通信处理的，主要包括通信控制处理机、网络控制中心、分组组装/拆卸设备、网关等。资源子网负责全网的面向应用的数据处理，实现网络资源的共享。它由各种拥有资源的用户主机和软件（网络操作系统和网络数据库等）所组成，主要包括主机（host）、终端设备、网络操作系统、网络数据库。

5.1.5 网络拓扑结构

另外还有一种比较重要的网络分类方法是基于网络的拓扑结构的。抛开具体的主机和设备，网络的组成元素可以抽象地分为网络结点与通信线路。以"点"和"线"的方式表示网络结点和通信线路，将具体的网络抽象和记录形成一张几何图形，称为网络的拓扑结构图。网络的拓扑结构影响着整个网络的设计、功能、可靠性和通信费用等重要指标。不同网络拓扑的网络具有不同的应用特点。

计算机网络中常用的拓扑结构有总线型、星形、树形、环形和网状等。

1. 总线型拓扑

总线型拓扑结构（bus）是目前使用最广泛的结构，也是最传统的一种主流网络结构，适合于信息管理系统、办公自动化系统领域的应用。在这种结构中，总线具有信息的双向传输功能，普遍用于局域网的连接，总线一般采用同轴电缆或双绞线。总线型拓扑结构网络采用广播方式进行通信（网上所有结点都可以接收同一信息），无须路由选择功能。图5-3所示是总线型拓扑结构示意图。

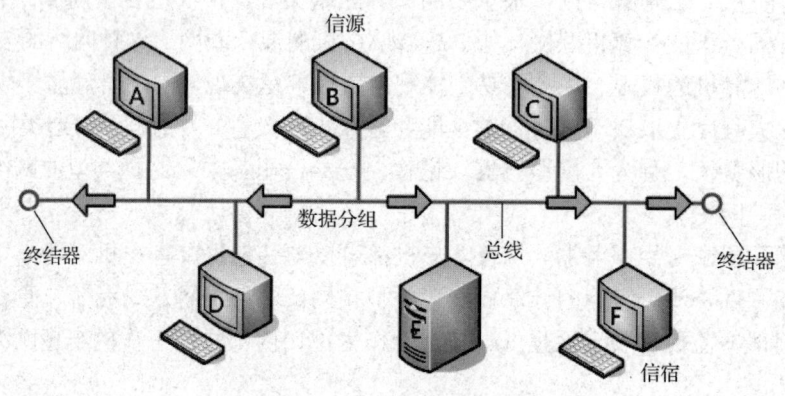

图5-3 总线型拓扑结构示意图

总线型拓扑结构主要用于局域网络。它的特点是安装简单，所需通信器材、线缆的成本低，扩展方便（即在网络工作时增减站点方便）。由于各个结点共用一个总线作为数据通路，因此信道的利用率高。由于采用竞争方式传送信息，故在重负荷下效率明显降低。另外，总线的某一接头接触不良时，会影响网络的通信，使整个网络瘫痪。

小型局域网或中大型局域网的主干网常采用总线型拓扑结构。

2. 星形拓扑结构

星形拓扑结构（star）是由一个结点作为中心结点，其他结点直接与中心结点相连构成的网络。中心结点可以是文件服务器，也可以是连接设备。星形拓扑结构的优点是可靠性高、方便管理、易于扩展、传输效率高。但也存在着线路利用率低、中心结点需要很高的可靠性和冗余度等缺点。这种结构适用于局域网,特别是近年来连接的局域网大都采用这种连接方式。这种连接方式以双绞线或同轴电缆作为连接线路。图 5-4 所示为星形拓扑结构示意图。

星形拓扑结构虽有许多优点,但也有以下缺点:

1)扩展困难、安装费用高。增加网络新结点时,无论有多远,都需要与中央结点直接连接,布线困难且费用高。

2)对中央结点的依赖性强。星形拓扑结构网络中的外围结点对中央结点的依赖性强,如果中央结点出现故障,则全部网络不能正常工作。

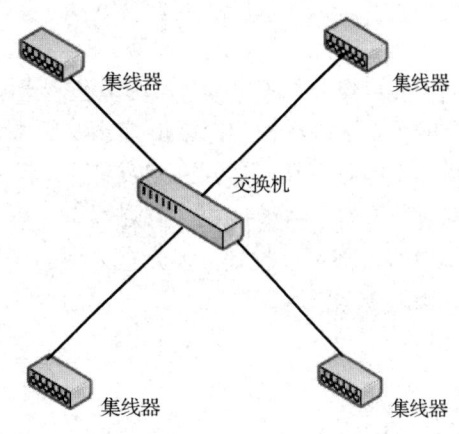

图 5-4　星形拓扑结构示意图

星形拓扑结构是小型局域网常采用的一种拓扑结构。

3. 树形拓扑结构

树形拓扑结构(tree)是一种分级的集中控制式网络。与星形拓扑结构相比,它的通信线路总长度短,成本较低,结点易于扩充,寻找路径比较方便,但除了叶结点及其相连的线路外,任一结点或其相连的线路故障都会使系统受到影响。这种拓扑结构的网络一般采用同轴电缆,用于军事单位、政府部门等上下界限相当严格和层次分明的部门。一些局域网络利用集线器(hub)或交换机(switch)将网络配置成级联的树形拓扑结构。图 5-5 所示是树形拓扑结构示意图。

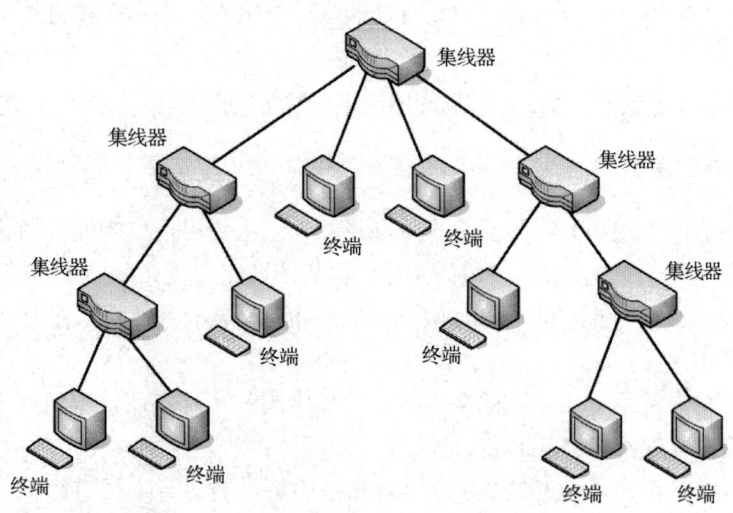

图 5-5　树形拓扑结构示意图

4. 环形拓扑结构

环形拓扑结构（ring）是由网络中若干结点通过点到点的链路首尾相连形成一个闭合的环。这种结构的网络形式主要应用于令牌网中。环中的信息单方向地绕环传送，途经环中的所有结点再回到始发结点。仅当信息中所含的接收方地址与途经结点的地址相同时，该信息才被接收，否则不予理睬。环形拓扑结构的网络上任意结点发出的信息，其他结点都可以收到，因此它采用的传输信道又称广播式信道。图5-6所示是环形拓扑结构示意图。

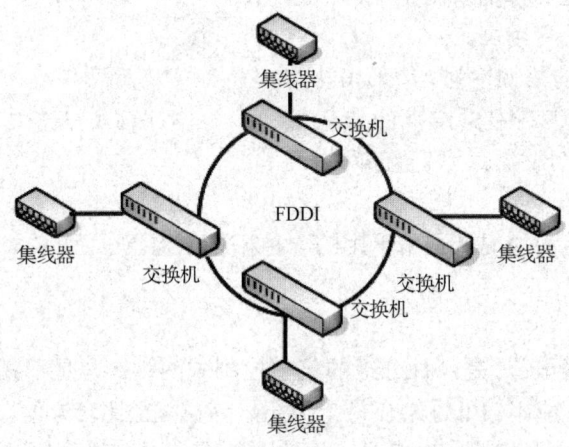

图5-6　环形拓扑结构示意图

环形拓扑结构网络的优点在于结构比较简单、安装方便，传输率较高。但单环结构的可靠性较差，当某一结点出现故障时，会引起通信中断。有些网络系统为了提高通信效率和可靠性，采用了双环结构，即在原有的单环上再套一个环，使每个结点都具有两个接收通道。

环形拓扑结构是组建大型、高速局域网的主干网常采用的拓扑结构，如光纤主干环网。

5. 网状拓扑结构

网状拓扑结构（mesh）实际上是不规则形式，它主要用于广域网。网状拓扑结构中任意两个结点之间的通信线路不是唯一的。若某条通路出现故障或拥挤阻塞，可绕道其他通路传输信息。因此它的可靠性较高，但成本也较高。图5-7所示是网状拓扑结构示意图。

网状拓扑结构常用于广域网的主干网中，如中国教育和科研计算机网（CERNET）、中国公用计算机互联网（ChinaNet）等。

还有一种网状拓扑是全互联型的。这种拓扑的特点是每一个结点都有一条链路与其他结点相连，所以它的可靠性非常高，但成本太高，除了特殊场合，一般较少使用。

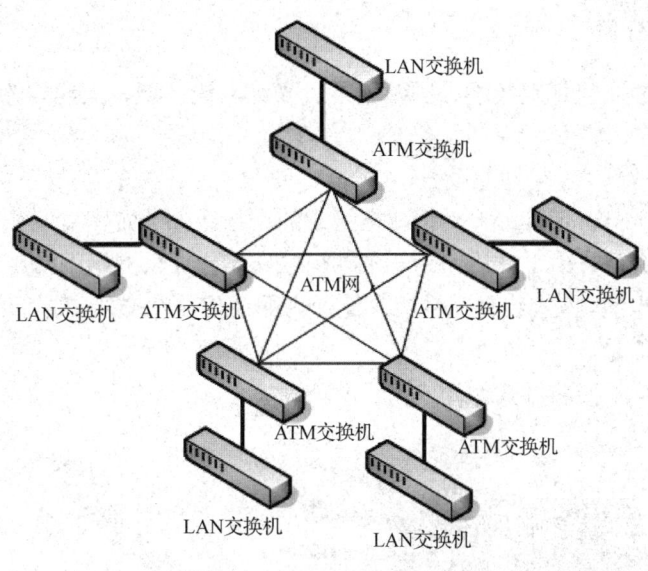

图 5-7　网状拓扑结构示意图

在实际的使用中，可以根据成本、通信需求、可靠度要求等多方面去衡量，采用不同的混合型结构来搭建所需要的网络环境。实际上，复杂的网络拓扑结构往往是星形、总线型和环形 3 种基本结构的组合，即混合型拓扑结构，其示意图如图 5-8 所示。

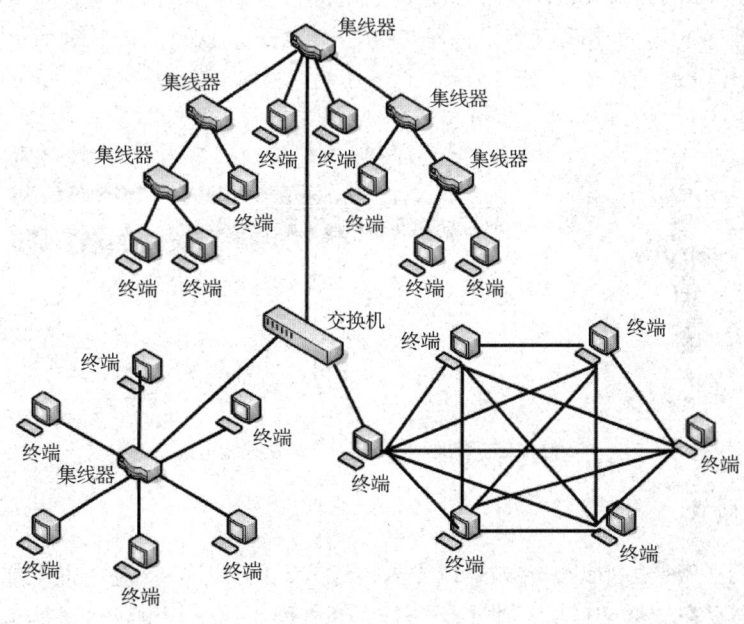

图 5-8　混合型拓扑结构示意图

5.1.6 网络传输介质

常用的传输介质包括双绞线、同轴电缆、光纤网线,以及无线传输介质。

1. 双绞线

双绞线(twisted pair cable)是把两根绝缘的铜导线按一定密度互相绞在一起,形成有规则的螺旋形介质,由 1 对线作为一条通信线路。计算机网络中常用的是由 4 对双绞线构成的双绞线电缆。双绞线是一种被广泛使用的通信传输介质,既可以传输模拟信号,也可以传输数字信号。

双绞线与 RJ-45 接头方式如图 5-9 所示。

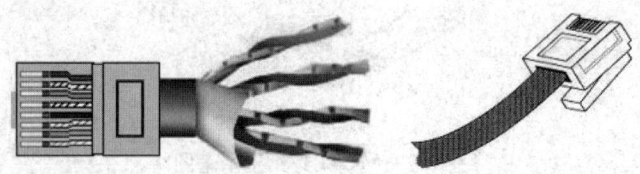

图 5-9 双绞线与 RJ-45 接头方式

2. 同轴电缆

同轴电缆(coaxial cable)是由一根空心的圆柱形导体围绕着单根内导体构成的。内导体为实心或多芯硬质铜线电缆,外导体为硬金属或金属网,内外导体之间有绝缘材料,如图 5-10 所示。

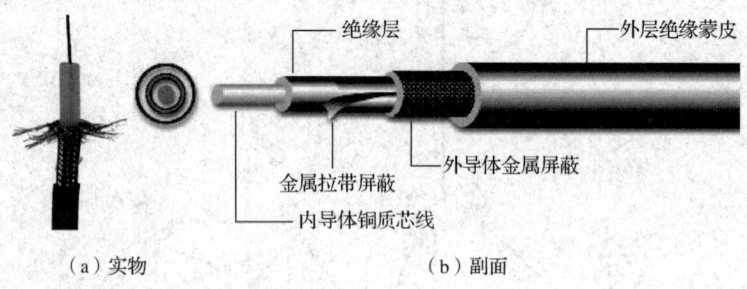

(a)实物 (b)剖面

图 5-10 同轴电缆实物与剖面示意图

3. 光纤网线

光纤网线(fiber optic cable)是以光为传递方式的介质,完全不受电波干扰。在这种网线上,光只在塑料或玻璃纤维里面传导,其外面则由一层薄薄的被称为 cladding 的外衣保护着,然后整根或多根导线则隔着一层绝缘材料被包裹在塑料外套里面,如图 5-11 所示。

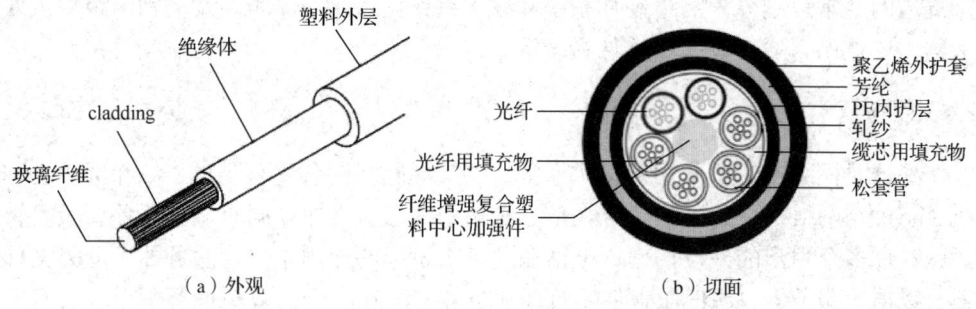

图 5-11　光纤外观及切面示意图

光纤是数据传输中最有效的一种传输介质,有以下几个优点:
1) 频带较少干扰,不容易被窃听,通信容量大。
2) 电磁绝缘性能好。光纤电缆中传输的是光束,由于光束不受外界电磁干扰与影响,而且本身也不向外辐射信号,因此它适用于长距离的信息传输以及要求高度安全的场合。
3) 衰减较小。可以说在较长距离和范围内,光纤内的信号是一个常数。
4) 中继器的间隔较大,因此可以减少整个通道中继器的数目,可降低成本。
5) 光纤无串扰和截取数据,因而安全保密性好。

4. 无线传输介质

当通信距离很远时,铺设电缆既昂贵又费时,就需要用到无线传输。无线传输主要有地面微波接力通信和卫星通信,如图 5-12 所示。

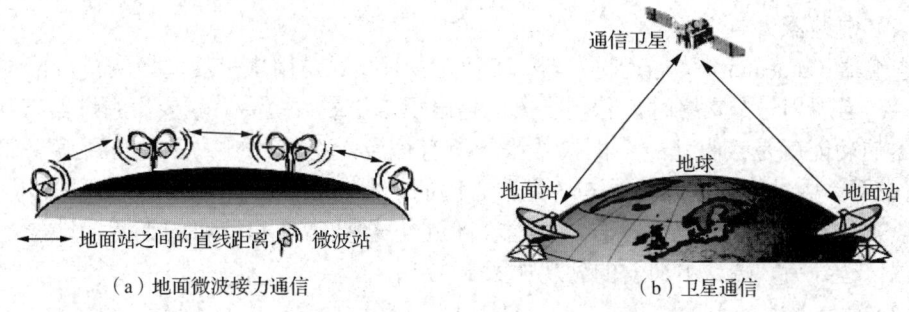

图 5-12　地面微波接力通信和卫星通信

5.2　局域网基本技术

局域网是目前应用最为广泛的计算机网络系统。组建一个局域网,需要从网络的拓扑结构、网络的硬件系统和网络的软件系统等方面进行综合考虑。事实上,采用不同的技术所组成的局域网,其特征是不同的,网络的性能也存在巨大的差异。

局域网通常可划分为网络硬件系统和软件系统两大部分，所涉及的网络组件主要有服务器、工作站、通信设备和软件系统等。

5.2.1 服务器

服务器是网络中为各类用户提供服务，并实现网络的各种管理的中心单元，也称为主机（host）。网络中可共享的资源大部分都集中在服务器中，同时服务器还要负责管理资源，管理多个用户的并发访问。根据在网络中所起的作用不同，服务器可分为文件服务器、数据库服务器、通信服务器及打印服务器等。在一个计算机网络中至少要有一个文件服务器。服务器可以是专用的，也可以是非专用的，一般使用高性能的服务器，特别是内存和外存容量较大、运算速度较快的计算机。在基于 PC 的局域网中也可以使用高档微型计算机。

5.2.2 工作站

网络工作站是可以共享网络资源的用户计算机，也可以称为网络终端设备，通常是一台微型计算机。一般情况下，一个工作站在退出网络后，可作为一台普通微型计算机使用，用于处理本地事务。工作站一旦联网就可以使用服务器提供的各种共享资源。

5.2.3 通信设备

（1）网络适配器

网络适配器简称为网卡，是计算机与网络之间的物理链路，其作用是在计算机与网络之间提供数据传输功能。要使计算机连接到网络中，就必须在计算机中安装网卡。

（2）中继器

中继器（repeater）又称为转发器，工作在物理层，是用来扩展局域网覆盖范围的硬件设备。当规划一个网络时，若网络段已超出规定的最大距离，就要用中继器来延伸。中继器的功能就是接收从一个网段传来的所有信号，将信号放大后发送到另一个网段（网络中两个中继器之间或终端与中继器之间的一段完整的、无连接点的数据传输段称为网段）。中继器有信号放大和再生功能，但它不需要智能和算法的支持，只是将信号从一端传送到另一端。中继器的外观如图 5-13 所示。

（3）集线器

集线器（hub）是一种集中连接线缆的网络组件。有时认为集线器是一个多端口的中继器，二者的区别在于集线器能够提供多端口服务，也称为多口中继器。它使一个端口接收的所有信号向所有端口分发出去，每个输出端口相互独立，当某个输出端口出现故障时，其他输出端口不受其影响。网络用户可通过集线器的端口用双绞线与网络服务器连接在一起。集线器的外观如图 5-14 所示。

图 5-13　中继器

图 5-14　集线器

（4）交换机

交换机（switch）可以称作智能型集线器，采用交换技术，为连接的设备同时建立多条专用线路，当两个终端互相通信时并不影响其他终端的工作，网络的性能得到大大提高。

在具体的组网过程中，通常使用第二层（数据链路层）交换机和具有路由功能的第三层（网络层）交换机。第二层交换机主要用在小型局域网中，具有快速交换、多个接入端和价格低廉的特点。第三层交换机，也称为路由交换机，是传统交换机与路由器的智能结合，这种方式使得路由模块可以与需要路由的其他模块间高速交换数据，从而突破了传统的外接路由器接口速率的限制，并且接口类型简单，价格比相同速率的路由器低，适用于大规模局域网。交换机的外观如图 5-15 所示。

图 5-15　交换机

（5）路由器

路由器（router）是一种可以在不同的网络之间进行信号转换的互联设备。网络与网络之间互相连接时，必须用路由器不定期完成。它的主要功能包括过滤、存储转发、路径选择、流量管理、介质转换等，即在不同的多个网络之间存储和转发分组，实现网络层上的协议转换，将在网络中传输的数据正确传送到下一网段上。路由器的外观如图 5-16 所示。

图 5-16　路由器

（6）网关

网关（gateway）又称网间连接器、协议转换器。网关在传输层实现网络互联，用于两个高层协议不同的网络互联，它可以用于广域网互联，也可用于局域网互联。网关的外观如图 5-17 所示。

图 5-17　网关

5.2.4 计算机网络软件系统

计算机系统是在计算机软件的控制和管理下进行工作的。同样，计算机网络系统也要在网络软件的控制和管理下才能进行工作。计算机网络软件系统主要指网络操作系统和网络应用软件。

（1）网络操作系统

网络操作系统是指能够控制和管理网络资源的软件系统。它的主要功能是控制和管理网络的运行、资源管理、文件管理、通信管理、用户管理和系统管理等。网络服务器必须安装网络操作系统，以便对网络资源进行管理，并为用户机提供各种网络服务，目前，常用的网络操作系统有 UNIX、Linux、Windows Server 2003/2008 和 Novell NetWare 等。

（2）网络应用软件

网络应用软件是根据用户的需要开发出来的。网络应用软件能够为用户提供各种服务。网络应用软件随着计算机网络的发展和普及也越来越丰富，如浏览器软件、传输软件、电子邮件管理软件、游戏软件、聊天软件等。

习　题

一、选择题

1. 计算机网络最突出的优点是（　　）。
   A. 运算速度快 B. 联网的计算机能够相互共享资源
   C. 计算精度高 D. 内存容量大
2. 计算机网络按使用范围划分为（　　）。
   A. 广域网、城域网、局域网 B. 专用网、公用网
   C. 低速网、高速网 D. 部门网、公用网
3. 将文件从 FTP 服务器传输到客户机的过程称为（　　）。
   A. 上传　　　　B. 下载　　　　C. 浏览　　　　D. 计费
4. 下列接入网络方式，速度最快的是（　　）。
   A. GPRS　　　 B. ADSL　　　 C. ISDN　　　 D. LAN
5. 计算机网络中实现互联的计算机之间是（　　）进行工作的。
   A. 独立　　　　B. 并行　　　　C. 相互制约　　D. 串行
6. 在计算机网络中处理通信控制功能的计算机是（　　）。
   A. 通信线路 B. 终端
   C. 主计算机 D. 通信控制处理机
7. 一座大楼内的一个计算机网络系统属于（　　）。
   A. PAN　　　　B. LAN　　　　C. MAN　　　　D. WAN

8. 下列对广域网的作用范围叙述中，最准确的是（　　）。
   A．几千米到几十千米　　　　B．几十千米到几百千米
   C．几百千米到几千千米　　　D．几千千米以上
9. 计算机网络的目的是（　　）。
   A．提高计算机的运行速度　　B．连接多台计算机
   C．共享软、硬件和数据资源　D．实现分布处理

二、填空题

1. 计算机网络是_____技术和_____技术相结合的产物。
2. 计算机网络系统是由通信子网和_____组成的。
3. 局域网的英文缩写为_____，城域网的英文缩写为_____，广域网的英文缩写为_____。
4. 目前，实际存在与使用的广域网基本都是采用_____拓扑结构。
5. 按照传输介质分类，计算机网络可以分为_____和_____。

三、判断题

1. 局域网的地理范围一般在几千米之内，具有结构简单、组网灵活的特点。（　　）
2. 只要将几台计算机使用电缆连接在一起，计算机之间就能够通信。（　　）
3. 在计算机网络中只能共享软件资源，不能共享硬件资源。（　　）

第 6 章　Internet 与互联网+

Internet 意为"互联网",我国的科学词汇称为"因特网",是世界最大的全球性的计算机网络,于 20 世纪 80 年代起源于美国并很快得到飞速发展。该网络将遍布全球的计算机连接起来,使得人们可以共享全球信息,它的出现标志着网络时代的到来。

6.1　Internet 基础

从信息资源的角度来看,Internet 是一个集各个部门、各个领域的各种信息资源为一体的,供网上用户共享的信息资源网。它将全球数万个计算机网络、数千万台主机连接起来,包含了海量的信息资源,可以向全世界提供信息服务。

从网络通信的角度来看,Internet 是一个基于 TCP/IP 的连接各个国家、各个地区、各个机构计算机网络的数据通信网。今天的 Internet 已经远远超过了一个网络的含义,它是一个信息社会的缩影。

6.1.1　Internet 的产生与发展

Internet 起源于美国。1969 年,美国国防部高级计划研究署建立了一个称为 ARPAnet 的计算机网络,将美国重要的军事基地与研究单位用通信线路连接起来。首批联网的计算机只有 4 台,1977 年扩充到 100 余台。为了在不同的计算机之间实现正常的通信,ARPA 制定了一个称为 TCP/IP 的通信协议,供联网用户共同遵守。

1981 年从 ARPA 网中分裂出一个供军用的 MILnet 网,但 ARPA 网与 MILnet 仍互有联系。1986 年,美国国家科学基金会组成了 NSFnet 网,之后它又与美国当时最大的另外 5 个主干网连接,从而取代了 ARPA 网。到 1989 年,与 NSFnet 相连的网络已达 500 个。除美国国内的网络外,加拿大、英国、法国、德国等国的网络也相继加入,并继续共同遵守 TCP/IP,于是形成了一个覆盖全球的网络——Internet。Internet 于 20 世纪 80 年代后期开始向商务开放,从而吸引了一批又一批的商业用户,联网计算机数量迅速增长,受到人们的欢迎。

现在,人们对信息资源的开发和使用越来越重视。随着计算机网络技术的发展,Internet 已经成为一个开发和使用信息资源的覆盖全球的信息海洋。

中国早在 1987 年就由中国科学院高能物理研究所首先通过 X.25 租用线实现了国际远程联网。1994 年 5 月,高能物理研究所的计算机正式接入 Internet,与此同时,以清华大学为网络中心的中国教育与科研网也于 1994 年 6 月正式接入 Internet。1996 年 6 月,中国最大的 Internet 互联子网 ChinaNet 也正式开通并投入运营,至此在中国掀起了一股研究、学习和使用 Internet 的浪潮。

6.1.2 Internet 的特点

Internet 具有以下特点。

1. 开放性

Internet 不属于任何一个国家、部门、单位、个人,并没有一个专门的管理机构对整个网络进行维护。任何用户或计算机只要遵守 TCP/IP 都可以连入 Internet。

2. 共享性

Internet 用户在网络上可以随时查阅共享的信息和资料。若网络上的主机提供共享型数据库,则可供查询的信息更多。

3. 资源的丰富性

Internet 中有数以万计的计算机,形成了巨大的计算机资源,可以为全球用户提供极其丰富的信息资源,涉及自然、社会、科技、政治、历史、商业、金融、卫生、娱乐、天气预报、政府决策等领域。

4. 平等性

Internet 是不分等级的。个人、企业、政府组织之间可以是平等的、无等级的。

5. 交互性

Internet 是平等自由的信息沟通平台。其中的信息的流动和交互是双向的,信息沟通双方可以平等地与另一方进行交互,及时获得所需信息。

另外,Internet 还具有技术的先进性、合作性、虚拟性、个性化和全球化等特点。人们利用这些特点,丰富了人类交流的途径,加快了交流速度,缩短了全世界范围内人与人之间的距离。

6.2 TCP/IP

Internet 和其他网络一样,为使网络之间的计算机都在各自的环境中能够实现相互通信,必须有一套通信协议,这就是 TCP/IP,它帮助 Internet 成功地解决了不同网络之间的互联问题,实现了异网互联通信。

6.2.1 网络分层结构

网络分层来源于服务分层的需要。例如,我们要给好朋友写一封信,这时我们会把信写好装入信封,并在信封上写好收件人的邮编、地址和姓名。邮局从信封上读取信息后,按照区域将很多封信打包再交给运输部门运送。到达目的地区后,运输部门按照包裹上的信息提示将包裹送到指定的目标邮局。目标邮局拆开包裹分拣出每一封信，再按照信封地址进行分发。在这个过程中，写信人和收信人负责读/写信件，邮局负责收取和分发信件，运输部门负责运送信件，这就是运用了服务分层的方法，通过明确的分工使整个邮寄件系统高效、准确地运行。图 6-1 所示为邮局服务分层示意图。

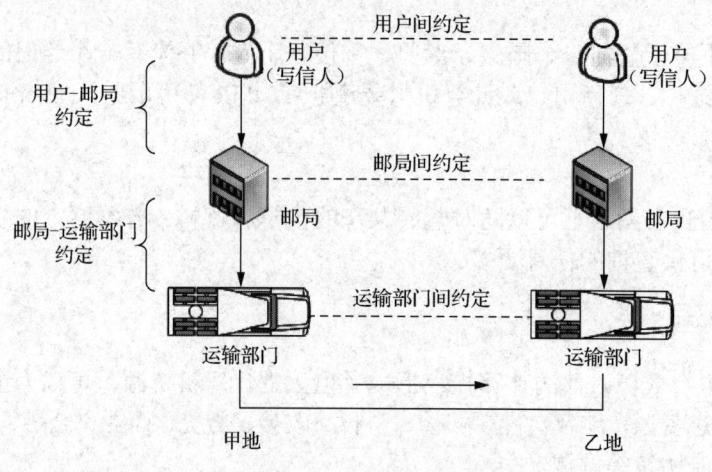

图 6-1　邮局服务分层示意图

可以说，分层的结果是将一个复杂的服务系统，按一定的原则分解成为一个具有层次结构的逻辑模型。

6.2.2　网络通信协议

类似地，将网络提供的服务进行分层管理和控制，将计算机网络及其提供的服务抽象成为具有层次结构的逻辑框架，便是网络的逻辑模型。在此基础上，按不同层次的服务功能，组织各层相应的服务规则和服务方式，这些规则和方式统称为网络通信协议。图 6-2 所示为网络服务分层。我们在谈到计算机网络发展史的时候曾经介绍过两种网络体系结构，分别是 OSI 和 TCP/IP，它们都具有层次结构。

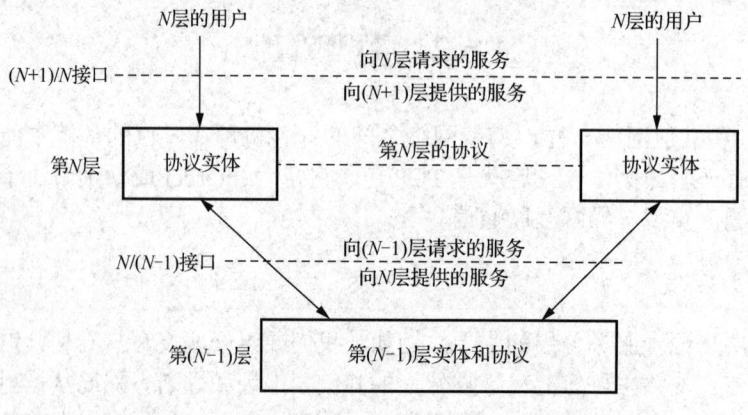

图 6-2　网络服务分层

6.2.3 TCP/IP 模型

作为 Internet 实际使用标准的 TCP/IP 模型将网络通信分为了 4 个层次，如表 6-1 所示。

表 6-1 TCP/IP 模型的 4 层结构

应用层	面向用户提供各种应用服务； 创建一个请求或服务
传输层	为通信双方建立和提供可靠的通信联系，并保证数据传输服务的质量； 建立连接，并管理一个请求或服务的传送
网络层	编址并路由选择； 通过路由选择，为"传送"确定一个目的地址和传输路径
网络接口层	控制和访问通信介质，并完成一个请求或服务数据的物理传送； 实际传送 0/1 的数据流

自下而上，网络接口层控制和访问通信介质，并完成一个请求或服务数据的物理传送；网络层编址并进行路由选择；传输层为通信双方建立和提供可靠的通信联系，并保证数据传输服务的质量；应用层面向用户提供各种网络应用服务。

6.2.4 TCP/IP 集合

通常所说的 TCP/IP 其实是一个协议集合（表 6-2），由最主要的两个协议，即传输层协议——传输控制协议（transmission control protocol，TCP）和网络层协议——网际协议（internet protocol，IP）来命名，其应用层协议包括超文本传输协议（hypertext transfer protocol，HTTP）、邮局协议（post office protocol-version3，POP3）、简单邮件传输协议（simple mail transfer protocol，SMTP）、文件传输协议（file transfer protocol，FTP）、域名系统（domain name system，DNS）等。

表 6-2 TCP/IP 集合

应用层协议	HTTP、POP3、SMTP、FTP、DNS 等应用协议
传输层协议	TCP
网络层协议	IP
网络接口层	为实现数据在不同底层物理网络上传送，支持各种物理网络的硬件设备驱动和介质访问控制协议； 协议与具体的物理网络有关，并不在 TCP/IP 的定义之列

1. 传输控制协议 TCP

TCP 对应于开放式系统互联模型 OSI/RM 七层中的传输层协议，它是面向"连接"

的。在进行数据通信之前，通信双方必须建立连接后才能进行通信。在通信结束后，还要终止它们的连接。

TCP 的主要功能是对网络中的计算机和通信设备进行管理。它规定了信息包应该怎样分层、分组，如何在收到信息包后重新组合数据，以及以何种方式在线路上传输信号。

2. 网际协议 IP

IP 对应于开放式系统互联模型 OSI/RM 七层中的网络层协议。它制定了所有在网上流通的数据包标准，提供跨越多个网络的单一数据包传送服务。IP 的功能是无连接数据报传送、数据报路由选择及差错处理等。

6.2.5 地址和域名

Internet 的核心协议是 IP 协议，目的是将数据从原结点传送到目的结点。为了正确地传送数据，每一个网络设备（如主机、路由器）都有一个唯一的标识，即 IP 地址。

1. IP 地址

就像通信地址一样，任何连入 Internet 的计算机都要给它编上一个地址，以便快捷地实现计算机之间的相互通信。Internet 是根据网络地址识别计算机的，此地址称为 IP 地址。

在计算机网络中，一个 IP 地址由 32 位二进制数字组成，共占 4 个字节，每个字节之间用 "." 作为分隔符，值是 0~255。例如，某校园网中一台计算机的 IP 地址为

11001010.00100110.01000000.00000001

该地址可表示成如图 6-3 所示的样式。

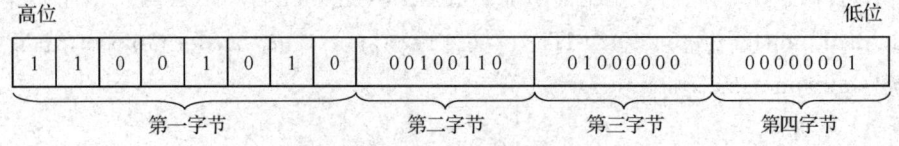

图 6-3 IP 地址二进制表示法

通信时要用 IP 地址来指定目的地的计算机地址。

为便于记忆和书写，一个 IP 地址通常可用 4 组十进制数表示，每组十进制数用 "." 隔开。上面表示的 IP 地址可用十进制数表示为 202.38.64.1。

IP 地址不能任意使用。在需要使用 IP 地址时，需向管理本地区的网络中心申请。

IP 地址包括网络部分和主机部分，即该计算机是属于哪个网络组织，它在该网络中的地址是什么。网络部分指出 IP 地址所属的网络，主机部分指出这台计算机在网络中的位置。这种 IP 地址结构使得在 Internet 上进行寻址很容易，先按 IP 地址中的网络号找到网络，然后在该网络中按主机号便可找到主机。

IP 地址可分为 A、B、C、D、E 5 类。

（1）A 类地址

A 类网络地址被分配给主要的服务提供商。IP 地址的前 8 位二进制代表网络部分，取值 00000000～01111111（十进制数 0～127），后 24 位代表主机部分。A 类地址的格式如图 6-4 所示。

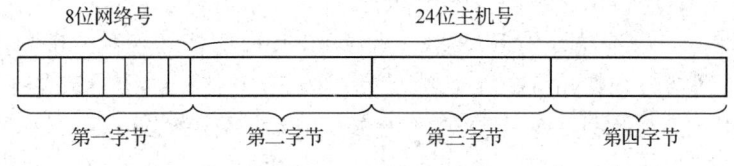

图 6-4　A 类 IP 地址

A 类地址网络号的最高位必须为 0，其余任取。例如，121.110.10.8 属于 A 类地址。

（2）B 类地址

B 类地址分配给拥有大型网络的机构。该类 IP 地址的前 16 位二进制代表网络部分，其中前 8 位的二进制取值范围是 10000000～10111111（十进制数是 128～191）；后 16 位代表主机部分。例如，某台计算机的 IP 地址是 138.131.21.56，属于 B 类地址。B 类地址的格式如图 6-5 所示。

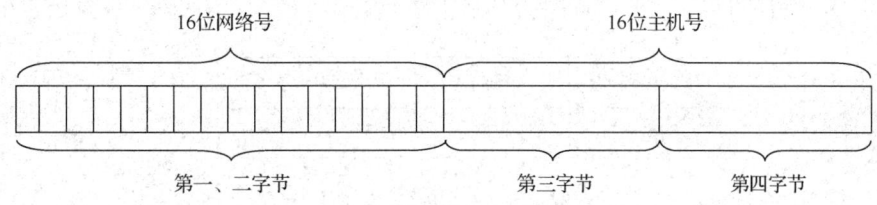

图 6-5　B 类 IP 地址

（3）C 类地址

C 类地址分配给小型网络的机构。该类 IP 地址的前 24 位二进制代表网络部分，其中前 8 位的二进制取值范围是 11000000～11011111（十进制数是 192～223）；后 8 位代表主机部分，主机数最多为 254 台。例如，某台计算机的 IP 地址是 198.112.10.1，属于 C 类地址。C 类地址的格式如图 6-6 所示。

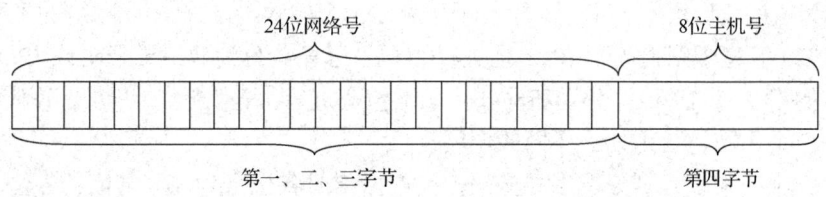

图 6-6　C 类 IP 地址

（4）D 类地址

D 类地址是为多路广播保留的。该类 IP 地址的前 8 位的二进制取值范围是 11100000～11101111（十进制数年是 224～239）。

（5）E 类地址

E 类地址是实验性地址，保留未用。该类 IP 地址的前 8 位的二进制取值范围是 11110000～11110111（十进制数是 240～247）。

目前 IP 地址的版本简称为 IPv4 版。随着 Internet 的快速增长，32 位 IP 地址空间越来越紧张，网络号很快用完，迫切需要新版本的 IP 协议，于是产生了 IPv6 协议。IPv6 协议使用 128 位地址，它支持的地址数是 IPv4 协议的 296 倍，这个地址空间足够大，以至于号称地球上的每一粒沙子都有一个 IP 地址。IPv6 协议在设计时，保留了 IPv4 协议的一些基本特征，这使采用新老技术的各种网络系统在 Internet 上都能够互联。

2. 子网掩码

在给网络分配 IP 地址时，有时为了便于管理和维护，可以将网络分成几个部分，每个部分称为子网，即在网络内部分成多个部分，但对外仍像任何一个单独网络一样运作。

一个被子网化的 IP 地址包含网络号、子网号、主机号 3 个部分，如图 6-7 所示。

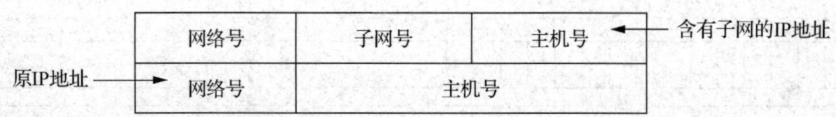

图 6-7　子网化的 IP 地址

划分子网的方法是用主机号的最高位来标识子网号，其余表示主机号。例如，一个 B 类网 168.166.0.0，如果选取第三个字节的最高两位用于标识子网号，则有 4 个子网。这 4 个子网分别为 168.166.0.0、168.166.64.0、168.166.128.0 和 168.166.192.0。由于子网的划分无统一的算法，单从 IP 地址无法判断一台计算机处于哪个子网，为此引入了子网掩码。

子网掩码也是一个 32 位的数字，其构成规则是：所有标识网络号和子网号的部分用 1 表示，主机地址用 0 表示。那么上面分成 4 个子网的 168.166.0.0 网络的子网掩码为 255.255.192.0。将子网掩码和 IP 地址进行"与"运算，得到的结果表明该 IP 地址所属的子网。如果 2 个 IP 地址分别和同一个子网掩码进行"与"运算，结果相同则表明它们处于同一个子网，否则处于不同的子网。

如果一个网络没有划分子网，子网掩码的网络号各位全为 1，主机号各位全为 0，这样得到的子网掩码为缺省子网掩码。A 类地址的缺省子网掩码为 255.0.0.0；B 类网络的缺省子网掩码为 255.255.0.0；C 类网络的缺省子网掩码为 255.255.255.0。

在 Windows 的网络对话框中可对网络上的主机设置子网掩码,如图 6-8 所示。通常情况下指定静态 IP 地址的主机需要设置子网掩码。

一般拨号上网的计算机采用动态 IP 地址,作为供其他人访问的计算机需要指定静态 IP 地址。为便于网络管理,在局域网上网的计算机通常也分配有静态 IP 地址。

3. 域名（domain name）

由于 IP 地址是由一串数字组成的,因此记住一组无任何特征的IP地址编码是非常困难的。为易于维护和管理,Internet 互联网络上建立了所谓的域名（主机）管理系统（domain name

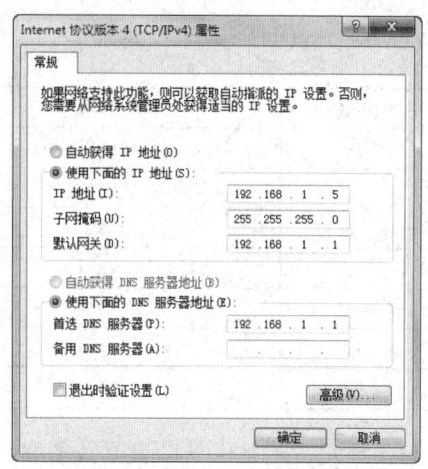

图 6-8　配置 IP 地址和子网掩码

system,DNS),简称域名 DNS 系统,即可以对网络上的计算机赋予一个直观的唯一标识名（英文或中文名）,即域名。DNS 主要提供了一种层次型命名方案,就像家庭住址所采用的城市、街道、门牌号表示的一种层次型地址。主机或机构有层次结构的名字在 Internet 中称为域名。DNS 提供主机域名和 IP 地址之间的转换服务。如 www.163.com 是网易的域名地址。

凡是能使用域名的地方,都可使用 IP 地址。

域名命名的一般格式为

　　　　　　　计算机名.组织机构名.网络名.最高层域名

域名的各部分之间用"."隔开,按从右到左的顺序,依次表示顶级域名、网络机构域名、组织单位域名和一般机器的主机名。域名长度不超过 255 个字符,由字母、数字或下划线组成,以字母开头,以字母或数字结尾,域名中的英文字母不区分大小写。常用的顶级域名如表 6-3 和表 6-4 所示。

表 6-3　常用机构顶级域名

域名	机构类型	域名	机构类型
com	商业系统	firm	商业或公司
edu	教育系统	store	提供购买商品的业务部门
gov	政府机关	web	主要活动与 WWW 有关的实体
mil	军队系统	arts	以文化活动为主的实体
net	网络管理系统	rec	以消遣性娱乐活动为主的实体
org	非营利性组织	info	提供信息服务的实体
nom	有针对性的人员或个人的命令	int	国际组织

表 6-4 常用国家或地区顶级域名

域名	国家	域名	国家
cn	中国	ca	加拿大
au	澳大利亚	ch	瑞士
de	德国	dk	丹麦
fr	法国	es	西班牙
it	意大利	ru	俄罗斯
jp	日本	nz	新西兰
uk	英国	us	美国（或不写）

例如，某台计算机的域名是 www.tsinghua.edu.cn，这表明该台计算机对应的网络主机属于中国（cn）、教育机构（edu）。"tsinghua"为组织名计算机。"www"说明是一服务网站，表示一般是基于 HTTP 的 Web 服务器，为一机器名称。

Internet 主机的 IP 地址和域名具有相同地位。在通信时，通常使用的是域名，计算机经由 DNS 自动将域名翻译成 IP 地址。

6.3 Internet 接入与应用

Internet 为公众提供了各种接入方式，以满足用户的不同需要，包括电话拨号上网、利用调制解调器接入、利用数字用户线路（digital subscriber line，DSL）、无线接入、高速局域网接入等。

人们使用 Internet 的目的，就是利用 Internet 为人们提供的服务，如万维网 WWW（world wide web）、电子邮件（E-mail）、远程登录（Telnet）、文件传输（file transfer protocol，FTP）、专题讨论（UseNet）、电子公告板服务（bulletin board system，BBS）、信息浏览服务（gopher）、广域信息服务（wide area information service，WAIS），为生产、生活、工作和交流提供帮助。

Internet 改变了人们传统的信息交流方式。

6.3.1 Internet 接入技术

在接入 Internet 之前，用户首先要选择一个网络服务商（Internet service provider，ISP）和一种适合自己的接入方式。国内大多数用户选择的 ISP 为 ChinaNet 或 ChinaGBN。

1. ADSL 接入技术

ADSL 的全名是非对称数字用户线路（asymmetric digital subscriber line），它是基于公众电话网提供宽带数据业务的技术，也是目前极具发展前景的一种接入技术，有"网络快车"的美称。ADSL 是在铜线上分别传输数据和语音信号，数据信号并不通过电话交换机设备，减轻了电话交换机的负载。ADSL 属于一种专线上网方式，其支持的上行速率为 640Kb/s～1Mb/s，下行速率为 1Mb/s～8Mb/s，具有下行速率高、频带宽、性能好、安装方便、不需要交纳电话费等特点，所以受到广大用户的欢迎，成为继 modem、ISDN 之后的又一种全新的、更快捷、更高效的接入方式。

接入 Internet 时，用户需要配置一个网卡及专用的 modem，可采用专线上网方式（即拥有固定的静态 IP）或虚拟拨号方式（不是真正的电话拨号，而是用户输入账号、密码，通过身份验证，获得一个动态的 IP 地址）。

2. 无线接入

用户不仅可以通过有线设备接入 Internet，也可以通过无线设备接入 Internet。采用无线接入方式一般适合接入距离较近、布线难度大、布线成本较高的地区。目前常见的接入技术有蓝牙技术、全球移动通信系统（global system for mobile communication，GSM）、通用分组无线业务（general packet radio service，GPRS）、码分多址（code division multiple access，CDMA）、第三代数字通信（3rd generation，3G）、第四代数字通信（4rd generation，4G）等。其中，蓝牙技术一般适用于范围在 10m 以内的多设备之间的信息交换，如手机与计算机相连，实现 Internet 接入；GPRS、3G、4G 技术目前主要用于个人移动电话通信及上网；4G 通信技术正在成为主流。3G 技术规定移动终端以车速移动时，其传输速度为 144Kb/s，室外静止或步行时速率为 384Kb/s，室内为 2Mb/s；4G 系统能够以 100Mb/s 的速度下载，比拨号上网快 2000 倍，上传的速度也能达到 20Mb/s，并能满足几乎所有用户对于无线服务的要求；目前，人们已提出了第五代数字通信（5th generation，5G）技术，该技术将真正意义上实现网络的融合。

此外，Internet 接入技术还有综合业务数字网（integrator services digital network，ISDN）、数字数据网（digital data network，DDN）、VDSL、Cable Modem（线缆调制解调器）、高速局域网接入技术、LMDS（社区宽带无线接入技术）等。

6.3.2 WWW 服务

WWW 又称为环球信息网，简称 Web，在我国科学词汇中被称为万维网。万维网将世界各地的信息资源以特有的含有"链接"的超文本形式组织成一个巨大的信息网络。用户只需单击相关单词、图形或图标，就可从一个网站进入另一个网站，浏览或获取所需的东西、声音、视频及图像内容。

WWW 基于超文本传输协议，采用超文本、超媒体的方式进行信息的存储和传递，并能将各种信息资源有机地结合起来，具有图文并茂的信息集成能力及超文本链接能力。这种信息检索服务程序起源于 1992 年欧洲粒子研究中心推出的一个超文本方式的信息查询工具。超文本含有许多相关文件的接口，称为超链接（hyperlink）。用户只需单击文件中的超链接词汇、图片等，便可即时链接到该词汇或图片等相关的文件上，无论该文件存放在何地的何种网络主机上。

WWW 以非常友好的图形界面，简单方便的操作方法，以及图文并茂的显示方式，使用户可以轻松地在 Internet 各站点之间漫游，浏览从文本、图像到声音，乃至动画等各种不同形式的信息。

Internet 中 WWW 的规模以每年上百倍的速度在增长，大大超过了其他 Internet 服务。每天都有新出现的提供 WWW 商业或非商业服务的站点。WWW 的普及已开始改变各企事业单位的经营和工作方式。

6.3.3 Web 浏览器及 IE 9.0 的使用方法

Web 浏览器是目前从网上获取信息方便而直观的渠道，也是大多数人上网的首要选择。Microsoft Internet Explorer（微软互联网探险家，简称 IE）是 Internet 上使用最为广泛的 Web 浏览器软件。在与 Internet 连接之后，用户就可以使用 Web 浏览器"IE"浏览网页了。下面简单介绍 IE 9.0（以下简写 IE）的使用方法。

1. 主窗口介绍

IE 的主窗口由标题栏、菜单栏、标准工具栏、地址栏、链接工具栏、Web 浏览窗口、状态栏组成，如图 6-9 所示。

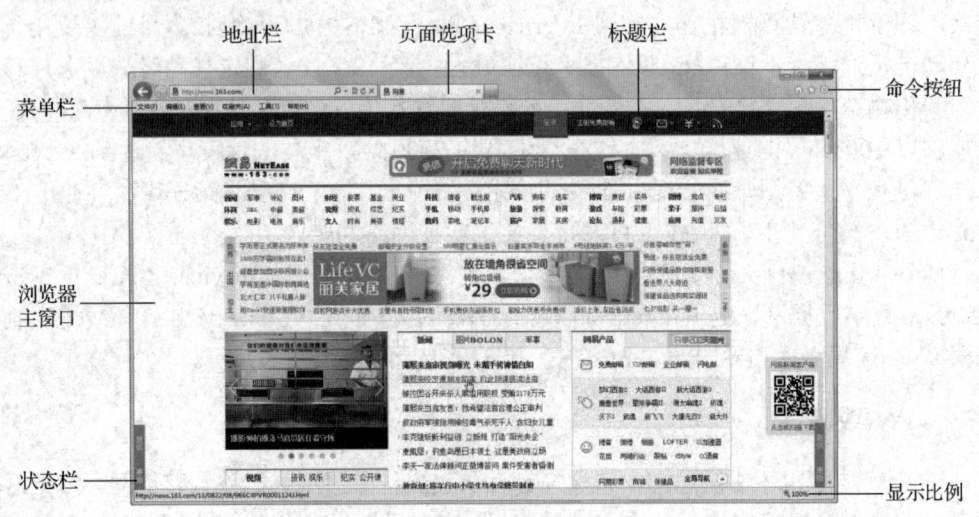

图 6-9 IE 9.0 窗口

（1）菜单栏

通过菜单栏可以实现浏览器的所有功能，包括浏览、保存、收藏等功能。

（2）命令按钮

后退、前进、主页、查看收藏夹等按钮，各个按钮的功能如下。

后退：显示当前页面之前浏览的页面。

前进：显示当前页面之后浏览的页面。

主页：打开 IE 浏览器默认的起始主页。

查看收藏夹：显示收藏夹内容。

（3）地址栏

地址栏显示当前打开的 Web 页面的地址，用户也可以在地址栏中重新输入要打开的 Web 页面地址。地址是以 URL（统一资源定位器，uniform resource locator）形式给出的。URL 是用来定位网上信息资源的位置和方式，其基本语法格式为

通信协议://主机:端口/路径/文件名

其中：

通信协议是指提供该文件的服务器所使用的通信协议，如 HTTP、FTP 等协议。

主机是指上述服务器所在主机的域名。

端口是指进入一个服务器的端口号，它是用数字来表示的，一般可缺省。

路径是指文件在主机上的路径。

文件名是指文件的名称，在缺省的情况下，首先会调出称为"主页"的文件。

例如，Http://www.163.com/ty/index.asp，其中 Http 为数据传输的通信协议，www.163.com 为主机域名，/ty/代表路径，index.asp 是文件名。

又如，ftp://ftp.cdzyydx.org:8001/pub/jsjjc.rar，表示 FTP 客户程序将从站点 ftp.cdzyydx.org 的 8001 端口连入。

在地址栏中，另外还有搜索 、刷新 和停止 3 个按钮。

搜索：单击此按钮，地址栏会弹出搜索关键字列表框，单击某个关键字可进行搜索，并将结果在浏览窗口中显示出来。

刷新：或按【F5】功能键，重新下载当前页面的内容。

停止：或按【Esc】键，停止下载当前页面的内容。

（4）页面选项卡

浏览某个网页时，该网页的窗口以选项卡的形式排列在地址栏的右侧，用户也可改变网页窗口的显示方式，方法是依次单击"选项"→"Internet 选项"→"常规"→"设置"命令，在弹出的"选项卡浏览设置"对话框中，根据需要进行设置即可。

（5）Web 浏览窗口

Web 浏览窗口用于浏览从网上下载的文档以及图片等信息。

（6）状态栏

状态栏中显示了当前的状态信息，包括打开网页、搜索 Web 地址、显示下载速度、确认是否脱机浏览以及网络类型号信息。

2. Web 浏览

IE 浏览器最基本的功能是在 Internet 上浏览 Web 页。浏览功能是借助于超级链接实现的。超级链接将多个相关的 Web 页连接在一起，方便用户查看信息。

打开 IE 浏览器后，在屏幕最先出现的主页是起始主页，在页面中出现的彩色文字、图标、图像或带下划线的文字等对象都可以是超级链接，单击这些对象可进入超级链接所指向的 Web 页。

（1）查找指定的 Web 页

查找指定的 Web 页可使用下面几种常用方法。

1）直接将光标定位在地址栏，输入 URL 地址。

2）单击地址栏右侧的下拉列表按钮，列出最近访问过的 URL 地址，从中选择要访问的地址。

3）在"收藏"下拉菜单中选择要找的 Web 页地址。

（2）脱机浏览 Web 页

用户可以通过单击"文件"菜单中的"脱机工作"命令，实现不连接 Internet 而直接脱机浏览 Web 页。如果使用脱机浏览可以对保存到本机的 Web 页在不在线的情况下进行浏览。

用户在网上浏览时，系统会在临时文件夹（temporary internet files）中将浏览的页面存储起来，所以临时文件夹是在硬盘上存放 Web 页和文件（如图形）的地方，用户可以直接通过临时文件夹打开 Internet 上的网页，提高访问的速度。

3. 收藏 Web 页

在浏览 Web 页时，会遇到一些经常访问的站点。为了方便再次访问，可以将这些 Web 页收藏起来。单击"收藏夹"菜单中的"添加到收藏夹"命令，或单击"查看收藏夹"按钮 ，在打开的"收藏夹"窗格中单击"添加到收藏夹"按钮，都会打开"添加到收藏夹"对话框。在该对话框中输入站点名称，单击"添加"按钮完成收藏 Web 页的操作。

4. 查看历史记录

IE 中的历史记录是指自动存储了已经打开的 Web 页的详细资料。借助历史记录，在网上可以快速返回以前打开过的网页。操作方法如下：单击 IE 右上角的"查看收藏夹"按钮 ，在弹出的列表框中单击"历史记录"选项卡，单击选择要访问的网页标题的超链接，就可以快速打开这个网页。

如果不需要这些历史记录，用户可以清除历史记录。操作方法如下：单击"工具"菜单中的"Internet 选项"，在"Internet 选项"对话框中单击"常规"选项卡，可以设置网页保存的历史记录的天数或清除历史记录，如图 6-10 所示。

5. 保存 Web 页

用户在网上浏览时，也可以保存 Web 页信息，操作步骤如下：

1）保存当前页。单击"文件"菜单，选择"另存为"命令，打开"保存网页"对话框，如图 6-11 所示。

2）在"导航"窗格中选择保存网页的文件夹，在"文件名"文本框处输入要保存的文件名，在"保存类型"框中选择保存文件的类型，单击"保存"按钮，网页保存成功。

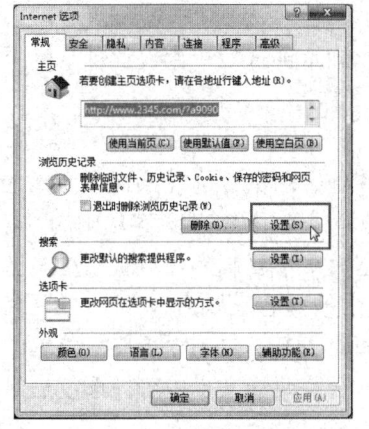
图 6-10 "Internet 选项"对话框

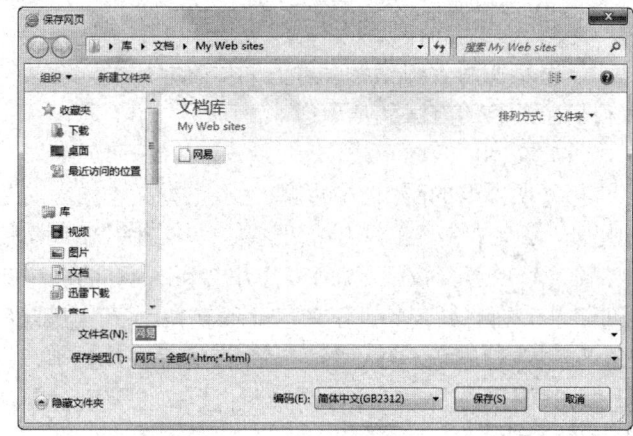
图 6-11 "保存网页"对话框

6. 打印 Web 页

用户也可以选择打印 Web 页中的一部分或者全部内容。

1）在网页打印之前，可以通过"文件"菜单中的"页面设置"命令，对页面的打印属性进行设置。

2）页面设置完成后，选择"文件"菜单中的"打印"命令，打开"打印"对话框。在该对话框中设置好打印参数后，单击"确定"按钮，即可打印当前 Web 页。

要打印网页，也可以单击"命令栏"上的"打印"按钮 （执行"查看"→"工具栏"→"命令栏"，可打开"命令栏"），直接打印 Web 页的全部内容。

6.3.4 资源检索与下载

1. WWW 网上信息资源检索

在 WWW 网上进行信息资源检索的方法有以下两种：在 IE 的 URL 地址栏中直接输入要搜索的关键词；使用百度等搜索工具，并在搜索框中输入要搜索的关键词。

2. 使用搜索引擎检索

搜索引擎是一种搜索其他目录和网站的检索系统。搜索引擎网站可以将查询结果以统一的清单形式返回。

目前，在 WWW 网上，具有代表性的中文搜索引擎有百度（http://www.baidu.com）、360 搜索（http://hao.360.cn）、搜狗（http://www.sogou.com）、必应 Bing（http://cn.bing.com）。另外，用户还可以在搜狐（http://www.sohu.com）、新浪（http://www.sina.com.cn）、网易（http://www.163.net）等网站上进行相关的搜索。

3. WWW 网上信息资源下载

当用户在网上浏览到有价值的信息时，可以将其保存到本地计算机中。这种从网上获得信息资料的方法就是下载。

（1）文本内容的下载

打开所需要的网页，找到要保存下载文本内容的起始处，用鼠标拖动到保存文本的结尾处，然后右击，在弹出的快捷菜单中选择"复制"命令（或使用"编辑"菜单中的"复制"命令，或直接按下【Ctrl+C】组合键），将已选定的这段文本复制到计算机中的"剪贴板"中，再打开 Word 等文字处理软件，将"剪贴板"中的内容粘贴到 Word 文档中。

如果这种方法不行，网站不允许进行直接复制，也可打开 IE 中的"查看"菜单中的"源代码"命令，打开该网页源代码文件窗口，再找到所需要的文本内容，选定后复制即可。

（2）保存网页中的图片

将鼠标指向网页上的图片，右击图片，选择快捷菜单中的"图片另存为"命令，打开"保存图片"对话框。

在"导航窗格"中选择保存文件的位置，然后选择相应的保存类型，再在"文件"处输入文件名，单击"保存"按钮即可。

不打开网页或图片直接保存：右击所需项目（网页或图片）的链接，选择快捷菜单中的"目标另存为"命令，在弹出的"另存为"对话框中完成保存。

（3）软件的下载

软件的下载可以直接通过 Web 页或采用专门的下载工具（如迅雷等）。如果用户下载的信息资源是网页形式，则可利用上述的"保存 Web 页信息"的方法实现。如果用户下载的内容是共享软件、软件工具、程序、电子图书、电影等内容，则可通过专门的下载中心或下载网站完成。

1）通过下载中心（或网站）下载。一般下载中心页面提供"下载"的超级链接，用户只需根据下载提示，单击所要下载信息的超级链接即可，图 6-12 所示就是天空软件（http://www.skycn.com）网站的主页。

图 6-12 天空软件网站的主页

该网站提供了下载分类功能，用户可单击下载内容所属类别的超级链接进行检索（如单击分类下载栏中的"网络软件"超级链接），并出现检索成功的页面中，之后在下载提示区，用户选择一个下载的超级链接即可。另外，用户还可以在"软件搜索"文本框处输入要下载内容的名称或关键字，单击"搜索"按钮进行搜索和下载。

2）利用下载工具。下载工具可以提高下载速度，并对下载后的文件进行管理，通过多线程、断点续传、镜像等技术最大限度地提高下载速度。

（4）下载程序 FlashGet（网际快车）的使用

从字面上看，"FlashGet"的含义是快速得到。FlashGet 从以前的单一客户端软件，逐渐发展成为集资源下载客户端、资源门户网站、资源搜索引擎、资源社区等多种服务在内的互联网资源分享平台。

FlashGet 采用基于业界领先的 MHT 和 P4S 下载技术，完全改变了传统下载方式，下载速度要比普通下载快得多，并支持 HTTP、FTP、BT/eMule 等常见协议和多种流媒体协议。它安全稳定，不伤硬盘，同时具有速度限制功能，方便浏览。

FlashGet 能够捕获浏览器点击，完全支持 IE 和 Netscape；添加了对 Maxthon2、Maxthon3、The World2、The World3、TT4、360 浏览器 2 的支持（安装时可选）；优化了对 Windows 7 系统的支持，并率先通过了 Windows 7 官方兼容认证测试。

FlashGet 强大的文件管理功能包括支持拖动、更名、添加描述、查找，文件名重复时可以自动重命名，而且下载前后均可轻易管理文件。FlashGet 可以创建不限数目的类别，每个类别指定单独的文件目录，不同的类别保存到不同的目录中去。

1）FlashGet 的操作界面。在安装 FlashGet 软件之后，用户可直接双击 Windows 桌面上的 FlashGet 快捷方式图标""，打开如图 6-13 所示的用户界面。

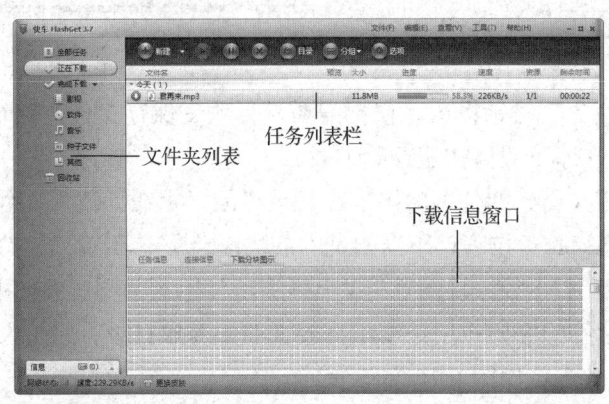

图 6-13 FlashGet 用户操作窗口

启动 FlashGet 后，将在桌面上显示一个称为"悬浮窗"的正方形的小窗口""，用于显示下载状态，并且可以将下载链接拖放到窗口中开始下载，此时该窗口变为下载比例的窗口" "。

FlashGet 的主窗口界面由标题栏、菜单栏、工具栏、文件夹列表、任务列表栏和文件下载信息窗口组成。

为便于使用工具栏，工具栏上的各种按钮都加以文字说明。

2）FlashGet 的使用方法。

① 打开浏览器，找到下载对象的链接。

② 启动 FlashGet 后，对文件进行下载的方法如下：右击，在弹出的快捷菜单中选择"使用快车 3 下载"命令，如图 6-14 所示；打开如图 6-15 所示的"新建任务"对话框。

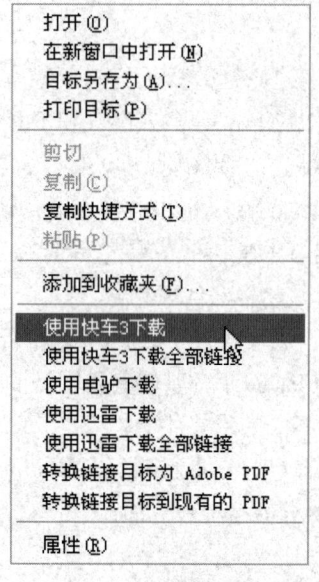

图 6-14 快捷菜单

图 6-15 "新建任务"对话框

③ 在"新建任务"对话框中，根据需要进行改变保存文件的路径、更改文件名等设置，最后单击"立即下载"按钮开始下载。

④ 开始下载后，新建的任务将出现在目录栏的"正在下载"文件夹中。

3）下载信息窗口。工作窗口下面的是"下载信息/日志"窗口，有"资源推荐""任务信息""连接信息""下载分块图示"4 个标签，各标签主要任务如下：

"任务信息"标签的主要作用是显示下载文件的存放目录、原始大小、已下载大小、下载速度和引用地址等，如图 6-16（a）所示。

"连接信息"标签提供下载文件的资源信息，如图 6-16（b）所示。

"下载分块图示"标签是显示下载文件的具体进行状态。下载文件一共有多大，现在下载多少了，都可以通过直观的图像显示出来。在这里每一个小方块代表文件的一个组成部分，灰色的小方块表示未下载的部分，蓝色的小方块表示已下载的部分，绿色的小方块表示正在下载的部分。下载时这些小方块逐渐由灰色变成蓝色。有时文件中好几个部分为绿色方块，表明 FlashGet 利用好几个线程同时进行下载，如图 6-16（c）所示。

(a)"任务信息"标签　　　　　　　　(b)"连接信息"标签

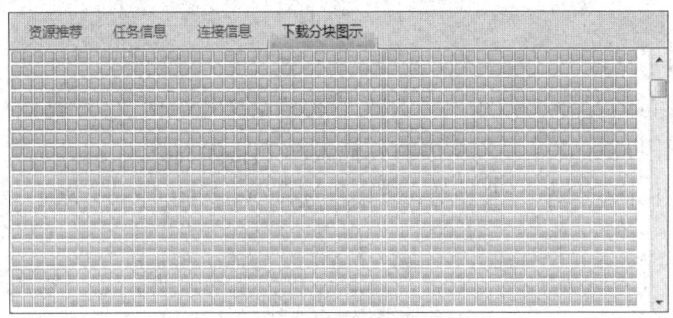

(c)"下载分块图示"标签

图 6-16　下载信息窗口

4）文件的管理。对下载文件进行归类整理，是 FlashGet 较为重要和实用的功能之一。FlashGet 使用了类别的概念来管理已下载的文件，默认将下载的文件存放在 F:\Downloads 文件夹下。每种类别可指定一个磁盘目录，所有指定下载完成后存放到该类别的下载任务，下载文件就会保存到该磁盘目录中。

如果该类别下的文件太多，还可以创建子类别，例如，对于 MP3 文件可以创建类别"MP3"，指定文件目录"F：\Downloads\mp3"。当下载一个 MP3 文件时，指定保存到类别"MP3"中，则所有下载的文件就会保存到目录"F：\Downloads\mp3"下。通过右击弹出的快捷菜单可以对"分类"进行管理，包括"新建分类"、"删除分类"和"属性"。

下载的文件存在的类别可以随时改变，具体的磁盘文件亦可以在目录之间移动。对于类别的改变，FlashGet 提供了简单的拖动功能，可以把下载的文件进行归类。

6.3.5　电子邮件

1. 电子邮件的基本概念及协议

电子邮件（E-mail）是 Internet 上最受欢迎的一种通信方式，不但能传送文字，还能传送图像、声音等。

与普通信件一样，要发送电子邮件，必须知道发送者的地址和接收者的地址。电子邮件的格式为

用户名@主机域名

其中，符号"@"读作英文"at"。"@"左侧的字符串是用户的信箱名，右侧是邮件服务器的主机名。如用户在网易网站上申请的电子邮箱地址为zyydxcd@163.com。用户打开信箱时，所有收到的邮件都会出现在邮件列表中，并且列表中只显示邮件主题（邮件主题是邮件发送者对邮件主要内容的概括）。

电子邮件有两个基本的组成部分：信头和信体。信头相当于信封，信体相当于信件内容。

（1）信头

信头中通常包括如下几项：

收件人的E-mail地址：多个收件人地址之间用半角分号";"隔开。

抄送：表示同时可以接收到此信的其他人的E-mail地址。

主题：和一本书的章节标题类似，概括描述邮件的关键字，可以是一句话或一个词。

（2）信体

信体是收件人所看到的正文内容，有时还可包含有附件，如一幅图形、音频文件、一个文档等都可成为邮件的附件进行发送。

在电子邮件系统中有两种服务器，一个是发信服务器，将电子邮件发送出去；另一个是收信服务器，接收来信并保存，即简单邮件传输协议服务器和邮局协议服务器。SMTP服务器是邮件发送服务器，采用SMTP协议传递；POP服务器是邮件接收服务器，即从邮件服务器到个人计算机使用POP3（第3版）协议传递。若用户数量较少，则SMTP服务器和POP服务器可由一台计算机担任。

2. 收发电子邮件

要收发电子邮件，用户首先需向ISP申请一个邮箱。由ISP在邮件服务器上为用户划出一块磁盘空间，作为分配给该用户的邮箱，并给邮箱取名。所有发向该用户的邮件都存储在此邮件中。一般情况下，用户向ISP申请上网得到上网的账号时，会得到一个邮箱。另外，还有网站为用户提供免费或收费的电子邮箱。

下面以网易为例，介绍申请免费邮箱的方法。

1）首先进入网易（http://www.163.com）的主页。在该网站中找到"网易产品"所在栏目，单击"免费邮箱"超级链接，出现如图6-17页面。

2）单击"注册网易邮箱"按钮，出现用户信息填写界面，如图6-18所示。

3）接下来，输入登录密码等相关信息，单击"立即注册"按钮，出现手机"免费获取短信验证码"界面，如图6-19所示。

图 6-17 "163 免费邮箱"登录界面

图 6-18 用户信息填写界面

图 6-19 "免费获取短信验证码"界面

4）输入用户的手机号码，单击"免费获取短信验证码"按钮，网易将为用户发出验证码信息。输入收到的验证码，单击"提交"按钮，即可登录 163 邮箱管理界面，如图 6-20 所示。

图 6-20　163 邮箱管理界面

邮箱注册成功后，用户就可以使用自己的电子邮箱了。

互联网中的很多网站都提供了免费邮件，如新浪、搜狐、腾讯。用户可仿照上述操作，练习上网申请邮箱。

用户拥有了自己的 E-mail（电子邮件）账号，即拥有了自己的电子邮箱，就可以收发电子邮件了。收发电子邮件有两种方式。一种是直接到提供邮件服务的网站，在该网站的页面上输入用户和密码，在"用户名"和"密码"文本框中分别输入用户名和密码，然后单击"登录"按钮，即可进入收发电子邮件的页面进行收发邮件。另一种方法是使用专门的邮件管理软件，如 Outlook、Foxmail 等来管理电子邮件。

3. 电子邮件 Outlook 2010 的使用

Outlook 2010（简称为 OE）是一种专门的邮件管理工具，是 IE 的一个组件。它功能强大，操作简单，容易掌握。

启动 OE 后，我们将看到如图 6-21 所示的 OE 工作主窗口。使用 OE 主要是在这个界面上进行操作。

OE 应用程序窗口界面主要由标题栏、菜单栏、常用工具栏、OE 面板和 OE 内容窗口 5 个部分组成。

在使用 OE 之前，首先要完成的工作是在 OE 中建立自己的邮件账号，即 OE 和已有的邮箱建立关联。不过如果用户拥有不同的 Internet 服务提供商的多个邮件的多个账号，用户就应该用一种有效的方法来管理这些账号。

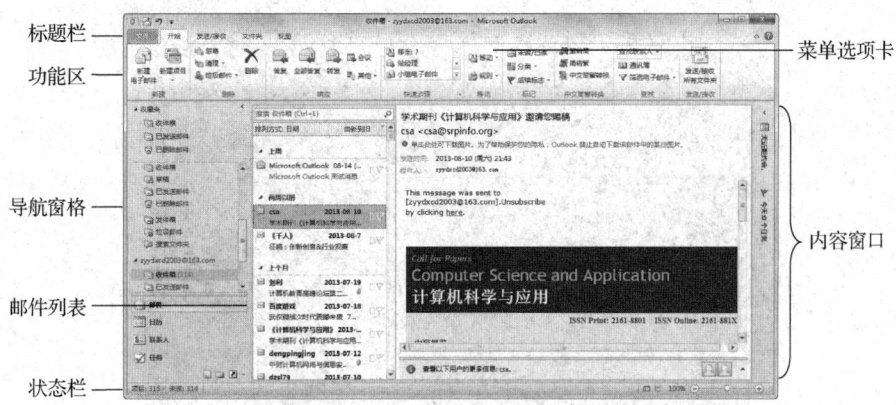

图 6-21　Outlook 2010 工作主窗口

6.3.6　远程登录

1. 远程登录概述

用户将计算机连接到远程计算机的操作方式称为登录。远程登录（remote login）是用户通过使用 Telnet 等有关软件使自己的计算机暂时成为远程计算机的终端的过程。一旦用户成功地实现了远程登录，用户使用的计算机就好像一台与对方计算机直接连接的本地计算机终端那样进行工作，使用远程计算机上的信息资源，享受远程计算机与本地终端同样的权力。Telnet 是 Internet 的远程登录协议。

用户在使用 Telnet 进行远程登录时，首先应该输入要登录的服务器的域名或 IP 地址，然后根据服务器系统的询问，正确地输入用户名和口令后，远程登录成功。

2. 应用实例

远程登录的典型应用就是电子公告牌 BBS。它利用计算机通过远程访问得到的一个信息源及报文传递系统。用户只要连接到 Internet 上，就可以直接利用 Telnet 进入 BBS，阅读其他用户的留言，发表自己的意见。BBS 一般包括信件讨论区、文件交流区、信息布告区、交流讨论区和多线交谈等几部分，大多以技术服务或专业讨论为主。它的界面一般是文本。

下面以 Windows 7 终端仿真程序为例，进行 BBS 远程登录的具体操作如下：

1）运行 Telnet 终端仿真应用程序。单击"开始"按钮，在弹出的菜单中选择"运行"命令，在弹出的"运行"对话框中输入"Telnet bbs.newsmth.net"（清华大学的水木清华 BBS 站），出现如图 6-22 所示的窗口。

2）在该登录窗口中输入用户名。如果是第一次登录，可以输入"new"来注册。如果不想注册，可输入"guest"以来宾身份登录（以来宾身份登录不能发表文章），进入"水木清华"的主功能菜单，如图 6-23 所示。用户可利用上下方向键选择，然后按【Enter】键就能进入相应的讨论区，浏览或发表文章。

图 6-22　Telnet 窗口

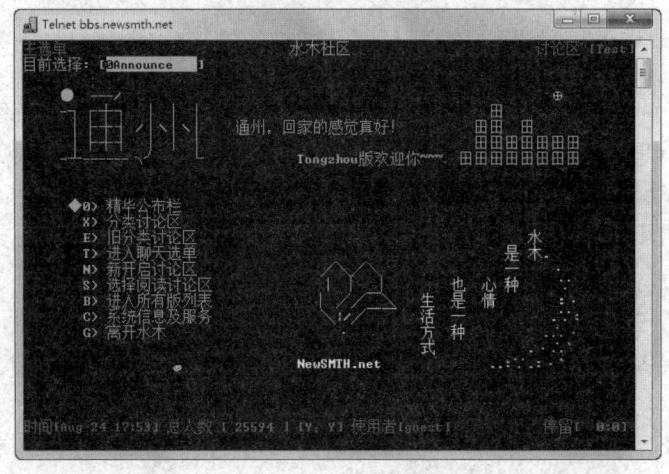

图 6-23　"水木清华"的主功能菜单

按下【Ctrl+】组合键,再输入字母"Q",按下【Enter】键退出 Telnet。

另外,还有一种 WWW 形式的 BBS,不需要用远程登录的方式。它与一般的网站(网页)一样,用户可通过浏览器直接登录,这种形式的 BBS 除了仍然保持传统 BBS 的基本内容和功能外,其界面及操作都有很大的变化。不仅可以有文字信息,还可以加入图片等多媒体信息,如常见的论坛、留言板等。显然,这种 BBS 操作更为方便快捷,并且具有更强的即时性和交互性。例如,天在人大(http://www.tdrd.org/nForum/)论坛就是一种基于 WWW 形式的 BBS。

6.3.7　文件传输服务

1. 文件传输概述

文件传输是 Internet 的主要用途之一,使用基于 FTP 协议的文件传输程序,用户可登录到一台远程计算机，把其中的文件传回自己的计算机，或反向进行。与远程登录类似的是，文件传输是一种实时的联机服务。在进行工作时，用户首先要登录到双方的计算机中。与远程登录不同的是，用户在登录后仅可以进行与文件搜索和文件传送有关的操作，如改变当前的工作目录、列文件清单、设置传输参数、传送文件等。使用文件传输协议可以传送多种类型的文件，如图像文件、声音文件、数据压缩文件等。

FTP 是 Internet 文件传输的基础。通过该协议，用户可以从一个 Internet 主机向另一个 Internet 主机"下载"或"上传"文件。"下载"文件就是从远程主机中将文件复制到自己的计算机中；"上传"文件则是将文件从自己的计算机中复制到远程主机中。用户可通过匿名（anonymous）FTP 或身份验证（通过用户名及密码验证）连接到远程主机上，并下载或上传文件。

2. 应用实例

（1）使用 IE 浏览器

在 IE 浏览器的地址栏内直接输入 FTP 服务器的地址。例如，在 IE 浏览器的地址栏中输入"ftp：//ftp.tup.tsinghua.edu.cn"（清华大学出版社 FTP 服务器的地址），出现如图 6-24 所示的窗口。

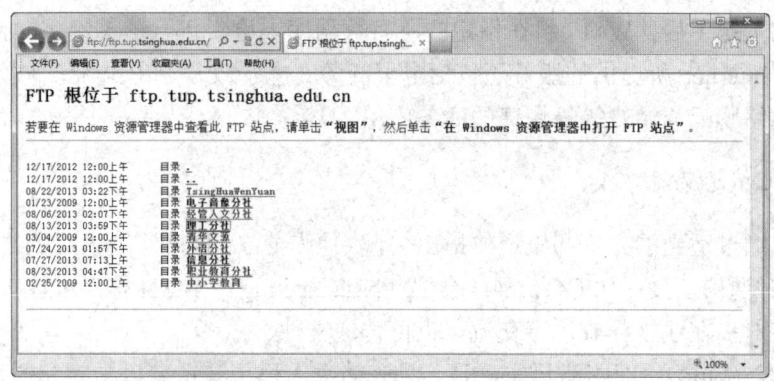

图 6-24　用 IE 浏览器访问 FTP 站点

在如图 6-24 所示的窗口中，如果要下载某一个文件夹或文件，首先右击该文件夹或文件，在弹出的快捷菜单中选择"目标另存为"命令，弹出"另存为"对话框。选择要保存的文件或文件夹的磁盘位置，单击"保存"按钮下载所需内容。

要下载所需的文件，也可使用快车（Flashget）、迅雷等下载工具进行下载。

（2）使用专门的 FTP 下载工具

常见的 FTP 下载工具软件有 CuteFTP、LeapFTP、FlashFXP、QuickFTP 等。这些工具软件操作简单实用，使 Internet 上的 FTP 服务更快捷方便。有关这些工具软件的使用，请参考有关书籍。

6.3.8 其他常见服务

在 Internet 中，除了上述的网络信息服务外，Internet 还为用户提供以下几方面的服务。

1. 信息浏览服务（gopher）

gopher 是基于菜单驱动的 Internet 信息查询工具，用户可以对远程联机信息进行远程登录、信息查询、电话号码查询、多媒体信息查询及格式文件查询等的实时访问。

2. 专题讨论（usenet）

Internet 遍布众多的专题论坛服务器（通常称为 news server）。用户通过它可以和世界各地的人们共同讨论任何主题。usenet 是由多个讨论组组成的一个大集合，含有全世界数以百万计的用户。每个讨论组都可围绕某一特定的主题，如数学、哲学、计算机、小说、笑话、医药配方等。任何能够想到的主题都可以作为讨论组的主题。

3. 广域信息服务 WAIS

WAIS 是查询整个 Internet 信息的另一种方法。在 WAIS 查询中，用户输入一个或多个要检索的关键字后，WAIS 将在指定的所有数据库中检索包含该关键字的文章。

此外，Internet 所提供的服务还包括电子商务、电子政务、IP 电话、收发传真、视频会议、网络聊天与游戏等最快捷的商务应用。

4. 其他信息交流方式

把信息通过适当的方式和渠道传播出去，供他人分享，借此实现人与人之间的交流。

1）即时通信工具：如 QQ、网络会议（NETmeeting）、MSN 等，可以实行一对一、一对多或多对多在线视频或语音交流，也可传递文件。

2）博客（blog）：即网络日志，是一种表达个人思想（重要以文字和图片的形式）的网络链接，内容按照时间顺序排列，并且不断更新的信息发布方式。

3）微博：即微博客（microblog）的简称，是一个基于用户关系的信息分享、传播以及获取平台。用户可以通过 Web、Wap 以及各种客户端组建个人社区，以 140 字左右的文字更新信息，并实现即时分享。最早也是最著名的微博是美国的 Twitter。

与博客的长篇大论相比，微博的字数限制恰恰使用户更易于成为一个多产的博客发布者。

4）播客（podcast）：是一种在互联网上发布文件并允许用户订阅以自动接收新文件的方法，或用此方法来制作的电台节目。播客传递的是音频和视频信息。

5）维客（wiki）：wiki 一词来源于夏威夷语"wee kee wee kee"，意思是"快点快点"。它以"知识库文档"为中心、以"共同创作"为手段，靠"众人不停地更新修改"的一种借助互联网创建、积累、完善和分享知识的全新模式。与其他超文本系统相比，wiki 有使用方便及开放的特点，它可以帮助我们在一个社群内共享某领域的知识。

6）Facebook（又称"脸书"或"脸谱网"）：是一个社交网路服务网站，和博客等差不多。每个用户在 Facebook 上有自己的档案和个人页面。用户之间可以通过各种方式发生互动：留言、发站内信、评论日志。Facebook 还提供方便快捷的聚合功能，帮用户找到和自己有共同点的人，同时还提供其他特色栏目。

6.4 互联网+

2015 年 3 月 5 日，十二届全国人大三次会议上的政府工作报告中提出制订"互联网+"计划，强调"推动移动互联网、云计算、大数据、物联网等与现代制造业结合，促进电子商务、工业互联网和互联网金融健康发展，引导互联网企业拓展国际市场。"自此，"互联网+"作为一项国家战略，为未来国家各领域的发展指明了方向。现如今，"互联网+"已经改造并影响了许多行业，包括电子商务、互联网金融、在线旅游、在线影视、在线房产等行业都是"互联网+"的杰作。

6.4.1 "互联网+"的概念

"互联网+"是创新 2.0 下的互联网发展的新业态，是知识社会创新 2.0 推动下的互联网形态演进及其催生的经济社会发展新形态。"互联网+"是互联网思维的进一步实践成果，推动经济形态不断地发生演变，从而带动社会经济实体的生命力，为改革、创新、发展提供广阔的网络平台。

通俗地说，"互联网+"就是"互联网+各个传统行业"，但这并不是简单的两者相加，而是利用信息通信技术以及互联网平台，让互联网与传统行业进行深度融合，创造新的发展生态。它代表一种新的社会形态，即充分发挥互联网在社会资源配置中的优化和集成作用，将互联网的创新成果深度融合于经济、社会各域之中，提升全社会的创新力和生产力，形成更广泛的以互联网为基础设施和实现工具的经济发展新形态。

6.4.2 "互联网+"的特征

（1）跨界融合

+就是跨界，就是变革，就是开放，就是重塑融合。敢于跨界了，创新的基础就更坚实；融合协同了，群体智能才会实现，从研发到产业化的路径才会更垂直。融合本身也指代身份的融合，客户消费转化为投资，伙伴参与创新，等等，不一而足。

（2）创新驱动

中国粗放的资源驱动型增长方式早就难以为继，必须转变到创新驱动发展这条正确的道路上来。这正是互联网的特质，用所谓的互联网思维来求变。自我革命也更能发挥创新的力量。

（3）重塑结构

信息革命、全球化、互联网业已打破了原有的社会结构、经济结构、地缘结构、文化结构。权力、议事规则、话语权在不断发生变化。互联网+社会治理、虚拟社会治理会是很大的不同。

（4）尊重人性

人性的光辉是推动科技进步、经济增长、社会进步、文化繁荣的最根本的力量。互联网的力量之强大最根本地也来源于对人性的最大限度的尊重、对人体验的敬畏、对人的创造性发挥的重视。

（5）开放生态

关于互联网＋，生态是非常重要的特征，而生态的本身就是开放的。我们推进互联网＋，其中一个重要的方向就是要把过去制约创新的环节化解掉，把孤岛式创新连接起来，让研发由市场驱动决定，让创业者有机会实现价值。

（6）连接一切

连接是有层次的，可连接性是有差异的，连接的价值是相差很大的，但是连接一切是互联网＋的目标。

习 题

一、选择题

1. 为 163 的电子邮件建立连接时，163 的 POP3 的服务器是（   ）。
   A．163.COM.CN   B．163.COM
   C．POP3.163.COM.CN   D．POP3.163.COM
2. 关于网络协议的说法，正确的是（   ）。
   A．它是网民们签订的合同
   B．协议，简单地说就是为了网络信息传递，共同遵守的约定
   C．TCP/IP 只能用于 Internet，不能用于局域网
   D．拨号网络对应的协议是 IPX/SPX
3. IPv6 地址由（   ）位二进制数组成。
   A．16   B．32   C．64   D．128
4. 下列 4 项中，合法的 IP 地址是（   ）。
   A．192.202.5   B．202.118.192.22
   C．203.55.298.66   D．123;45;82;220
5. 在 Internet 中，主机的 IP 地址与域名的关系是（   ）。
   A．IP 地址是域名中部分信息的表示   B．域名是 IP 地址中部分信息的表示
   C．IP 地址和域名是等价的   D．IP 地址和域名分别表达不同含义

6. 关于 Internet，下列说法不正确的是（　　）。
   A．Internet 是全球性的国际网络　　　　B．Internet 起源于美国
   C．通过 Internet 以实现资源共享　　　　D．Internet 不存在网络安全问题
7. 传输控制协议/网际协议即（　　），属工业标准协议，是 Internet 采用的主要协议。
   A．Telnet　　　　B．TCP/IP　　　　C．HTTP　　　　D．FTP
8. IP 地址能唯一地确定 Internet 上每台计算机与每个用户的（　　）。
   A．距离　　　　B．费用　　　　C．位置　　　　D．时间
9. 网址 www.zzu.edu.cn 中，zzu 是在 Internet（　　）中注册的。
   A．硬件编码　　　　B．密码　　　　C．软件编码　　　　D．域名
10. 万维网（world wide web，简称 W3C 或 WWW 或 Web），又称 W3C 理事会，或 3W，或称（　　），是 Internet 中应用较广泛的领域之一。
    A．Internet　　　　B．全球信息网　　　　C．城市网　　　　D．远程网
11. 下列选项中，错误的 E-mail 地址是（　　）。
    A．lixiaoming@sina.com　　　　　　　B．lixiaoming@sina.com.cn
    C．lixiaoming022@sohu.com　　　　　D．lixiaoming@022@sohu.com.cn
12. IP 地址 168.160.233.10 属于（　　）。
    A．A 类地址　　　　B．B 类地址　　　　C．C 类地址　　　　D．无法判定
13. URL 的含义是（　　）。
    A．信息资源在网上什么位置和如何访问的统一描述方法
    B．信息资源在网上什么位置及如何定位寻找的统一描述方法
    C．信息资源在网上的业务类型和如何访问的统一方法
    D．信息资源的网络地址的统一描述方法
14. Outlook 2010 电子邮箱系统不具有的功能是（　　）。
    A．撰写邮件　　　　　　　　　　　　B．发送邮件
    C．接收邮件　　　　　　　　　　　　D．自动删除邮件
15. 用户的电子邮件信箱是（　　）。
    A．通过邮局申请的个人信箱　　　　　B．邮件服务器内存中的一块区域
    C．邮件服务器硬盘上的一块区域　　　D．用户计算机硬盘上的一块区域
16. POP3 服务器用来（　　）邮件。
    A．接收　　　　B．发送　　　　C．接收和发送　　　　D．以上均错
17. 用 Outlook 2010 接收电子邮件时，收到的邮件中带有回形针状标志，说明该邮件（　　）。
    A．有病毒　　　　B．有附件　　　　C．没有附件　　　　D．有黑客
18. 在 Outlook 2010 中设置唯一电子邮件账号：kao@sina.com。现成功接收到一封来自 shi@sina.com 的邮件，则以下说法正确的是（　　）。
    A．在收件箱中有 kao@sina.com 邮件

B．在收件箱中有 shi@sina.com 邮件
C．在本地文件夹中有 kao@sina.com 邮件
D．在本地文件夹中有 shi@sina.com 邮件

19．在 Outlook 2010 中，以下说法正确的是（   ）。
  A．发件箱：暂存准备发出的邮件；已删除邮件箱：存放已经发出的邮件
  B．发件箱：暂存准备发出的邮件；已删除邮件箱：存放准备删除的邮件
  C．发件箱：存放已发出的邮件；已删除邮件箱：存放准备删除的邮件
  D．以上都不对

20．制造业（   ）化是"互联网+制造"的重要方向。
  A．服务　　　　B．智能　　　　C．信息　　　　D．产业

21．（   ）是把互联网的创新成果与经济社会各个领域深度融合，推进技术进步、效率提升和组织变革，提升实体经济创新力和生产力，形成更广泛的、以互联网为基础设施和创新要素的经济社会发展形态。
  A．云计算　　　B．"互联网+"　　C．大数据　　　D．物联网

22．"互联网+"创新驱动体现在（   ）方面。
  A．促进思维模式创新　　　　　　B．促进生产方式创新
  C．促进产业形态创新　　　　　　D．促进政府管理创新

二、填空题

1．环球信息网 WWW 采用超文本标记语言（HTML），成为 Internet 上使用普及的_____工具。

2．Internet 上所有的服务都是使用_____机制。

3．连接在 Internet 上永久而唯一的 IP 地址是主机在_____。

4．在 IP 地址的点分十进制表示方式中，把 IP 地址分为 4 段来写，每段的取值范围是十进制的_____。

5．IP 地址采用了分层结构，它由_____和主机地址组成。

6．当域名中的类型名为_____时表示这是一个网络机构的网址。

7．域名中含有中文的域名被称为_____。

8．网络服务供应商的英文简写是_____。

9．Internet 中远程登录服务的简写是_____。

10．电子邮件地址由两部分组成，以"@"隔开，"@"前面部分是由 ISP 或商业网站提供的用户名，后面部分是_____服务器的地址。

11．在 Outlook 2010 中，在连接向导中输入用户的名字将显示在外发邮件的_____字段。

12．如果要将一个应用程序发给收件人，应该以_____形式发送。

13．在 Outlook 2010 和其他电子邮件程序中有一个包括与用户经常联系的电子邮件消息接收者的姓名，电子邮件地址及其他信息的文件夹，叫作_____。

14．Outlook 2010 是用来处理_____。

三、判断题

1．网际快车 FlashGet 可以上传和下载文件。　　　　　　　　　　　　（　　）
2．利用网际快车下载文件，如果没有下载完成就关闭计算机，下次开机下载的时候，可以接着在上次下载的断点处继续下载。　　　　　　　　　　　　（　　）
3．在电子邮箱中只能发送文本而不能发送图片。　　　　　　　　　　（　　）
4．自己买的正版软件放在网上供别人下载，这种行为是合法的。　　　（　　）
5．TCP 协议的主要功能就是控制 Internet 网络的 IP 包正确的传输。　（　　）
6．域名和 IP 地址是同一概念的两种不同说法。　　　　　　　　　　　（　　）
7．Explorer 浏览器默认的主页地址可以在 Internet 选项"常规"中的地址栏中设置。
　　　　　　　　　　　　　　　　　　　　　　　　　　　　　　　（　　）
8．E-mail 地址的格式是主机名@域名。　　　　　　　　　　　　　　（　　）
9．Outlook 2010 发送邮件不通过邮件服务器，而是直接传到用户的计算机上。
　　　　　　　　　　　　　　　　　　　　　　　　　　　　　　　（　　）
10．WWW 的页面文件存放在客户机上。　　　　　　　　　　　　　（　　）
11．在局域网（LAN）网络中可以采用 TCP/IP 通信协议。　　　　　（　　）
12．WWW 的 Web 浏览器放在服务器上。　　　　　　　　　　　　　（　　）
13．Outlook 2010 发送邮件时，不能附加文件。　　　　　　　　　　　（　　）
14．Internet 的 DNS 系统是一个分层定义和分布式管理的命名系统。　（　　）
15．在 WWW 上，每一信息资源都有统一的唯一的 URL 地址。　　　（　　）
16．在收发电子邮件时必须运用 OutLook Express 软件。　　　　　　　（　　）
17．在 Outlook 2010 中输入多个收件人的地址，这些地址需以"：（冒号）"分开。
　　　　　　　　　　　　　　　　　　　　　　　　　　　　　　　（　　）
18．共享经济与传统经济无本质的差别。　　　　　　　　　　　　　（　　）
19．＂互联网+＂的前提是互联网作为一种基础设施而广泛安装。　　（　　）

第 7 章　计算机网络安全

　　信息安全与网络安全涉及计算机系统的硬件、软件和数据等方面,它包括物理安全、操作系统安全、数据安全等。随着网络经济和信息社会的到来,信息与网络将会进入一个无所不在、无所不有的境地,因而信息安全与网络安全已成为每个用户必须面对的一个问题。

　　本章主要阐述了信息安全与网络安全的有关概念,介绍了常用的几种信息安全与网络安全技术,描述了计算机病毒及其防治的有关知识,对网络安全以及信息安全的法律、法规进行了介绍,最后对互联网时代个人信息安全的防护给出了建议。

7.1　信息安全与网络安全

　　信息安全与网络安全是一个关系到国家安全和主权、社会稳定、民族文化继承和发扬的重要问题,其重要性正随着全球信息化步伐的加快而变得越来越重要。目前威胁信息与网络安全的主要因素有自然威胁,如地震、火灾、电磁干扰、各种故障等;人为破坏,其特点是人为地故意破坏,当造成的后果构成违犯法律时,又叫计算机犯罪;敌对的威胁,这是强度最大的一种信息安全威胁,即国家间的电子信息对抗或者说"信息战"。信息安全与网络安全是近 20 年来发展起来的新兴学科,有人以人体来比喻,即芯片是细胞,计算机是大脑,网络是神经系统,智能是营养,信息是血浆,信息安全是免疫系统;也有人形象地指出,如果没有信息安全作基础,那么信息化就像是建立在沙滩上的美丽大厦,随时可能轰然倒塌!正因为信息安全具有如此重要的战略地位,各国都给以极大的关注与投入。

7.1.1　信息安全与网络安全的基本概念

　　信息安全是一门涉及计算机科学、网络技术、通信技术、密码技术、信息安全技术、应用数学、数论、信息论等多种学科的综合性学科。

　　信息安全是指采用一些信息安全的保证技术使得信息网络的硬件、软件及其系统中的数据受到保护,不因偶然的或者恶意的原因而遭到破坏、更改、泄露,保证系统连续、可靠、正常地运行,信息服务不中断。网络安全从其本质上来讲就是网络上的信息安全。

　　从广义来说,凡是涉及网络上信息的保密性、完整性、可用性、真实性和可控性的相关技术和理论都是网络安全的研究领域。

1. 信息安全的基本概念

信息安全主要指防止信息被故意的或偶然的非授权泄露、更改、破坏，或使信息被非法的系统辨识、控制，避免攻击者利用系统的安全漏洞进行窃听、冒充、诈骗等有损于合法用户的行为，主要内容如下。

1）信息的保密性：保证信息不泄露给未授权的人。

2）信息的可靠性：确保信道、消息源、发信人的真实性以及核对信息获取者的合法性。

3）信息的完整性：包括操作系统的正确性和可靠性，硬件和软件的逻辑完整性，数据结构和当前值的一致性，即防止信息被未授权者篡改。

4）信息的可用性：保证信息及信息系统确实为授权使用者所用，防止由于计算机病毒或其他人为因素造成系统拒绝服务，或敌手可用却对授权者拒用。

5）信息的可控性：对信息及信息系统实施安全监控管理。

6）信息的不可否认性：保证信息行为人不能否认自己的行为。

2. 网络安全的基本概念

以 Internet 为代表的全球性信息化浪潮日益高涨，信息网络技术的应用正日益普及和广泛，应用层次正在深入，应用领域从传统的、小型业务系统逐渐向大型、关键业务系统扩展，如党政部门信息系统、金融业务系统、企业商务系统等。伴随网络的普及，安全性逐渐成为影响网络效能的重要问题，而 Internet 所具有的开放性、国际性和自由性在增加应用自由度的同时，对安全提出了更高的要求。

网络的安全属性主要表现在以下几个方面。

1）保密性（secrecy）：信息不泄露给非授权的用户、实体或进程。

2）完整性（integrity）：信息在存储或传输过程中保持不被修改、不被破坏和丢失的特性。

3）可用性（available）：可被授权实体访问并按需求使用的特性。

4）真实性（authenticity）：也称认证性、不可抵赖性，在信息交互过程中，确保参与者的真实同一性，所有参与者都不能否认和抵赖曾经完成的操作和承诺。

5）可控性（controllable）：对信息的传播路径、范围及其内容所具有的控制能力。

3. 网络与信息安全的关系

网络与信息安全的关系如下：

1）网络为信息安全提供了更大的用武之地。

2）信息安全是进行网络应用及电子商务的基础。

3）网络技术与信息安全共同发展。

4. 网络信息安全现状

1）普遍受到重视。网络为信息安全提供了更大的用武之地，保证网络和信息安全是进行网络应用及电子商务的基础。如网上订票，由于转款上的问题，存在很多不便。

2）国际网络与信息安全产业界发展迅速，如防火墙行业发展非常迅速。

3）政府大力扶持。各国政府都非常扶持信息安全的技术。我国进口的信息技术没有密码技术。美国政府严格控制密码技术出口。我国严禁进口，甚至禁止国外密码产品在中国展览。

4）标准化、国际化。很多电信安全协议（如通信协议）有安全标准，但密码技术还没有国际标准。

5）学术活跃。学术界关于安全密码的研究非常活跃。

6）媒体热情关注。但仅仅关注到黑客攻击，还没有关注到密码层次。

7）我国有4家管理信息安全的部门：公安部、保密局、机要局、安全部。

7.1.2 常见的网络安全威胁

信息与网络安全面临的威胁来自很多方面，并且随着时间的变化而变化。这些威胁可以宏观地分为人为威胁（无意失误和恶意攻击）、非人为威胁（自然灾害、设备老化、断电、电磁泄漏、意外事故等）以及不明或综合因素（安全漏洞、后门、复杂事件）。在此，主要讨论人为的、恶意攻击的、有目的的破坏，可以分为主动攻击和被动攻击。

主动攻击是指以各种手段破坏信息的完整性、可用性，直至侵入和摧毁系统。被动攻击是指截获、窃取和破译网络重要的机密信息。

人为的恶意攻击主要有下列几种手段。

1）窃取：非法用户通过数据窃听的手段获得敏感信息。

2）截取：非法用户首先获得信息，再将此信息发送给真实接收者。

3）伪造：将伪造的信息发送给接收者。

4）篡改：非法用户对合法用户之间的通信信息进行修改，再发送给接收者。

5）拒绝服务攻击：攻击服务系统，造成系统瘫痪，阻止合法用户获得服务。

6）行为否认：合法用户否认已经发生的行为。

7）非授权访问：未经系统授权而使用网络或计算机资源。

8）传播病毒：通过网络传播计算机病毒，其破坏性非常高，而且用户很难防范。

人为的恶意攻击具有智能性、严重性、隐蔽性、多样性等特性。从技术角度看，网络信息系统所面临的威胁主要有对密码算法攻击、网络监听攻击、拒绝服务攻击、对应用协议攻击以及对软件弱点攻击。

7.1.3 网络攻击手段

互联网上存在很多不同类型的计算机及运行各种系统的服务器，它们的网络结构不同，是TCP/IP把这些计算机连接在一起的。IP的工作是把数据包从一个地方传递到另一个地方，TCP 的工作是对数据包进行管理与校验，保证数据包的正确性。黑客正是利用 TCP/IP，在网络上传送包含有非法目的的数据，从而对网络上的计算机进行攻击。黑客们常利用漏洞扫描器扫描网络上存在的漏洞，然后实施攻击。

1. 黑客常用攻击方法

（1）木马攻击

特洛伊木马，英文是 trojan house，是一种基于远程控制的黑客工具。它具有隐蔽性和非授权性等特点。所谓隐蔽性是指木马的设计者为了防止木马被发现，会采用多种手段隐藏木马，这样服务器即使发现感染了木马，也不能确定其具体位置。所谓非授权是指一旦控制端与服务端连接，控制端将享有服务端的大部分操作权限，包括修改文件、修改注册表、控制鼠标、键盘等。

（2）邮件攻击

邮件攻击又叫 E-mail 炸弹，是指一切破坏电子邮箱的办法。如果电子邮箱一下被成千上万封电子邮件所占据，电子邮件的总容量就有可能超过电子邮箱的总容量，造成邮箱崩溃。

（3）端口攻击

网络系统主要采用 UNIX 操作系统，一般提供 WWW、Mail、FTP、BBS 等日常网络服务。每一台网络主机上可以提供几种服务，UNIX 系统将网络服务划分为许多不同的端口，每一个端口提供一种不同的服务，一种服务会有一个程序时刻监视端口活动，并且给予相应的应答，而且端口的定义已成为标准。例如，WWW 服务的端口是 80，FTP 服务的端口是 21。如果用户不小心运行了木马程序，其计算机的某个端口就会开放，黑客就可以通过端口侵入计算机，并自由地在目标机器上下载和上传任意文件，执行一些特殊的操作。

（4）密码破译

密码破译是入侵者使用的最早也是最原始的方法，它不仅可以获得对主机的操作权，而且可以通过破解密码制造漏洞。首先要取得系统的用户名，获得用户名之后，就可以进行密码的猜测和破解，并尝试登录。密码的猜测和破解有多种方法，常用的有根据密码和用户名之间的相似程度进行猜测、用穷举法进行密码破解等。

（5）Java 炸弹

通过 HTML 语言，让用户的浏览器耗尽系统资源，比如使计算机不停地打开新的窗口，直到计算机资源耗尽而死机。

2. 网络安全防御

不同的网络攻击应采取不同的防御方法，主要应从网络安全技术的加强和采取必要防范措施两个方面考虑。网络安全技术包括入侵检测、访问控制、网络加密技术、网络地址转换技术、身份认证技术等。

(1) 入侵检测

从目标信息系统和网络资源中采集信息,分析来自网络内部和外部的信号,实时地对攻击做出反应。其主要特征是使用主机传感器监控系统的信息,实时监视可疑的连接,检查系统日志,监视非法访问,并且判断入侵事件,迅速做出反应。

(2) 访问控制

访问控制主要有两种类型:网络访问控制和系统访问控制。网络访问控制限制外部对主机网络服务的访问和系统内部用户对外部的访问,通常由防火墙实现。系统访问控制为不同用户赋予不同的主机资源访问权限,操作系统提供一定的功能实现系统访问控制。

(3) 网络加密技术

网络加密技术就是为了安全对信息进行编码和解码,是保护网内的数据、文件、口令和控制信息,保护网上传输数据的一种有效方法。它能够防止重要信息在网络上被拦截和窃取。常用网络加密的方法有链路加密、端点加密和结点加密 3 种。链路加密的目的是保护网络结点之间的链路信息安全;端点加密的目的是对源端用户到目的用户的数据提供加密保护;结点加密的目的是对源结点到目的结点之间的传输链路提供加密保护。

(4) 网络地址转换技术

网络地址转换器也称地址共享器或地址映射器,目的是为了解决 IP 地址的不足。当内部主机向外部主机连接时,使用同一个 IP 地址。这样外部网络看不到内部网络,从而达到保密作用。

(5) 身份认证技术

身份认证技术主要采取数字签名技术,一般用不对称加密技术,通过对整个明文进行变换得到值,作为核实签名。接收者使用发送者的公开密钥对签名进行解密运算,如结果为明文,则签名有效,证明对方身份是真实的。

网络安全防范主要通过防火墙、系统补丁、IP 地址确认和数据加密等技术来实现。

7.1.4 网络信息安全范畴

信息安全与网络安全范畴主要包括网络安全、应用安全及系统安全 3 方面的内容。

1. 网络安全

网络安全是为保护商务各方网络端系统之间通信过程的安全性。保证机密性、完整性、认证性和访问控制性是网络安全的重要因素。

保证网络安全的主要措施如下:

1) 全面规划网络平台的安全策略。
2) 制订网络安全的管理措施。
3) 使用防火墙。
4) 尽可能地记录网络上的一切活动。

5）注意对网络设备的物理保护。
6）检验网络平台系统的脆弱性。
7）建立可靠的识别和鉴别机制。

2. 应用安全

应用安全主要是针对特定应用（如 Web 服务器、网络支付专用软件系统）所建立的安全防护措施。它独立于网络的任何其他安全防护措施。虽然有些防护措施可能是网络安全业务的一种替代或重叠，如 Web 浏览器和 Web 服务器在应用层上对网络支付结算信息包的加密，都通过 IP 层加密，但是许多应用还有自己的特定安全要求。

应用层上的安全业务还涉及认证、访问控制、机密性、数据完整性、不可否认性、Web 安全性、EDI 和网络支付等应用的安全性。

3. 系统安全

系统安全是指从整体电子商务系统或网络支付系统的角度进行安全防护，它与网络系统硬件平台、操作系统、各种应用软件等互相关联。

涉及网络支付结算的系统安全包含下述一些措施。

1）在安装的软件中，如浏览器软件、电子钱包软件、支付网关软件等，检查和确认未知的安全漏洞。

2）技术与管理相结合，使系统具有最小的穿透风险性。例如，通过诸多认证才允许连通，对所有接入的数据必须进行审计，对系统用户进行严格安全管理。

3）建立详细的安全审计日志，以便检测并跟踪入侵攻击等。

7.2 网络安全与管理技术

从本质上讲，网络安全是指网络系统的硬件、软件和系统中的数据受到保护，不因偶然的或者恶意的攻击而遭到破坏、更改或泄漏，系统连续、可靠、正常的运行，网络服务不中断。广义上讲，凡是涉及网络上信息的保密性、完整性、可用性、可控性和不可否认性的相关技术和理论，都是网络安全所要研究的领域。网络安全与管理技术包括加密技术、访问控制、防火墙、虚拟专用网络（virtual private network，VPN）、入侵检测，以及信息安全解决方案等。

7.2.1 加密技术

1. 加密与解密

信息的保密性是信息安全性的一个重要方面。保密的目的是防止敌人破译机密信息。加密是实现信息的保密性的一个重要手段。所谓加密，就是使用数学方法来重新组织数据，使除了合法的接收者之外，其他任何人都不能恢复原先的消息或读懂变化后的消息。加密前的信息称为明文，加密后的信息称为密文。将密文变为明文的过程称为解密。

加密技术可使一些主要数据存储在一台不安全的计算机上，或可以在一个不安全的信道上传送。只有持有合法密钥的一方才能获得明文。

在对明文进行加密时所采用的一组规则称为加密算法。类似的，对密文进行解密时所采用的一组规则称为解密算法。加密算法和解密算法的操作通常都是在一组密钥控制下进行的，分别称为加密密钥和解密密钥。加密技术分为两类，即对称加密和非对称加密。

（1）对称加密

对称加密又称私钥加密，即信息的发送方和接收方用同一个密钥去加密和解密数据。它的最大优势是加/解密速度快，适合对大数据量进行加密，但密钥管理困难。如果进行通信的双方能够确保专用密钥在密钥交换阶段未曾泄露，那么机密性和报文完整性就可以通过这种加密方法加密机密信息，随报文一起发送报文摘要或报文散列值来实现。

（2）非对称加密

非对称加密又称公钥加密，亦称不对称密钥。使用一对密钥来分别完成加密和解密操作，其中一个公开发布（即公钥），另一个由用户自己秘密保存（即私钥）。信息交换的过程是甲方生成一对密钥并将其中的一把作为公钥向其他交易方公开，得到该公钥的乙方使用该密钥对信息进行加密后再发送给甲方，甲方再用自己保存的私钥对加密信息进行解密。

2. 认证技术

认证就是指用户必须提供其是谁的证明，如他是某个雇员、某个组织的代理、某个软件过程（股票交易系统或 Web 订货系统的软件过程）。认证的标准方法就是弄清楚他是谁，他具有什么特征，他知道什么可用于识别身份的东西。比如说，系统中存储了他的指纹，他接入网络时，就必须在连接到网络的电子指纹机上提供他的指纹（这就防止他以假的指纹或其他电子信息欺骗系统）。只有指纹相符才允许他访问系统。

为了解决安全问题，一些公司和机构正千方百计地解决用户身份认证的问题，主要有以下几种认证方法。

（1）数字签名

数字签名是指在计算机网络中传送的报文通过一种折中的方式来验证其真实性。

数字签名需要具备 3 个特性：

1）接收者能够核实发送者对报文的签名。也就是说，接收者能够确信该报文的确是发送者发出的，而其他人无法伪造对报文的签名，这叫作报文鉴别。

2）接收者确信所收到的数据和发送者发送的完全一样而没有任何篡改，这叫作报文的完整性。

3）发送者事后不能抵赖对报文的签名，这叫作不可否认性。

签名主要起到认证、核准和生效的作用。政治、军事、外交等活动中签署文件，商业上签订契约和合同,以及日常生活中从银行取款等事务的签字,传统上都采用手写签名或印签。随着信息技术的发展,人们希望通过数字通信网络进行迅速的、远距离的贸易合同的签名,数字或电子签名应运而生。

数字签名是签署以电子形式存储的消息的一种方法。一个签名消息能在一个通信网络中传输。基于公钥密码体制和私钥密码体制都可以活动数字签名,特别是公钥密码体制的诞生为数字签名的研究和应用开辟了一条广阔的道路。

(2) 数字水印

数字水印(digital watermarking)技术是将一些标识信息(即数字水印)直接嵌入数字载体当中(包括多媒体、文档、软件等),或是间接表示(修改特定区域的结构),且不影响原载体的使用价值,也不容易被探知和再次修改,但可以被生产方识别和辨认。通过这些隐藏在载体中的信息,可以达到确认内容创建者、购买者、传送隐秘信息,或者判断载体是否被篡改等目的。数字水印是信息隐藏技术的一个重要研究方向。数字水印是实现版权保护的有效办法,是信息隐藏技术研究领域的重要分支。

(3) 数字证书

数字证书是一种权威性的电子文档。它提供了一种在 Internet 上验证身份的方式,其作用类似于司机的驾驶执照或日常生活中的身份证。数字证书是由一个权威机构——证书认证(certificate authority,CA)中心发行的。人们可以在互联网交往中用它来识别对方的身份。当然在数字证书认证的过程中,证书认证中心作为权威的、公正的、可信赖的第三方,其作用是至关重要的,也是企业现在可以使用的一种工具。

(4) 双重认证

如波士顿的 Beth Israel Hospital 公司和意大利一家居领导地位的电信公司正采用"双重认证"办法来保证用户的身份证明。也就是说他们不是采用一种方法,而是采用两种形式的证明方法。这些证明方法包括令牌、智能卡和仿生装置,如视网膜或指纹扫描器。

7.2.2 访问控制

访问控制是通过某种途径,显式地准许或限制访问能力及范围,以此控制对资源的访问、防止非法用户的入侵或合法用户的不慎操作所造成的破坏。系统内访问控制采用的主要技术是委托监控。它的原理是把进行存取的实体(如用户、进程、批作业等)作为主体;把被访问的对象(如文件、数据、程序、磁盘等)作为客体。主体对客体的访问,必须通过委托监控器根据安全规则进行检查、核实。

1. 访问控制技术概述

访问控制(access control)是网络安全防范和保护的主要策略,是通过某种途径显式地准许或限制访问能力及范围的一种方法,是实现数据保密性和完整性机制的主要手段。根据控制手段和具体目的的不同,可以将访问控制技术划分为结果不同的级别,包括入网访问控制、网络权限控制、目录安全控制以及属性控制等多种手段。

2. 访问控制技术级别

访问控制技术有下面 4 个级别。

（1）入网访问控制

入网访问控制为网络访问提供了第一层访问控制。它控制哪些用户能够登录到服务器并获取网络资源，控制用户入网的时间和允许他们在哪一台工作站入网。用户的入网访问控制可分为 3 个步骤：用户名的识别与验证、用户口令的识别与验证以及用户账号的缺省限制检查。如果有任何一个步骤未通过检验，该用户便不能进入该网络。但这种用户口令验证方式易被攻破。

这种控制基本在所有的网络安全设备以及操作系统中都要用到，如我们登录操作系统时所用的用户名和密码。

（2）网络权限控制

网络权限控制是针对网络非法操作所提出的一种安全保护措施。能够访问网络的合法用户被划分为不同的用户组。不同的用户组被赋予不同的权限。例如，网络控制用户和用户组可以访问哪些目录、子目录、文件和其他资源，可以指定用户对这些文件、目录、设备能够执行哪些操作等。这些机制的设定可以通过访问控制表来实现。

这种控制在许多网络安全设备、系统中都可以用到。最典型的就是操作系统中的应用，如操作系统中对用户和组的权限的指派。

（3）目录级安全控制

目录级安全控制是针对用户设置的访问控制，具体为控制目录、文件、设备的访问。用户在目录一级指定的权限对所有文件和子目录有效，用户还可进一步指定对目录下的子目录和文件的权限。

（4）属性安全控制

当用户使用文件、目录和网络设备时，网络系统管理员应给文件、目录等指定访问属性。属性安全控制在权限安全的基础上提供更进一步的安全性，往往能控制以下几个方面的权限：向某个文件写入数据、复制一个文件、删除目录或文件、查看目录和文件、执行文件、隐含文件及共享等。

3. 访问控制技术分类

访问控制有访问控制矩阵、访问控制表、能力关系表、权限关系表等实现方法。

通过访问控制服务，可以限制对关键资源的访问，防止非法用户的侵入或因合法用户的不慎操作所造成的破坏。

传统访问控制技术主要有自主访问控制、强制访问控制、基于角色的访问控制、基于任务的访问控制和基于组机制的访问控制。接下来介绍其中的前 3 种。

1）自主访问控制（discretionary access control，DAC）：允许某个主体显式地指定其他主体对该主体所拥有的信息资源是否可以访问以及可执行的访问类型。DAC 是目前计算机系统中实现最多的访问控制机制，是多用户环境下最常用的一种访问控制技术。

2)强制访问控制(mandatory access control,MAC):每个主体都有既定的安全属性,每个客体也都有既定的安全属性,主体对客体是否能执行特定的操作取决于两者安全属性之间的关系。通常所说的 MAC 主要是指 TESEC 中的 MAC,它主要用来描述美国军用计算机系统环境下的多级安全策略。安全属性用二元组(安全级、类别集合)表示,安全级表示机密程度,类别集合表示部门或组织的集合。

3)基于角色的访问控制(role-based access control,RBAC):在用户(user)和访问许可权(permission)之间引入了角色(role)的概率,用户与特定的一个或多个角色相联系,角色与一个或多个访问许可权相联系。每个角色与一组用户和有关的动作相互关联,角色中所属的用户可以有权执行这些操作。

角色与组的区别是:组是一组用户的集合,角色是一组用户的集合加上一组操作权限的集合。

7.2.3 防火墙

防火墙作为网络安全的第一道防线,已经成为世界上用得最多的网络安全产品之一。防火墙主要保护内部网络的重要信息不被非法访问、非法窃取或破坏,并记录内部网络和外部网络进行通信的有关安全日志信息,如通信发生的时间和允许通过数据包和被过滤掉的数据包等信息。

1. 防火墙简介

防火墙技术最初是针对 Internet 不安全因素所采取的一种保护措施。顾名思义,防火墙就是用来阻挡外部不安全因素影响的内部网络屏障,其目的是在内部、外部两个网络之间建立一个安全控制点,通过允许拒绝或重新定向经过防火墙的数据流,实现对进出内部网络的服务和访问的审计与控制。它是一种计算机硬件和软件的结合,使 Internet 与 Intranet 之间建立起一个安全网关,从而保护内部网免受非法用户的侵入。

防火墙主要由服务访问政策、验证工具、包过滤和应用网关 4 个部分组成。它就是一个位于计算机和它所连接的网络之间的软件或硬件。该计算机流入、流出的所有网络通信均要经过此防火墙。

2. 防火墙的功能

防火墙具有以下功能:
1)允许网络管理员定义一个中心点来防止非法用户进入内部网络。
2)可以方便地监视网络的安全性,并报警。
3)可以作为部署网络地址变换(network address translation,NAT)的地点,利用 NAT 技术,将有限的 IP 地址动态或静态地与内部的 IP 地址对应起来,用来缓解地址空间短缺的问题。
4)防火墙是审计和记录 Internet 使用费用的一个最佳地点。网络管理员可以在此向管理部门提供Internet连接的费用情况，查出潜在的带宽瓶颈的位置，并能够依据本机构的核算模式提供部门级的计费。

5）防火墙可以连接到一个单独的网段上，从物理上和内部网段隔开，并在此部署WWW服务器和FTP服务器，将其作为向外部发布内部信息的地点。从技术角度来讲，就是所谓的停火区。

3. 防火墙类型

尽管防火墙的发展经过了几代，但是按照防火墙对内外来往数据的处理方法，大致可以将防火墙分为两大体系：包过滤防火墙和代理防火墙（应用层网关防火墙）。前者以以色列的Checkpoint防火墙和Cisco公司的PIX防火墙为代表，后者以美国NAI公司的Gauntlet防火墙为代表。

从实现原理上分，防火墙的技术包括4类：网络级防火墙（又称包过滤型防火墙）、应用级网关、电路级网关和规则检查防火墙。它们之间各有所长，具体使用哪一种或是否混合使用，要看具体需要。

1）网络级防火墙：一般是基于源地址和目的地址、应用、协议以及每个IP包的端口来做出通过与否的判断。一个路由器便是一个"传统"的网络级防火墙。大多数的路由器能通过检查这些信息来决定是否将所收到的包转发，但它不能判断一个IP包来自何方，去向何处。防火墙检查每一条规则，直至发现包中的信息与某规则相符。如果没有一条规则符合，防火墙就会使用默认规则。一般情况下，默认规则就是要求防火墙丢弃该包。其次，通过定义基于TCP或UDP数据包的端口号，防火墙能够判断是否允许建立特定的连接，如Telnet、FTP连接。

2）应用级网关：就是我们常常说的代理服务器，它能够检查进出的数据包，通过网关复制传递数据，防止在受信任服务器和客户机与不受信任的主机间直接建立联系。应用级网关能够理解应用层上的协议，能够做一些复杂的访问控制，并做出精细的注册和稽核。但每一种协议需要相应的代理软件，使用时工作量大，效率不如网络级防火墙。常用的应用级防火墙已有了相应的代理服务器，如HTTP、NNTP、FTP、Telnet、Rlogin、X-windows等。

3）电路级网关：用来监控受信任的客户或服务器与不受信任的主机间的TCP握手信息，这样来决定该会话（session）是否合法。电路级网关是在OSI模型中的会话层上过滤数据包的，这样比包过滤防火墙要高二层。实际上电路级网关并非作为一个独立的产品存在，它与其他的应用级网关结合在一起，如Trust Information Systems公司的Gauntlet Internet Firewall、DEC公司的Alta Vista Firewall等产品。另外，电路级网关还提供了一个重要的安全功能：代理服务器。代理服务器是个防火墙，在其上运行一个叫作地址转移的进程，来将所有公司内部的IP地址映射到一个安全的IP地址上，这个地址是由防火墙使用的。但是，作为电路级网关也存在着一些缺陷，因为该网关是在会话层中工作的，所以它无法检查应用层级的数据包。

4）规则检查防火墙：结合了包过滤防火墙、电路级网关和应用级网关的特点。同包过滤防火墙一样，规则检查防火墙能够在 OSI 网络层上通过 IP 地址和端口号，过滤进出的数据包。它也像电路级网关一样，能够检查 SYN 和 ACK 标记及序列数字是否逻辑有序。当然它也像应用级网关一样，可以在 OSI 应用层上检查数据包的内容，查看这些内容是否符合公司网络的安全规则。规则检查防火墙虽然集成了前 3 者的特点，但不同的是，它并不打破客户机/服务机模式来分析应用层的数据，允许受信任的客户机和不受信任的主机建立直接连接。规则检查防火墙不依靠与应用层有关的代理，而是依靠某种算法来识别进出的应用层数据。这些算法通过已知合法数据包的模式来比较进出的数据包，这样从理论上就能比应用级代理在过滤数据包上更有效。

目前在市场上流行的防火墙大多属于规则检查防火墙。因为该类防火墙对用户透明，在 OSI 最高层上加密数据，不需要用户去修改客户端的程序，也不需对每个需要在防火墙上运行的服务额外增加一个代理。如现在最流行的防火墙：OnTechnology 软件公司生产的 OnGuard 和 CheckPoint 软件公司生产的 Fire Wall-1 防火墙都是规则检查防火墙。

4. 防火墙的使用

在具体应用防火墙技术时，还要考虑到以下两个方面的内容：一是防火墙是不能防病毒的，尽管有不少的防火墙产品声称其具有这个功能；二是防火墙技术的另外一个弱点是数据在防火墙之间的更新很难，如果延迟太久将无法支持实时服务请求。并且，防火墙采用滤波技术。滤波通常使网络的性能降低 50%以上。如果为了改善网络性能而购置高速路由器，又会大大提高经济预算。

总之，防火墙是企业网安全问题的流行方案，即把公共数据和服务置于防火墙外，使其对防火墙内部资源的访问受到限制。作为一种网络安全技术，防火墙具有简单实用的特点，并且透明度高，可以在不修改原有网络应用系统的情况下达到一定的安全要求。

防火墙不是万能的，一般存在以下缺陷：

1）防火墙不能防范内部用户的攻击。恶意的外部用户直接连接到内部用户的机器上，以内部用户的机器为跳板，就可以绕过防火墙进行攻击。

2）不能拦截带病毒的数据在网络之间传播。

3）防火墙不能防止数据驱动式攻击。有些表面看来无害的数据被邮寄或复制到 Internet 主机上，被执行而发起攻击时，就会发生数据驱动攻击，这时防火墙也无能为力。

因此，防火墙只是整体安全防范政策的一部分。有时，我们还需要对内部网的部分站点加以保护，以免受到内部其他站点的侵袭。

7.2.4 VPN

VPN 即 virtual private network，通常被翻译成虚拟专用网，是一种存取受控制的通信环境，通过共享通信基础设施为用户提供定制的网络连接服务，要求用户共享相同的安全性、优先级服务、可靠性和可管理性策略。其目的在于只允许同一利益共同体的内部同层实体连接。

VPN具有成本较低、扩展容易、方便联系、完全控制主动权等优点。用户可以根据使用场景的不同采用以下不同类型的VPN。

（1）内联网VPN（Intranet VPN）

内联网 VPN 保护公司的因特网不被外部入侵。当用于数据传输通道的两个端点被认为是可信的时候，可以采用内联网 VPN 来保证公司的重要数据流经因特网传输时的安全性。内联网 VPN 的安全性重点在于加强两个虚拟专用网服务器之间的加密和认证手段，因此对于具有不同可信程度的分公司或个人应采取不同的安全措施。

（2）外联网VPN（extranet VPN）

外联网 VPN 利用 VPN 将企业网延伸至合作伙伴与客户。通常 VPN 代理服务器被放在一个不能穿透的防火墙隔离之后，所有经过过滤后的数据通过唯一入口传到 VPN 服务器，然后根据安全策略来进一步过滤，具体技术由加密、认证和访问控制共同组成。

（3）远程接入VPN（access VPN）

在远程接入 VPN 中，当用户方发起 VPN 连接时，用户端必须维护与管理发起隧道连接的有关协议和软件。而在接入服务器发起 VPN 连接时，构建 VPN 所需的协议及软件均由 ISP 负责，所建立的 VPN 连接对远程用户是透明的。在此情况下，公司中每个人的访问权限表由网络管理员制订，并且要符合公司的安全策略。

7.2.5 入侵检测

入侵检测系统 IDS 是 Intrusion Detection System 的简称，它是防火墙的合理补充，帮助系统对付网络攻击，扩展了系统管理员的安全管理能力，提高了信息安全基础结构的完整性。在网络安全体系中，IDS 是唯一一个通过数据和行为模式判断其是否有效的系统。

1. 入侵检测的概述

入侵检测的目标就是从信息系统和网络资源中采集信息，分析来自网络内部和外部的信号，实时地对攻击做出反应。其主要特征是使用主机传感器监控系统的信息，实时监视可疑的连接，检查系统日志，监视非法访问，并判断入侵事件，然后迅速做出反应。

由于许多情况下可以记录和禁止网络活动，所以入侵检测系统是防火墙的延续。它们可以和防火墙、路由器配合工作。入侵检测系统与系统扫描器不同，系统扫描器是根据攻击特征数据库来扫描系统漏洞的，它更关注配置上的漏洞，而不是当前进出用户主机的流量。在遭受攻击的主机上，即使正在运行着扫描程序，也无法识别这种攻击。

入侵检测是通过计算机网络或计算机系统中的若干关键点收集信息并对其进行分析，从中发现网络或系统中是否有违反安全策略的行为和遭到袭击迹象的一种安全技术。

1980 年，美国人詹姆斯·安德森在《计算机安全威胁监控与监视》中第一次详细阐述了入侵检测的概念。1986 年，乔治敦大学研究出了第一个实时入侵检测专家系统。

1990年，加州大学开发出了网络安全监控系统，该系统第一次直接将网络流作为审计数据来源，因而可以在不将审计数据转换成统一格式的情况下监控异种主机。从此，入侵检测系统发展史翻开了新的一页，基于网络的IDS和基于主机的IDS两大阵营正式形成。1988年之后，美国开展对分布式入侵检测系统的研究，将基于主机和基于网络的检测方法集成到一起。从20世纪90年代到现在，入侵检测系统的研发呈现出百家争鸣的繁荣局面，并在智能化和分布式两个方向取得了长足的进展。入侵检测按照分析方法或检测原理可以分为基于统计分析原理的异常入侵检测与基于模板匹配原理的误用入侵检测；按照体系结构可分为集中式入侵检测和分布式入侵检测；按照工作方式可分为离线入侵检测和在线入侵检测。

2. 常用的入侵检测手段

入侵检测系统常用的检测手段有特征检测、统计检测与专家系统。据公安部计算机信息系统安全产品质量监督检验中心的报告，国内送检的入侵检测产品中有95%是属于使用入侵模板进行模式匹配的特征检测产品，其他5%是采用概率统计的统计检测产品与基于日志的专家知识库系产品。

（1）特征检测

特征检测对已知的攻击或入侵的方式做出确定性的描述，形成相应的事件模式。当被审计的事件与已知的入侵事件模式相匹配时，便触发报警。其原理上与专家系统相仿，检测方法与计算机病毒的检测方式类似。目前基于对包特征描述的模式匹配应用较为广泛。该方法预报检测的准确率较高，但对于无经验知识的入侵与攻击行为无能为力。

（2）统计检测

统计模型常用异常检测。在统计模型中常用的测量参数包括审计事件的数量、间隔时间、资源消耗情况等。入侵检测常用的5种统计模型为操作模型、方差、多元模型、马尔柯夫过程模型、时间序列分析。

统计方法的最大优点是它可以学习用户的使用习惯，从而具有较高的检出率与可用性。但是它的学习能力也给入侵者提供了机会，入侵者通过逐步训练使入侵事件符合正常操作的统计规律，从而通过入侵检测系统。

3. 专家系统

专家系统对入侵进行检测，经常针对有特征入侵行为。所谓的规则即知识，不同的系统与设置具有不同的规则，且规则之间往往无通用性。专家系统的建立依赖于知识库的完备性，知识库的完备性又取决于审计记录的完备性与实时性。入侵的特征抽取与表达，是入侵检测专家系统的关键。在系统实现中，将有关入侵的知识转化为if-then结构（也可以是复合结构），其中if部分为入侵特征，then部分是系统防范措施。运用专家系统防范有特征入侵行为的有效性完全取决于专家系统知识库的完备性。

7.2.6 信息安全解决方案

今天，计算机和互联网正快速发展，其安全问题也随之突显出来，主要表现在网上信息失密、泄密、窃密及传播有害信息、黑客攻击、计算机违法犯罪等。人民服务机构——政府机关和企事业单位也强烈地感受到了来自安全方面的威胁。

政府机关的信息网络安全，尤其是各级政府机关在网络世界中的服务窗口的因特网站点的安全问题，关系到国家的主权和形象，必须慎重对待、妥善解决。对于国家卫士系统这样的全国性网络系统来说，一旦网络中传输的用户信息被有意窃取、篡改，所造成的损失是不可估量的。因此网络系统数据安全的实施显得非常重要。

网络安全产品就是为了保证信息的安全性而产生的。下面介绍几种网络安全产品。

（1）物理安全

重要信息可能通过电磁辐射或线路干扰等泄露，需要对存放绝密信息的机房进行必要的设计。如构建屏蔽室；采用辐射干扰机，防止电磁辐射泄露机密信息；对存有重要数据且有实时性服务要求的服务器必须采用 UPS 不间断稳压电源，数据库服务器采用双机热备份、数据迁移等方式保证数据库服务器实时对外部用户提供服务并且能快速恢复。

（2）系统安全

对于操作系统的安全防范可以采取如下策略：尽量采用安全性较高的网络操作系统并进行必要的安全配置，关闭一些不常用却存在安全隐患的应用，对一些关键文件（如 UNIX 下的/.rhost、etc/host、passwd、shadow、group 等）的使用权限进行严格限制，加强口令字的使用，及时给系统打补丁，系统内部的相互调用不对外公开。

（3）防火墙

防火墙是网络安全最基本、最经济、最有效的手段之一。防火墙可以实现内部、外部网或不同信任域网络之间的隔离，从而有效地控制对网络的访问。

（4）加密

目前，网络运营商所开展的 VPN 业务类型一般有以下 3 种：拨号 VPN 业务（VPDN）、专线 VPN 业务及 MPLS 的 VPN 业务。

移动互联网络 VPN 业务可以为用户提供拨号 VPN、专线 VPN 服务，并应考虑 MPLSVPN 业务的支持与实现。

VPN 业务一般由业务承载网络、业务管理中心、接入系统及用户系统几部分组成。用支持 VPN 的路由设备实现电信级的加密传输功能是现阶段最可行的办法。

（5）安全评估系统

网络系统存在的安全漏洞（如安全配置不严密等）、操作系统的安全漏洞等是黑客入侵者的攻击屡屡得手的重要因素。随着网络的升级或新增的应用服务，网络或许还会出现新的安全漏洞。因此必须配备网络安全扫描系统检测网络中所存在的安全漏洞，还要经常使用，并对扫描结果进行分析审计，及时采取相应的措施填补系统漏洞，对网络设备等存在的不安全配置重新进行安全配置。

(6) 入侵检测系统

在许多人看来，有了防火墙网络就安全了，就可以高枕无忧了。其实，这是一种错误的认识。防火墙可以对所有的访问进行严格控制（允许、禁止、报警）。但它是静态的，而网络安全是动态的、整体的，黑客的攻击方法有无数种，而防火墙不是万能的，不可能完全防止这些有意或无意的攻击。所以必须配备入侵检测系统，而对透过防火墙的攻击进行检测并做出相应的反应（记录、报警、阻断）。入侵检测系统和防火墙配合使用可构成一个整体的、完善的网络安全保护系统，可以实现多重防护。

(7) 防病毒系统

病毒危害性极大并且传播极为迅速，所以必须配备从服务器到单机的整套防病毒软件，防止病毒入侵主机并扩散到全网，实现全网的病毒安全防护。由于新病毒的出现比较快，所以要求防病毒系统的病毒代码库的更新周期必须比较短。

(8) 数据备份系统

安全不是绝对的，没有哪种产品可以做到百分之百的安全，但我们的许多数据需要绝对的保护。最安全的、最保险的方法是对重要的数据信息进行安全备份，通过网络备份与灾难恢复系统定时地自动备份数据信息到本地或远程的磁带上，并把磁带与机房隔离保存在安全的位置。如果遇到系统受损，就可以利用灾难恢复系统进行快速恢复。

(9) 安全管理体制

安全体系的建立和维护需要良好的管理制度和很高的安全意识来保障。安全意识可以通过安全常识培训来提高，行为只能通过严格的管理体制来约束，并利用法律手段来实现。因此必须在电信部门系统内根据自身的应用与安全需求，制定安全管理制度并严格执行。通过安全知识及法律常识的培训，加强员工整体的自身安全意识及防范外部入侵的安全技术。

7.3　计算机病毒

计算机病毒是指编制或者在计算机程序中插入的破坏计算机功能或者毁坏数据、影响计算机使用，并能自我复制的一组计算机指令或者程序代码。可以说，计算机病毒是一种由某些"特殊人才"编制的程序，不以独立文件的形式存在。它利用计算机软、硬件所固定的脆弱性，通过非授权入侵隐藏在可执行程序或数据文件中。病毒具有自我复制能力，可通过U盘或网络传播到其他机器上，可造成计算机系统运行失常或导致整个系统瘫痪。

7.3.1　计算机病毒概述

1. 计算机病毒的特征

计算机病毒就是能够通过某种途径潜伏在计算机存储介质（或程序）里，当达到某种条件时即被激活的、对计算机资源具有破坏作用的一组程序或指令集合。计算机病毒程序一般具有5个方面的特征。

（1）一段可执行程序

计算机病毒是一段可存储可执行的"非法"程序。和其他合法程序一样，它可以直接或间接地运行，可以隐蔽在可执行程序或数据文件中，不易被人们察觉和发现。

（2）传染性

计算机病毒程序具有很强的自我复制能力。病毒程序运行时进行自我复制，并不断感染其他程序，在计算机系统内、外扩散。因此，一旦机器感染病毒，这种病毒就会像瘟疫一样迅速传播开来。

计算机病毒主要通过硬盘、网络及U盘等进行传染。

（3）潜伏性

计算机病毒的潜伏性是指计算机病毒进入系统并开始破坏数据的过程不易为用户察觉，而且这种破坏活动又是用户难以预料的。计算机病毒一般依附于某种介质中，它可以在几周或几个月内进行传播和再生而不被人发现。实际上当病毒被发现时，系统往往已经被感染，数据已经被破坏，系统资源也已经被损坏。

（4）激发性

计算机病毒一般都有一个激发条件触发其传染。如在一定条件下激活一个病毒的传染机制使之进行传染，或者在一定的条件下激活计算机病毒的表现部分，或破坏部分，或同时激发其表现和破坏部分。

（5）破坏性

计算机病毒的破坏性是指对正常程序和数据进行增、删、改、移，从而造成局部功能的残缺，或者系统的瘫痪、崩溃。该功能是由病毒的破坏模块实现的。计算机病毒的目的就是破坏计算机系统，使系统资源受到损失，数据遭到破坏，计算机运行受到干扰，严重时造成计算机的全面摧毁。

随着计算机互联网的高速发展和计算机软硬件水平的不断提高，病毒传播途径不再局限于存储介质之间的媒介传播，更多的是经过互联网、局域网传播，且其传播速度更广、更快。

2. 计算机病毒的分类

1）按照计算机病毒依附的操作系统分类：基于DOS系统的病毒、基于Windows系统的病毒、基于UNIX系统的病毒及基于OS/2系统的病毒形式。

2）按照计算机病毒的传播媒介分类：通过存储介质传播和通过网络传播的病毒。

3）按照计算机病毒的寄生方式和传播途径分类：引导型病毒、文件型病毒、混合型病毒。

另外还有一种叫宏病毒，它的传播极快，制作、变种方便，破坏性极大。

3. 计算机病毒的表现形式

由于技术上的防病毒方法尚无法达到完美的境地，难免有新病毒会突破防护系统的保护，传染到计算机中。因此，及时发现异常情况，不使病毒传染到整个磁盘和计算机，应对病毒发作的症状予以注意。

计算机病毒出现什么样的表现症状，是由计算机病毒的设计者决定的。而计算机病毒设计者的思想又是不可判定的，所以计算机病毒的具体表现形式也是不可判定的。然而可以肯定的是病毒症状是在计算机系统的资源上表现出来的，具体出现哪些异常现象和所感染的病毒种类直接相关。感染病毒可能出现的症状有下面几种。

1）键盘、打印、显示有异常现象。如键盘在一段时间内没有任何反应，在屏幕显示或打印时出现一些莫名其妙的图形、文字、图像等信息。

2）系统启动异常，引导过程明显变慢。

3）机器运行速度突然变慢。

4）计算机系统出现异常死机或死机频繁。

5）无故丢失文件、数据。

6）文件大小、属性、日期被无故更改。

7）系统不识别磁盘或硬盘，不能开机。

8）扬声器发出尖叫声、蜂鸣声或乐曲声。

9）个别目录变成一堆乱码。

10）计算机系统的存储容量异常减少或有不明常驻程序。

11）没有写操作时出现"磁盘写保护"信息。

12）异常要求用户输入口令。

13）程序运行出现异常现象或出现不合理结果等。

发生上述现象，应意识到系统可能感染了计算机病毒。但也不能把每一个异常现象或非期望后果都归于计算机病毒，因为可能还有别的原因，如程序设计错误造成的异常现象，必须通过适当的检测手段来确认系统是否感染了计算机病毒。

7.3.2 计算机病毒的检测与清除

杀毒软件一般包含两部分，一是病毒检测程序，查找出病毒；另一部分是病毒消除程序。在检测病毒时，最主要是保证判断准确。如果在病毒检测时发生误判，会使下一步的消除工作对系统造成破坏作用。如产生文件不能运行，系统不能启动或者硬盘不能识别等严重后果。

当用户在使用计算机的过程中，发现计算机工作不正常，甚至直接出现了病毒发作的现象时不要慌张，首先应该马上关闭计算机电源，以免病毒对计算机造成更多的破坏，然后用无毒盘启动计算机，使用病毒消除软件对系统进行病毒清除。一般用户不宜用手工的方法消除病毒，因为用户的一个误操作可能会使操作系统或文件损坏，其结果可能更严重。

清除计算机病毒的关键是要把病毒的传染机制弄清楚。如果有任何不当操作，都会在杀毒过程中给系统带来意想不到的灾难。

目前常用的杀毒软件有瑞星杀毒软件、金山毒霸、360杀毒软件、卡巴斯基等。

由于计算机病毒的种类繁多，而且新的病毒变种不断出现，原本安装的杀毒软件虽然能抵御绝大多数已知病毒的入侵，但是面对某些特种病毒及变种或者未知病毒，就有可能防不胜防。因此，除了安装一般的防毒软件，最好安装几种常用的"专杀"软件，如专门针对木马变种病毒、求职信病毒、冲击波病毒、震荡波病毒等的专杀工具。

7.3.3 计算机病毒防治技术

对于已经感染了病毒的计算机，首先应当将没有感染任何病毒的系统盘插入光驱，或 USB 接口进行启动，然后再采取消除病毒的措施。

目前广泛应用的病毒防治技术有 3 种。

（1）特征码扫描法

这种方法是分析出病毒的特征病毒码，并将其集中存放于病毒代码库文件中，在扫描时将扫描对象与特征代码库做比较，如有吻合则判断为染上病毒。该技术实现过程简单有效、安全彻底，但庞大的特征代码库会造成查毒速度的下降。

（2）虚拟执行技术

该技术通过虚拟执行方法查杀病毒，可以对付加密、变形、异形及病毒生产机生产的病毒。在查杀病毒时，机器虚拟内存中会模拟指令的执行。由于是在虚拟机环境中虚拟执行，因此带毒文件并不会真正被执行。

（3）文件实时监控技术

该技术通过操作系统底层接口技术，对系统中的所有类型文件或指定类型的文件进行实时的行为监控，一旦有病毒传染或发作就及时报警，从而实现对病毒的实时自动监控。这种技术能够有效控制病毒的传播途径，但是这种技术的实现难度较大，系统有效资源的占用率也会降低。

不过，正像医疗一样，病毒的预防更加重要。因为系统一旦染上病毒，就如同病人的肌体生病一样，已经受到了不同程度的损害。

具体来说，病毒防治应该做到以下几点：

1）及时给操作系统打上漏洞补丁。

2）对外来的 U 盘或光盘，应先使用杀毒软件检测确认无毒后再使用。

3）系统盘和重要数据盘要做写保护，防止被感染。

4）在硬盘无毒的情况下，尽量不要使用系统盘启动系统。

5）对于重要系统信息和重要数据要经常进行备份，以便系统遭到破坏后能及时得到恢复。系统信息主要指主引导记录、引导记录、CMOS 等。重要数据是指日常工作中自己创作、收集而来的数据文件，如手工输入的文章、费了很大劲才得到的数据等。

6）经常使用查毒软件对计算机进行预防性检查。

7）对于网络上的计算机用户，要遵守网络软件的使用规定，不能在网络上随意使用外来的软件。

8）留意各种媒体有关病毒的最新动态，注意反病毒商的病毒预报。及时了解计算机病毒的发作时间,并事先采取措施,如 CIH 病毒的发作时间为 4 月 26 日,可以通过修改系统日期跳过这一天,避免其发作。

9)安装正版杀毒软件,并及时升级。千万不要相信盗版的、解密的、从别处复制来的杀毒软件。因为这些软件包不但杀毒能力极低,而且有可能由于广为传播而使自己也携带有恶性病毒,反倒成了携带和传播病毒的"罪魁祸首"。

尽管采取了各种防范措施,系统仍无法避免感染病毒。因此,检测和消除病毒仍是用户维护系统正常运转所必需的工作。检测和消除病毒通常可使用两种方法:一种是使用通常的工具软件,另一种是使用杀毒软件。其目的都是判断病毒是否存在、确定病毒的类型,并合理地消除病毒。但是,必须再次强调的是一旦发现系统感染了病毒,首先应使用没有感染的系统盘启动机器,然后再采取相应的杀毒措施。

7.4 计算机安全法规与社会责任

除了网络安全与管理技术外,网络安全保障的关键要素还包括网络安全策略、网络安全管理和网络安全运作。可以说七分管理,三分技术——管理是关键,技术是保障。提高安全意识、加强安全管理才能减少故障次数、预防安全事件、节省维护开支。

7.4.1 安全保密行政管理

加强计算机网络和信息系统的安全保密工作,是时代发展的客观要求。随着信息技术的飞速发展,计算机网络正在向全球各个角落辐射,并渗透到社会的各个领域。信息化、网络化已成为当今时代的重要特征。计算机网络作为国家的关键基础设施和战略命脉,其安全保密状况直接关系着国家的安全与发展。当前,计算机网络空间的信息控制与反控制、窃密与反窃密的斗争日趋激烈,网络安全保密已成为国际社会关注的焦点。

由于网络安全保密关乎国家的安危、民族的兴衰,许多国家把它作为国家安全战略的重大课题,列入发展规划,并投入了大量的人力、物力和财力。我国也建立了相应的机构,做出了战略部署。现在从下面几个方面来分析网络安全。

1. 安全保密行政管理

坚持"两手抓",即一手抓技术防范,一手抓行政管理。安全保密行政管理包括以下内容:

1)要确保计算机信息系统的操作和维护人员可靠。
2)计算机信息系统正式启用前要进行安全保密检查。
3)严格划分系统的密级。
4)采取必要的屏蔽、干扰措施。

5）对秘密信息的读取和传输采取认证和加密措施。
6）加强教育，建立健全法规制度。

2. 当前安全保密存在的主要问题

我国网络信息安全保密当前存在的主要问题如下：
1）安全保密意识淡薄，重建设、轻防护的现象比较突出。
2）主要软、硬件依赖进口，泄密隐患严重。
3）安全保密技术落后，防护能力低下。
4）组织管理跟不上，缺乏宏观规划，规章制度不健全、不严格。

3. 目前信息系统面临的主要安全问题

目前信息系统面临的主要安全问题有以下几个方面：
1）网络信息的安全问题：主要威胁有特洛伊木马程序、拒绝服务攻击、入侵、网络欺骗、信息窃取和病毒等。
2）关键设备依赖进口的问题：隐含有后门。
3）电磁辐射问题。
4）保密意识问题：WWW、BBS等泄密，介质丢失、被盗泄密等。

4. 提高计算机在网络上的安全性

在联网的计算机上工作，操作者必须养成一些良好的安全习惯，否则很容易成为黑客或者一些测试黑客工具的实验品。
1）不要随便运行不太了解的程序，如"特洛伊木马"类黑客程序就需要骗用户运行后，才能起到窃密作用。
2）密码设置尽可能使用字母数字混排，保护重要信息的密码最好经常更换。
3）不要随便运行黑客程序，有时会泄露密码信息。
4）在使用过程中，如遇到系统的提交警告或要求提供密码等情况，要特别谨慎，最好先查看源代码，因为这很可能是黑客模拟的，目的是骗取密码。

5. 计算机信息系统的安全保密措施

1）对计算机机房、终端室、数据库、控制中心加强安全保卫，并设报警系统。
2）对计算机机房屏蔽，或配备干扰器，防止计算机的电磁波辐射和外来的干扰。
3）对使用计算机的用户活动情况进行登记，特别是所使用的终端、上机时间、处理数据等，便于分析发现异常的情况。
4）对重要的数据、文件应有备份，一旦发生窃密事件，可及时恢复原始数据。
5）对在通信线路上传播和在库中储存的秘密数据进行加密，可由软件或硬件来实现。

6）加强磁介质的抹除技术，防止数据被抹去后仍然从残存的信号中提取复原。对记录有重要信息的磁介质不得重新使用，应随数据一起销毁。

6. 网络信息系统安全保密工作应坚持的原则

1）同步建设：统一规划，统一设计，同步实施，同步发展。
2）分级保护：做到"上网计算机不涉密，涉密计算机不上网"。
3）综合治理：一手抓技术，一手抓管理。
4）统筹兼顾：网络建设与应用必须考虑安全保密。

7. 网络信息系统安全保密的目标

网络信息系统的安全保密工作应按照"先进、科学、可靠、适用"的标准，以"非法用户进不来，秘密信息取不走，网络基础摧不垮"为目标。

7.4.2 国际上与信息安全相关的法律

国际上与信息系统发展相关的法律法规包括：《计算机信息网络国际联网安全保护管理办法》，联合国《电子数据交换及贸易数据通信有关手段法律方面的统一规则草案》形成了国际 EDI 法律基础，美国犹他州制定了世界上第一个《数字签名法》，联合国国际贸易法委员会（UNCITRAL）通过了《电子商务示范法》，稍后起草了《电子签名统一规则》，新加坡公布了电子交易法案，欧盟发布了《电子签名统一框架指令》1999/93/CE，美国签发了《全球、国内电子商务签章法》，联合国国际贸易法委员会通过了《电子签字示范法》等。

7.4.3 我国与信息安全相关的法律

我国在信息安全立法方面，2006 年出台或实施的相关政策、法律、法规有《2006—2020 国家信息化发展战略》《国务院办公厅关于加强政府×××和管理的意见》《治安管理处罚法》《信息安全等级保护管理办法》《电子银行安全评估指引》《互联网络安全保护技术措施规定》《互联网电子邮件服务管理办法》《国家通信保障应急预案》《银行业金融机构信息系统风险管理指引》《商用密码科研管理规定》《商用密码产品生产管理规定》《商用密码产品销售管理规定》等。在地方法规层面，还有《北京市公共服务网络与信息系统安全管理规定》《浙江省信息安全等级保护管理办法》《云南省电子政务管理办法》等。

其中，值得关注的是《2006—2020 国家信息化发展战略》对我国信息安全现状、问题、目标和任务进行了阐述，制定并实施了国家信息安全战略，初步建立了信息安全管理体制和工作机制，这意味着基础信息网络和重要信息系统的安全防护水平明显提高，互联网信息安全管理进一步加强。

当前我国信息化发展也存在着一些亟待解决的问题，主要表现为信息安全问题仍比较突出。在全球范围内，计算机病毒、网络攻击、垃圾邮件、系统漏洞、网络窃密、虚假有害信息和网络违法犯罪等问题日渐突出，如应对不当，可能会给我国社会经济的发展和国家安全带来不利影响。

全面加强国家信息安全保障体系建设，坚持积极防御、综合防范，探索和把握信息化与信息安全的内在规律，主动应对信息安全挑战，实现信息化与信息安全协调发展。坚持立足国情，综合平衡安全成本和风险，确保重点，优化信息安全资源配置。建立和完善信息安全等级保护制度，重点保护基础信息网络和关系国家安全、经济命脉、社会稳定的重要信息系统。加强密码技术的开发利用。建设网络信任体系。加强信息安全风险评估工作。建设和完善信息安全监控体系，提高对网络安全事件的应对和防范能力，防止有害信息的传播。高度重视信息安全应急处理工作，健全信息安全应急指挥和安全通报制度，不断完善信息安全应急处理预案。从实际出发，促进资源共享，重视灾难备份建设，增强信息基础设施和重要信息系统的抗毁能力和灾难恢复能力。

对于信息化法制建设，《2006—2020 国家信息化发展战略》中明确指出："加快推进信息化法制建设，妥善处理相关法律法规制定、修改、废止之间的关系，制定和完善信息基础设施、电子商务、电子政务、信息安全、政府信息公开、个人信息保护等方面的法律法规，创造信息化发展的良好法制环境。"

从 1994 年的《计算机信息系统安全保护条例》至今，经过 20 多年的法制建设，我们可以粗略地找到近百部信息安全法律法规。可以说，我们的各级立法部门和政府已经做了大量的工作。但在实践操作中，法律的缺位和不到位现象还经常出现，肆虐横行的违法犯罪行为似乎依然有恃无恐，光怪陆离的计算机病毒也还是电脑中的常客，信息安全法制环境还是没有给予用户随时随地、强大有力的安全感。究其原因，我们认为，信息安全政策法律法规中法律的严重不足是主要原因。

7.5　"互联网+"时代个人信息安全防护

对于个人而言，首先要做的就是为计算机安装一套杀毒软件，并定期升级所安装的杀毒软件，同时打开杀毒软件的实时监控程序，定期检查计算机系统内文件是否有病毒，如发现病毒应立即使用杀毒软件进行清除，以维护计算机的正常运行，保护计算机系统数据的安全。

继而，安装个人防火墙以抵御黑客的袭击，最大限度地阻止网络中的黑客来访问你的计算机，防止你的重要信息被更改复制毁坏。防火墙在安装后一定要根据需求进行详细配置。另外，需要特别注意的是，不要使用弱密码，不要在多个场合使用同一个密码，不要长期使用固定的密码，更不要随意将密码泄露给外人。

在使用互联网时，应选择信誉较好的网站下载软件，将下载的软件及程序集中放在非引导分区的某个目录，在使用前最好用杀毒软件对其进行病毒查杀；不要打开来历不明的电子邮件及其附件,以免遭受病毒邮件的侵害;同样也不要接收和打开来历不明的 QQ 或微信发过来的文件。

最后,要培养良好的使用计算机的道德规范,不要蓄意破坏和损伤他人的计算机系统设备及资源,不要制造病毒程序,不要使用带病毒的软件,更不要有意传播病毒给其他计算机系统。同时,要注意定期备份重要的文件与资源。

(1) 杀毒软件

杀毒软件也称反病毒软件或防毒软件,是用于消除计算机病毒、特洛伊木马和恶意软件等计算机威胁的一类软件。杀毒软件通常集成监控识别、病毒扫描和清除、自动升级等功能,有的杀毒软件还带有数据恢复等功能,是计算机防御系统的重要组成部分。图 7-1 是 2018 年杀毒软件排行榜的前十名,可以任选其一进行安装和使用。但是需要注意的是,杀毒软件不可能查杀所有的病毒,杀毒软件查到的病毒也不一定都能杀掉。

图 7-1 2018 年杀毒软件排行榜前十名

(2) 个人防火墙

个人防火墙是防止计算机中的信息被外部侵袭的一项技术,它能在系统中监控、阻止任何未经授权允许的数据进入,或发出到互联网及其他网络系统。个人防火墙的优点是成本低、不需要额外的硬件资源;缺点是对公共网络只有一个物理接口,防火墙本身很容易受到威胁。

(3) 口令安全

作为信息系统的第一道屏障,设置一个安全的口令尤为重要。当黑客想要破译口令时，他并不会首先使用穷举攻击，而是先查找一份常用口令表。据统计，在最糟糕的 500 个口令中，每九个就会有一个口令出现在这个表里，而每 50 个人中就会有一个出现在前 20 位中。因此，我们就不难理解口令设置中的那些强制的规则了，如：

1）密码口令的位数应在 8～12 位。
2）应使用字母和数字结合的方式。
3）避免使用有规律的字母或数字组合。

同时，对于上网用的常用口令和财务相关的银行密码一定要分别对待，并在上网时尽量使用软键盘的方式填写口令，及时更新软件和插件，及时清除上网的痕迹。

设置安全口令时可以遵循以下建议：首先设置一个相对较长的口令，这是最简单易行的方法；其次可以采用 E-mai 地址的方式来设置口令，选一个非常用字符安置在口令的中间；除此之外，我们可以采用重复、分隔、替代的方式来让口令变形成难破解的形式；或者使用非单词、外语、俚语、方言来设置口令，达到让人难以猜测的目的。

（4）数据备份

数据备份的重要性毋庸置疑。无论防范措施做得多么严密，也无法完全防止"道高一尺，魔高一丈"的情况出现。如果遭到致命的攻击，操作系统和应用软件可以重装，但重要的数据就只能靠日常的备份了。所以无论采用了多么严密的防范措施，也不要忘了随时备份重要数据，做到有备无患。图 7-2 所示展示了一些可用于个人数据备份的软件。

图 7-2 个人数据备份的软件

习　题

一、选择题

1. 数字签名可以保证信息传输的（　　）。
   A．完整性　　　　　　　　　　B．真实性
   C．完整性和真实性　　　　　　D．机密性
2. 下面关于认证技术的说法中，正确的是（　　）。
   A．消息认证是给计算机网络中传送的报文加盖印章以保证其真实性的一种技术
   B．身份认证中一个身份的合法拥有者被称为一个实体
   C．数字签名是八进制的字符串
   D．以上都不对
3. 不对称形加密使用（　　）个密钥对数据进行加密或解密。
   A．1　　　　　　B．2　　　　　　C．3　　　　　　D．4
4. 在下列叙述中，正确的说法是（　　）。
   A．所有软件都可以被自由复制和传播
   B．受法律保护的计算机软件不能随便被复制
   C．软件没有著作权，不受法律的保护
   D．应当使用自己花钱买来的软件
5. （　　）不属于计算机病毒的特点。
   A．破坏性　　　　B．传染性　　　　C．隐蔽性　　　　D．不可发生性
6. 以下有关计算机病毒的描述中，不正确的是（　　）。
   A．计算机病毒是特殊的计算机部件
   B．计算机病毒传播速度快
   C．计算机病毒是人为编制的特殊程序
   D．计算机病毒危害大
7. 计算机病毒是一种（　　）。
   A．微生物感染　　B．电磁波污染　　C．程序　　　　　D．放射线
8. 所谓计算机病毒是指（　　）。
   A．能够破坏计算机各种资源的小程序或操作命令
   B．特制的破坏计算机内信息且可以自我复制的程序
   C．内存放的、被破坏的程序
   D．能感染计算机操作者的生物病毒
9. 下列各项中，（　　）不是预防计算机病毒的措施。
   A．建立备份　　　B．专机专用　　　C．不上网　　　　D．定期检查

10. 下列关于病毒的描述中，不正确的是（　　）。
    A. 对于病毒，最好的方法是采取"预防为主"的方针
    B. 杀毒软件可以抵御或清除所有病毒
    C. 恶意传播计算机病毒可能会犯罪
    D. 计算机病毒都是人为制造的
11. 目前使用的杀毒软件，能够（　　）。
    A. 检查计算机是否感染了某些病毒，如有感染，可以清除其中一些病毒
    B. 检查计算机是否感染了任何病毒，如有感染，可以清除其中一些病毒
    C. 检查计算机是否感染了病毒，如有感染，可以清除所有的病毒
    D. 防止任何病毒再对计算机进行侵害
12. 防止他人对传输的文件进行破坏需要（　　）。
    A. 数字签字及验证　　　　　　　B. 对文件进行加密
    C. 身份认证　　　　　　　　　　D. 时间戳
13. 我国的电子商务立法目前所处的阶段是（　　）。
    A. 已有《电子商务示范法》　　　B. 已有多部独立的电子商务法
    C. 已有成熟的电子商务法体系　　D. 还没有独立的电子商务法
14. 不属于传统防火墙的类型有（　　）。
    A. 包过滤　　　　　　　　　　　B. 入侵检测技术
    C. 电路层网关　　　　　　　　　D. 应用层网关
15. 对待计算机软件的正确态度是（　　）。
    A. 计算机软件不需要维护
    B. 计算机软件只要能复制得到就不必购买
    C. 受法律保护的计算机软件不能随便复制
    D. 计算机软件不必有备份
16. 通过自动记录一些重要的安全事件来检测入侵的安全技术称为（　　）。
    A. 流量统计　　　　　　　　　　B. 审计追踪
    C. 入侵陷阱　　　　　　　　　　D. 入侵捕获
17. 信息安全主要涉及（　　）。
    A. 信息存储的安全　　　　　　　B. 信息传输的安全
    C. 网络传输信息内容的安全　　　D. 以上3项都是
18. 计算机病毒对操作计算机的人（　　）。
    A. 只会感染，不会致病　　　　　B. 会感染致病
    C. 不会感染　　　　　　　　　　D. 会有厄运
19. 计算机病毒会造成（　　）。
    A. CPU的烧毁　　　　　　　　　B. 磁盘驱动器的损坏
    C. 程序和数据的破坏　　　　　　D. 磁盘的损坏

20. 计算机病毒造成的损坏主要是（   ）损坏。
   A．程序和数据　　　　　　　　B．磁盘驱动器
   C．磁盘和其中的程序及数据　　D．内存

二、填空题

1．计算机网络通信过程中对数据加密的方式有链路加密、_____和_____3种。

2．_____称为明文，明文经某种加密算法的作用后转变成密文，加密算法中使用的参数称为_____；密文经解密算法作用后形成_____输出，解密算法也有一个密钥，它和加密密钥可以相同也可以不同。

3．DES 加密标准是在_____位密钥控制下，将 64 位为单位的明文变成 64 位的密文。RSA 是一种_____加密算法。

4．数字证书是网络通信中标志_____的一系列数据，由_____发行。

5．为使发送方不能否认自己发出的签名消息，应该使用_____技术。

6．计算机病毒的特征主要有_____、_____、_____、_____、_____。

7．按病毒的破坏能力分类，计算机病毒可分为_____和_____。

第 8 章　多媒体技术

随着计算机技术的发展，尤其是随着网络的普及，人们不再满足于计算机简单地进行计算和单一的程序设计，开始更加关注于计算机带给我们应用的多样性。此时，多媒体技术应运而生，它给人们的生活、工作带来巨大的变化，使生活变得更加丰富多彩。它把文字、数据、图形、图像、动画、声音等多种媒体有机结合，使用户可以通过多种感官与计算机进行实时的信息交互，是一门综合技术。

8.1　多媒体技术概述

多媒体技术应用是当今信息技术领域发展最快、最活跃的技术，是新一代电子技术发展和竞争的焦点。它借助日益普及的高速信息网，可实现计算机的全球联网和信息资源的共享，因此被广泛应用在咨询服务、图书、教育、通信、军事、金融、医疗等诸多行业，并正潜移默化地改变着我们生活的面貌。

8.1.1　多媒体及多媒体技术

"多媒体"一词译自英文"multimedia"，该词是由 mutiple 和 media 复合而成。媒体 (medium) 包含两重含义：一是指存储信息的实体，如磁盘、光盘、U 盘、磁带、半导体存储器等，中文常译作媒质；二是指传递信息的载体，如数字、文字、声音、图形等，中文译作媒介。媒体时刻存在，人们在使用媒体的同时，也被当作媒体使用，即通过媒体获得信息或把信息保存起来。根据媒体的表现，媒体包含如下几种类型。

1. 感觉媒体

感觉媒体 (preception media) 是指能直接作用于人的感官，使人产生直接感觉的媒体，用于人类感知客观环境，主要包括文本信息、图形图像、动画信息、音频信息、视频信息等。

(1) 文本信息

文本信息是由文字编辑软件生成的文本文件，由汉字、英文或其他文字字符构成。文本是人类表达信息的最基本的方式，具有字体、字号、样式、颜色等属性。在计算机中表示文本信息主要有两种方式：点阵文本和矢量文本。目前，计算机中主要采用矢量文本。

(2) 图形图像

在计算机中，图形图像分为两类，一类是由点阵构成的位图图像，另一类是用数学描述形成的矢量图形。由于对图形图像信息的表示存在两种不同的方式,对它们的处理手段也是不同的。

(3) 动画信息

动画信息是一种通过一系列连续画面来显示运动的技术,通过一定的播放速度,来达到运动的效果。利用各种各样的方法制作或产生动画,是依靠人的"视觉暂留"功能来实现的,将一系列变化微小的画面,按照一定的时间间隔显示在屏幕上,就可以得到物体运动的效果。

(4) 音频信息

音频信息即声音信息。声音是人们用于传递信息最方便最熟悉的方式,主要包括人的语音、音乐、自然界的各种声音、人工合成声音等。

(5) 视频信息

连续的随时间变化的图像称为视频图像,又称运动图像。人们依靠视觉获取的信息占依靠感觉器官所获得信息总量的 80%。视频信息具有直观和生动的特点。

2. 表示媒体

表示媒体(representation media)是为了加工、处理和传输感觉媒体而人为研究和构造出来的一种媒体,即信息在计算机中的表示。表示媒体表现为信息在计算机中的编码,如 ASCII 码、图像编码、声音编码等。

3. 表现媒体

表现媒体(presentation media)又称为显示媒体,是指感觉媒体和用于通信的电信号之间转换用的一类媒体,是计算机用于输入/输出信息的媒体,如键盘、鼠标、光笔、显示器、扫描仪、打印机、绘图仪等。

4. 存储媒体

存储媒体(storage media)用于存放表示媒体,以便于保存和加工这些信息,也称为介质。常见的存储媒体有硬盘、软盘、磁带和 CD-ROM 等。

5. 传输媒体

传输媒体(transmission media)是指用于将媒体从一处传送到另一处的物理载体,如电话线、双绞线、光纤、同轴电缆、微波等。

但是,这些媒体传播的信息大都是非数字的,且相互独立。在多媒体技术出现之前,人们不能同时处理文字、图形和音视频等信息。在计算机中,多媒体就是由多种单一媒体复合而成的一种人机交互式的信息交流和传播媒体。

多媒体技术基于不同的角度有着不同的定义。一般地,多媒体技术是指通过计算机对文字、数据、图形、图像、动画、声音等多种媒体信息进行综合处理,使用户可以通过多种感官与计算机进行实时信息交互的技术。涉及的技术包括信息数字化处理技术、数据压缩和编码技术、高性能大容量存储技术、多媒体网络通信技术、多媒体系统软硬件核心技术、超媒体技术等。其中，信息数字化处理技术是基本技术，数据压缩和编码技术是核心技术。简言之，多媒体技术就是具有集成性、实时性和交互性的计算机综合处理声文图信息的技术。

8.1.2 多媒体技术的特点

与传统的媒体技术相比，多媒体技术有着其他媒体技术所不具备的特点。综合而言，主要有以下特点。

1. 数字化

传统媒体信息基本上是模拟信息，而多媒体处理的信息都是数字化信息，这正是多媒体信息能够集成的基础。

2. 集成性

所谓集成性是指将多种媒体信息有机地组织起来，共同表达一个完整的多媒体信息，使文字、图形、声音、图像一体化。如果只是将不同的媒体存储在计算机中，而没有建立媒体间的联系，比如只能实现对单一媒体的查询和显示，则不是媒体的集成，只能称为图形系统或图像系统。

3. 多样性

多样性是指信息载体的多样性，即计算机能够处理的信息范围呈现多样性。多种信息载体使信息的交换更加灵活、直观。多种信息载体的应用也使得计算机更容易操作和控制。

4. 交互性

传统媒体只能让人们被动接受，而多媒体则利用计算机的交互功能使人们对系统进行干预。比如，电视观众无法改变节目顺序，而多媒体用户却可以随意挑选光盘上的内容播放。

5. 实时性

多媒体是多种媒体的集成，在这些媒体中有些媒体（如声音和图像）是与时间密切相关的，这就要求多媒体必须支持实时处理。

6. 同步性

多媒体技术的同步性主要是指多媒体业务终端上显示的图像、声音和文字是以同步的方式工作的。

多媒体的众多特点中，集成性和交互性是最重要的，可以说它们是多媒体的精髓。

从某种意义上讲，多媒体的目的就是把电视技术所具有的视听合一的信息传播能力同计算机系统的交互能力结合起来，产生全新的信息交流方式。

8.1.3 多媒体技术的发展和应用

1. 多媒体技术的发展

多媒体技术以 1939 年法国的达盖尔发明的照相术为开端。之后人们除了继续将文本和数值处理作为信息处理的主要方式以外，对图形图像、音频和视频在信息领域的作用也进行了深入研究。自 20 世纪 80 年代初，个人计算机在性能上的不断进步和应用上的不断扩展，使人们利用计算机处理多媒体信息成为可能。计算机的多媒体技术大体上经历了 3 个阶段。

第 1 阶段是 1985 年以前，这一时期是计算机多媒体技术的萌芽阶段。在这个时期，人们已经开始将声音、图像通过计算机数字化后进行处理加工。该阶段具有代表性的事件是美国 Apple 公司推出了具有图形用户界面和图形图像处理功能的 Macintosh 计算机，并且提出了位图（bitmap）的概念。

第 2 阶段是 1985～1990 年，是多媒体技术中各项标准的初始形成阶段。这一时期制定的重要标准有：CD-I 光盘信息交换标准、CD-ROM 及 CD-R 可读写光盘标准、MPC 标准 1.0 版、PhotoCD 图像光盘标准、JPEG 静态图像压缩标准和 MPEG 动态图像压缩标准等。

第 3 阶段是 1990 年至今，是计算机多媒体技术飞速发展的阶段。在这一阶段，多媒体技术的种类和各项标准进一步得到完善，各种多媒体产品层出不穷，价格不断下降，多媒体技术的应用日趋广泛。

2. 多媒体技术的应用

目前，多媒体技术在应用上涉及广告、艺术、教育和培训、家庭娱乐和休闲、工程、医药、商业和服务行业、科学研究、电子出版业、Internet、虚拟现实等领域。如制作多媒体网页，商家可以将广告变成有声有画的互动形式，可以在更吸引买家之余，在同一时间内向买家提供更多的商品信息；制作多媒体教学软件，除了可以增加自学过程的互动性，更可以吸引学生自主学习，提升学生学习兴趣，以及利用视觉、听觉和触觉的反馈来增强学生对知识的理解和吸收。多媒体还可以应用于数字图书馆、数字博物馆、交通监控等领域。

8.2 多媒体计算机系统

多媒体计算机系统是指能把视、听和计算机交互式控制结合起来，对音频信号、视频信号的获取、生成、存储、处理、回收和传输综合数字化所组成的一个完整的计算机系统。在开发和利用多媒体技术的过程中，形成了多种专用的交互式多媒体系统。现在，使用最为广泛的是多媒体个人计算机（multimedia personal computer，MPC），它是在个人计算机的基础上，融合了图形图像、音频、视频等多媒体信息处理技术，包括软件技术和硬件技术，而构成的多媒体计算机系统。

一个多媒体计算机系统一般由 4 部分构成：多媒体硬件平台（包括计算机硬件、声像等多种媒体的输入输出设备和装置）、多媒体操作系统（MPCOS）、媒体处理系统工具和用户应用软件。

1. 多媒体硬件平台

多媒体硬件平台包括：计算机硬件、声音/视频处理器、多种媒体输入输出设备及信号转换装置、通信传输设备及接口装置等。其中，最重要的是根据多媒体技术标准而研制生成的多媒体信息处理芯片和板卡、光盘驱动器等。也就是说多媒体硬件平台是在个人计算机硬件设备的基础上，再附加上多媒体附属硬件。多媒体附属硬件包括两类：多媒体适配卡和外围设备。

（1）多媒体适配卡

多媒体适配卡的种类和型号很多，主要有声卡、视频卡、电话语言卡、传真卡、图形图像加速卡、电视卡、CD-I 仿真卡、modem 卡等。

1）声卡：用于录制和播放音频、合成音乐等工作，由输入输出接口和专用芯片组成。其中，输入输出接口包括 LINEIN（线路输入）、LINEOUT（线路输出）、MICIN（麦克风输入）、SPKOUT（声音输出）、JOYSTICK/MIDI（游戏杆/MIDI）等。目前，计算机主流声卡是支持杜比 AC-3 的具有 3D 音效的声卡，原来的 LINEOUT 接口已经被 REAR（环绕）接口取代；专用芯片由数字声音处理器、FM 音乐合成器以及 MIDI 控制器等专用芯片组成。

2）视频卡：用于处理多媒体视频信号，按功能分为：视频采集卡（video capture card）、视频转化卡（video conversion card）和视频播放卡（video play card）3 种。其中，视频采集卡的主要功能是从摄像机、录像机等视频信息源中捕捉模拟视频信息并转存到计算机外存中，以便进行后期编辑处理。视频采集卡又分为静态视频采集卡和动态视频采集卡，分别用于视频信息中捕捉静态图像和连续的动态图像。视频转换卡用于将计算机的 VGA 信号与模拟电视信号相互转换。视频播放卡用于把压缩视频文件，经过解压缩处理后播放。图 8-1 所示是几种视频卡。

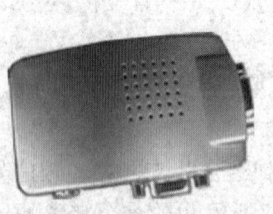  

图 8-1　几种视频卡的外观

（2）多媒体外部设备

以外部设备连接到计算机上的多媒体硬件设备有光盘驱动器、扫描仪、打印机、数码照相机、数码摄像机、触摸屏、投影仪、传真机、麦克风、多媒体音响等。

1）扫描仪。扫描仪是一种图形输入设备，用于将黑白或彩色图片资料、文字资料等平面素材扫描形成图像文件或文字，如图 8-2 所示。

图 8-2　几种不同样式的扫描仪

2）数码照相机。数码照相机的关键技术是电荷耦合器件（charge-coupled device，CCD，用于实现光电转换）。进入照相机镜头的光线聚集在 CCD 上，CCD 就把照在各个光敏单元上的光线，按照光线强度转换成模拟电信号，再转换成数字信号，存储在相机的存储卡中，再转存到计算机中进行处理，如图 8-3 所示。

图 8-3　便携式和专业数码照相机

通常按照结构特点和性能，将数码照相机分为以下几种。

① 经济型数码照相机：采用 120 万～300 万像素的 CCD，成像质量一般，适合家用。

② 中档数码照相机：300 万～500 万像素的 CCD，适合家用和要求不高的场合。

③ 高档数码照相机：500 万～800 万像素的 CCD，成像质量高，适合图像素材的拍摄及数码艺术品的制作。

④ 专业数码照相机：800 万～1 000 万像素的 CCD，成像质量高，色彩表现完美，适合于各种专业摄影、平面印刷出版等领域。

3）数码摄像机。数码摄像机（digital video，DV）是一种使用数字视频格式记录音频、视频数据的摄像机。DV 在记录视频时采用数字信号处理方式。它的核心部分就是将视频信号经过处理后转变为数字信号，并通过磁鼓螺旋扫描记录在数码录像带上。视频信号的转换和记录都是以数码形式存储的。DV 可获得很高的图像分辨率，色彩的亮度和频宽也远比普通摄像机高。音视频信息以数字方式存储，便于加工处理，可直接在DV上完成视频的编辑处理。另外，DV可以像数码照相机一样拍摄静态图像。

数码摄像机的外观如图8-4所示。

图8-4 各类数码摄像机

4）投影仪。投影仪是一种用来放大显示图像的投影装置，如图8-5所示，被广泛应用于教学、会议室演示，通过连接DVD影碟机等设备在大屏幕上观看电影等。

图8-5 投影仪的外观

(3) 通信设备

1）modem。modem（中文称为调制解调器）是指当两台计算机要通过电话线进行数据传输时，可以将数字信号转换成模拟信号（或反过来，将模拟信号转换成数字信号）的一种设备，从而实现两台计算机之间的远程通信。根据modem的形态和安装方式，大致可以分为：外置式modem、内置式modem、PCMCIA插卡式modem和机架式modem。

除以上4种常见的modem外，现在还有ISDN调制解调器和一种称为cable modem的调制解调器，另外还有一种ADSL调制解调器。

2）网卡。网卡是网络接口卡的简称（network interface card，NIC），是计算机局域网中重要的连接设备之一，用于实现联网计算机和网络电缆之间的物理连接，为计算机之间相互通信提供一条物理通道，并通过这条通道进行高速数据传输。

此外，多媒体外围设备还包括：①网络附加存储（network attached stored，NAS），它是一种特殊的专用数据存储服务器，内嵌系统软件，可提供跨平台文件共享功能。②存储局域网，它通过一个单独的网络（通常是高速光纤网络）把存储设备和挂在TCP/IP局域网上的服务器群相连。当有海量数据的存取需求时，数据可以通过存储局域网在相关服务器和后台存储设备之间高速传输。

2. 多媒体操作系统

多媒体操作系统也被称为多媒体核心系统（multimedia kernel system），包括实时任务调度、多媒体数据转换、同步控制多媒体设备，以及图形用户界面管理等。多媒体操作系统是多媒体软件核心系统，其主要任务是提供基本的多媒体软件开发的环境，它应具有图形和音视频功能的用户接口，以及实时任务调度、多媒体数据转换和同步算法等功能，能完成对多媒体设备的驱动和控制，对图形用户界面、动态画面的控制。多媒体操作系统依赖于特定的主机和外围设备构成的硬件环境，一般是专门为多媒体系统而设计的，或在已有的操作系统的基础上扩充和改造而成的。

主流的多媒体操作系统如：Intel 和 IBM 公司为 DVI 系统开发的 AVSS 和 AVK；Apple 公司在 Macintosh 上的 System 7.0 中提供的 QuickTime。在个人计算机上运行的多媒体操作系统，应用最广泛的是 Microsoft 公司的 Windows XP/7/10 操作系统。

3. 多媒体处理系统工具

多媒体处理系统工具也被称为多媒体系统开发工具软件，是多媒体计算机系统的重要组成部分，主要包括多媒体数据准备工具和制作工具。其中，数据准备工具用于多媒体素材的收集、整理和制作。通常按照多媒体素材的类型对多媒体数据准备工具进行分类，如声音录制编辑软件、图形图像处理软件、扫描软件、视频采集编辑软件、动画制作软件等。制作工具为多媒体开发人员提供组织编排多媒体数据和连接形成多媒体应用系统的软件工具。它能够编辑、写作，并能把各种多媒体信息编入程序、时间控制、调试和动态地输入或输出文件。制作工具主要包括如下几类。

（1）基于组织图的制作工具

如 Macromedia 公司的 Authorware 软件，这种制作工具的数据是以对象或事件的顺序来组织，且以流程图为主干，将各种图表、声音、控制按钮等放在流程图中，形成完整的多媒体应用系统。这类多媒体制作工具一般只用于多媒体素材的组成，而收集、制作、整理多媒体素材都由其他软件完成。

（2）基于组织时间的制作工具

如 Macromedia 公司的 Director 软件，数据是以一个时间顺序来组织的。这类工具使用起来如同电影剪辑，可以精确地控制在什么时间播放什么镜头，能精确到每一帧。

（3）基于组织页面的制作工具

如 Microsoft SharePoint Designer（FrontPage）、PowerPoint、Macromedia Dreamweaver 以及 Asymetrix 公司的 ToolBook 等。在这种多媒体制作工具中，文件与数据是用类似一叠卡片或书页来组织的，这些数据大多是用图标表示，使得它们很容易理解和使用。这类多媒体制作工具的超文本功能最为突出，适用于制作电子图书。

（4）基于程序设计的制作工具

如 Microsoft 公司的 Visual Basic、Borland 公司的 JBuilder 等都是适用于多媒体编辑的程序设计语言。

在多媒体开发系统中，除了多媒体数据准备工具和制作工具以外，还包括媒体播放工具和其他媒体处理工具，如多媒体数据库管理系统、VCD 制作工具等。

4. 用户应用软件

用户应用软件是根据多媒体系统终端用户要求而定制的应用软件，或面向某一领域的用户应用软件系统，它是面向大规模用户的系统产品。

多媒体计算机系统的关键技术包括：①多媒体数据压缩/解压缩技术；②超大规模集成电路（VLSI）芯片技术；③大容量光盘储存技术；④多媒体网络通信技术；⑤多媒体系统软件技术；⑥多媒体流技术。其中，多媒体数据压缩/解压缩技术的数据压缩算法分为无损压缩和有损压缩两种。无损压缩适用于重构的信号与原始的信号完全相同的场合。一般常见的就是磁盘文件的压缩，它要求还原后不能有任何差错。有损压缩又称为不可逆压缩，指的是重构的信号未必和原始的信号是完全一样的。对图像、声音、视频都可以采用有损压缩。大容量光盘储存技术中，比较流行的载体有 CD-ROM 光盘（约700M）、DVD 光盘（单层面的 DVD 为 4.7GB，双层面的可达 17GB）。

8.3 图形与图像

图形与图像媒体所包含的信息具有直观、易于理解、信息量大等特点，是多媒体应用系统中最常用的媒体形式。图形图像不仅用于界面美化，还用于信息表达，在某些场合，图形图像媒体可以表达文字、声音等其他媒体所无法表达的含义。图像就是所有具有视觉效果的画面，它包括纸介质上的、底片或照片上的、电视上的、投影仪或计算机屏幕上的画面。图像根据图像记录方式的不同可分为两大类：模拟图像和数字图像。模拟图像可以通过某种物理量（如光、电等）的强弱变化来记录图像亮度信息，例如模拟电视图像；数字图像则是用计算机存储的数据来记录图像上各点的亮度信息。图形可认为是具有几何性质的规则图像。

8.3.1 位图图像

位图图像（bitmap）也称为点阵图像或绘制图像，是由称作像素（图片元素）的单个点组成的。这些点可以进行不同的排列和染色以构成图样。由于每一个像素都单独染色，人们可以通过以每次一个像素的频率，操作选择区域，而产生近似相片的逼真效果，诸如加深阴影和加重颜色。缩小位图尺寸会使原图变形，因为它是通过减少像素来使整个图像变小的。

当放大位图时，可以看见构成整个图像的无数个方块。扩大位图尺寸的效果是放大单个像素，从而使线条和形状显得参差不齐。然而，如果从稍远的位置观看它，位图图像的颜色和形状又显得是连续的。同样，由于位图图像是以排列的像素集合体形式创建的，所以不能单独操作（如移动、缩放）局部位图。作为图像，位图具有以下特点：

1）在位图中，当每一个小"方块"中填充了颜色时，它就能表达出图像信息，其中每一个小"方块"称为像素。像素是位图图像的基本构成元素。

2）颜色深度在一个彩色图像中，每一个像素的颜色在计算机中是用若干个二进制位来记录的。表示每个像素的颜色所使用的位数越多，所能表达的颜色数目就越多。在一个计算机系统中，表示一幅图像的一个像素的颜色所使用的二进制倍数称为颜色深度。

3）位图图像的像素数目是以宽度和高度的乘积来描述的，例如 800×600 像素、1024×768 像素等。像素是计算机用来记录颜色的一个单位，它没有实际上的物理大小，只有被输出到打印机、显示器等实际的物理设备时，才具有特定的大小，所以一幅图像的像素数和长宽比不能决定图像的实际物理尺寸。若需要知道它的实际尺寸，还要涉及一个特定的分辨率。

4）位图图像具有真实感强，可以进行像素编辑，打印效果好，位图文件大，分辨率有限等特点。

8.3.2 矢量图形

矢量图像（vector），也称为面向对象的图像或绘图图像，在数学上定义为一系列由线连接的点。Adobe Illustrator、CorelDRAW、CAD 等软件是以矢量图形为基础进行创作的。矢量文件中的图形元素称为对象或图元。每个对象都是一个自成一体的实体，它具有颜色、形状、轮廓、大小和屏幕位置等属性。既然每个对象都是一个自成一体的实体，就可以在维持它原有的清晰度和弯曲度的同时，多次移动和改变它的属性，而不会影响到图例中的其他对象。

矢量图是根据几何特性来绘制图形的。矢量可以是一个点或一条线。矢量图只能靠软件生成。文件占用内存空间较小，因为这种类型的图像文件包含独立的分离图像，可以自由无限制地重新组合。它的特点是放大后图像不会失真，和分辨率无关，适用于图形设计、文字设计和一些标志设计、版式设计等。因此，矢量图形是文字（尤其是小字）和线条图形（比如徽章）的最佳选择。

与位图相比，矢量图形缺乏真实感；矢量图形能够表示三维物体并生成不同的视图。而在位图图像中，三维信息已经丢失，难以生成不同的视图。

常用的图形处理软件有：Corel 公司的 CorelDraw、Adobe 公司的 Photoshop、Macromedia 公司的 Freehand、三维动画制作软件 3Dmax 等。此外，在计算机辅助设计与制造等工程领域，常用的图形处理软件还包括：AutoCAD、GHCAD、Pro/E、UG、CATIA、MDT、CAXA 电子图版等。这些软件可以绘制矢量图形，以数学方式定义页面元素的处理信息，可以对矢量图形及图形元素独立进行移动、缩放、旋转和扭曲等变换，并可以以不同的分辨率进行图形输出。

8.3.3 颜色理论

在物理上，将人们用肉眼可见的一部分电磁波的频率范围称为可见光谱。人们知道，太阳光（白光）可以分解为由红、橙、黄、绿、靛、蓝、紫七色光组成的可见光谱。可见光谱的每一部分都有唯一的值，称为颜色。

1. 发射光和反射光

可见光可以由多种颜色构成，但是人们一般只能看到一种颜色，因为人的眼睛有把多种颜色相混合的能力。我们能看见一些物体是因为它们发光，能看见另一些物体是因为它们反射光。发光的物体直接发出能见的颜色，而反射光的物体的颜色是由反射出去的光的颜色所决定的。

2. 相加混色法和相减混色法

因为颜色具有发射光和反射光两种类型，因而就有了两种相反的方法来描述颜色：相加混色法和相减混色法。

相加混色法是指将不同的颜色相加得到颜色的方法。在这种颜色系统中，没有任何颜色时为黑色；全部颜色都出现时为白色。显然，这是基于发光原理的颜色系统，是日常生活中最常见的颜色系统。电视、显示器等使用的就是相加混色法颜色系统。相加混色法有 3 个基本颜色：红（red）、绿（green）和蓝（blue），即 RGB，称为三原色或三基色。当这 3 种基色等量相加时就形成了白色，3 种基色不同量组合便形成了各种颜色。

相减混色法所得到的颜色是相减后的颜色。在没有任何颜色时为白色；全部颜色都出现时为黑色，这是基于反光原理的颜色系统。相减混色法有 3 个基本颜色：靛蓝（cyan，或青色）、洋红（magenta，或品红）和黄色（yellow），即 CMY。当这 3 种基色等量相加时就形成了黑色。这种颜色系统主要应用于彩色印刷、彩色打印。

3. 色彩模式

在进行图形图像处理时，色彩模式以建立好的描述和重现色彩的模型为基础，每一种模式都有它自己的特点和适用范围，用户可以按照制作要求来确定色彩模式，并且可以根据需要在不同的色彩模式之间转换。下面介绍一些常用的色彩模式的概念。

（1）RGB 色彩模式

自然界中绝大部分的可见光谱可以用红、绿和蓝三色光按不同比例和强度的混合来表示。RGB 模型也称为加色模型。RGB 模型通常用于光照、视频和屏幕图像编辑。

RGB 色彩模式使用 RGB 模型为图像，其中每一个像素的 RGB 分量分配一个 0~255 范围内的强度值。例如，纯红色的 R 值为 255，G 值为 0，B 值为 0；灰色的 R、G、B 3 个值相等（除了 0 和 255）；白色的 R、G、B 都为 255；黑色的 R、G、B 都为 0。RGB 图像只使用 3 种颜色就可以使它们按照不同的比例混合，在屏幕上重现 16 581 375 种颜色。

（2）CMYK 色彩模式

CMYK 色彩模式以打印油墨在纸张上的光线吸收特性为基础，图像中每个像素都是由青色（cyan）、品红色（magenta）、黄色（yellow）和黑色（black）按照不同的比例合成。每个像素的每种印刷油墨会被分配一个百分比值，最亮（高光）的颜色分配较低的印刷油墨颜色百分比值，较暗（暗调）的颜色分配较高的百分比值。例如，明亮的红色可能会包含 2%青色、93%洋红、90%黄色和 0%黑色。在 CMYK 图像中，当所有 4 种分量的值都是 0%时，就会产生纯白色。CMYK 色彩模式的图像中包含 4 个通道。我们所看见的图形是由这 4 个通道合成的效果。

在制作用于印刷色打印的图像时，要使用 CMYK 色彩模式。RGB 色彩模式的图像转换成 CMYK 色彩模式的图像会产生分色。如果使用的图像素材为 RGB 色彩模式，最好在编辑完成后再转换为 CMYK 色彩模式。

（3）HSB 色彩模式

HSB 色彩模式是根据日常生活中人眼的视觉特征而制定的一套色彩模式，最接近于人类对色彩辨认的思考方式。HSB 色彩模式以色相（hues）、饱和度（saturation）和亮度（brightness）描述颜色的基本特征。

色相是指从物体反射或透过物体传播的颜色。在 0 到 360 度的标准色轮上，色相是按位置计量的。在通常的使用中，色相由颜色名称标识，比如红、橙或绿色。

饱和度是指颜色的强度或纯度，用色相中灰色成分所占的比例来表示，0%为纯灰色，100%为完全饱和。在标准色轮上，从中心位置到边缘位置的饱和度是递增的。

亮度是指颜色的相对明暗程度，通常将 0%定义为黑色，100%定义为白色。

HSB 色彩模式比前面介绍的两种色彩模式更容易理解。但由于设备的限制，在计算机屏幕上显示时，要转换为 RGB 模式；作为打印输出时，要转换为 CMYK 模式。这在一定程度上限制了 HSB 模式的使用。

（4）位图色彩模式

位图模式的图像只有黑色与白色两种像素组成，每一个像素用"位"来表示。"位"只有两种状态：0 表示有点，1 表示无点。位图模式主要用于早期不能识别颜色和灰度的设备。如果需要表示灰度，则需要通过点的抖动来模拟。

位图模式通常用于文字识别，如果需要扫描使用光学文字识别（optical character recognition，OCR）技术识别的图像文件，需将图像转化为位图模式。

此外，色彩模式还有 Lab 色彩模式、IndexedColor（索引）色彩模式、Grayscale（灰度）色彩模式和 Alpha 通道等。

需要注意的是，尽管一些图像处理软件允许将一个灰度模式的图像重新转换为彩色模式的图像，但转换后不可能将原先丢失的颜色恢复，只能为图像重新上色。所以，在将彩色模式的图像转换为灰度模式的图像时，应尽量保留备份文件。

8.3.4 分辨率

分辨率用于衡量图像细节的表现能力，是对图像的精密度的一种度量，既指显示器所能显示的像素的数量，也指印刷图像中单位尺寸或面积包含的像素个数。例如，一个打印分辨率为 300dpi 的激光打印机，表示该打印机的分辨率在每英寸直线上可打印 300

个单独的像素点。在图形图像处理中,常涉及的分辨率概念有颜色分辨率、图像分辨率,另外还会涉及显示器分辨率和打印机分辨率等。

1. 颜色分辨率

颜色分辨率,即颜色深度。图形图像的总的颜色数目是以 2 为底、颜色深度为指数的数值。如一个颜色深度为 8 位的图像,它的像素可以是 2^8(即 256)种可能的颜色。常见的颜色深度有 8 位、16 位、24 位、32 位、36 位、48 位和 64 位等。

2. 图像分辨率

图像分辨率是指单位图像线性尺寸中所包含的像素数目,通常以像素/英寸(ppi)为计量单位。打印尺寸相同的两幅图像,高分辨率的图像比低分辨率的图像所包含的像素多。例如,打印尺寸为 1×1 平方英寸的图像,如果分辨率为 72ppi,包含的像素数目为 5184(72×72=5184)。如果分辨率为 300ppi,图像中包含的像素数目则为 90 000。高分辨率的图像在单位区域内使用更多的像素表示,打印时它们能够比低分辨率的图像重现更详细和更精细的颜色转变。

要确定使用的图像分辨率,应考虑图像最终发布的媒介。如果制作的图像用于计算机屏幕显示,图像分辨率只需满足典型的显示器分辨率(72ppi 或 96ppi)即可。如果图像用于打印输出,那么必须使用高分辨率(150ppi 或 300ppi)。低分辨率的图像打印输出会出现明显的颗粒和锯齿边缘。

需要注意的是,如果原始图像的分辨率较低,由于图像中包含的原始像素的数目不能改变,因此,简单地提高图像分辨率不会提高图像品质。

8.3.5 数据压缩

通俗地说,数据压缩就是用最少的数码来表示信号。其作用是:能较快地传输各种信号,如传真、modem 通信等;在现有的通信干线并行开通更多的多媒体业务,如各种增值业务;紧缩数据存储容量,如 CD-ROM、VCD 和 DVD 等;降低发信机功率,这对于多媒体移动通信系统尤为重要。由此看来,通信时间、传输带宽、存储空间甚至发射能量,都可能成为数据压缩的对象。

在现今的电子信息技术领域,正发生着一场有长远影响的数字化革命。数字化图像以及视频信号的数据非常大。例如,存储一个像素为 640×480、颜色深度为 24 位(3 个字节)的屏幕信号,需要约 900KB 的存储空间。若采用 PAL 制式的视频信号即 25 帧/秒,则每秒的数据传输量为 22MB,这样大的数据量,无论是传送还是存储,都是十分困难的。因此,数据压缩编码技术是多媒体信息处理的关键技术。

1. 数据冗余

数据是信息的载体,是用来记录和传送信息的。人们使用的是数据所携带的信息,而不是数据本身。而信息数据往往存在很大的冗余量，这是数据可以进行压缩处理的前提。在多媒体数据中，数据冗余主要有以下几种：空间冗余、时间冗余、编码冗余、结构冗余、知识冗余和视觉冗余等。如在一份计算机文件中，某些符号会重复出现，某些符号比其他符号出现得更频繁，某些字符总是在各数据块中可预见的位置上出现等，这些冗余部分便可在数据编码中除去或减少。

2. 数据压缩编码

数据压缩一般由两个环节组成：一是编码过程，即将原始数据经过编码进行压缩，以便存储与传输；二是解码过程，即对编码压缩的数据进行解码，还原为可以使用的数据。针对冗余类型不同，人们提出了各种各样的数据压缩方法。根据解码后的数据与原始数据是否完全一致来进行分类，数据压缩方法一般划分为两类：可逆压缩方法和不可逆压缩方法。

可逆压缩又称无失真压缩、冗余度压缩，或保持型压缩，其要求是解码图像和原始图像严格相同，即压缩是完全可以恢复的或无偏差的。可逆压缩常用于磁盘文件、数据通信和气象卫星云图等不允许在压缩过程中有丝毫损失的场合中，但它的压缩比通常只有几倍，远远不能满足数字视听应用的要求。常见的有霍夫曼压缩、词典压缩编码等。

不可逆压缩又称有失真编码。数据中间尤其是相邻的数据之间，常存在着相关性。如图片中常常有色彩均匀的背景，电视信号的相邻两帧之间可能只有少量的变化景物是不同的，声音信号有时具有一定的规律性和周期性等。因此，有可能利用某些变换来尽可能地去掉这些相关性。但这种变换有时会带来不可恢复的损失和误差，因此叫作不可逆压缩。

此外，人们在欣赏音像节目时，由于耳、目对信号的时间变化和幅度变化的感受能力都有一定的极限，如人眼对影视节目有视觉暂留效应，人眼或人耳对低于某一极限的幅度变化已无法感知等，故可将信号中这部分感觉不出的分量压缩掉或"掩蔽掉"。这种压缩方法同样是一种不可逆压缩。

3. 声音数据编码

声音数据编码根据压缩方法不同可分为波形编码、参数编码和混合编码。基于波形的压缩编码可以获得高质量的语音，但数据率不易降低；参数编码的典型方法是线性预测编码，数据率较低，但语音质量差；混合编码综合了波形编码与参数编码的优点，在语音质量、数据率和计算量三方面都有较好的效果。

4. 图像数据压缩编码

目前图像数据压缩技术主要有 3 个标准：静态图像压缩标准（JPEG）、动态图像压缩标准（MPEG）以及用于电视会议和视频电话领域的视频通信的 ITUH.261 标准。

JPEG 标准是由国际标准化组织（ISO）和国际电报电话咨询委员会（CCITT）联合成立的联合图片专家组（joint photographic experts group）制定的一套用于静止彩色图像和灰度级图像的压缩编码标准。

MPEG 标准是由国际标准化组织（ISO）和国际电报电话咨询委员会（CCITT）联合成立的运动图像专家组（moving pictures experts group）制定的一套用于全屏幕动态图像并配有伴音的压缩编码标准。

ITUH.261 是由国际电报电话咨询委员会（CCITT）提出的用于 ISDN 信道的 PC 电视电话、桌面视频会议和音像邮件等通信终端建议标准，也称 P×64 标准。

8.3.6 常见图形图像的文件格式

开发图形图像处理软件的厂商很多，由于在存储方式、存储技术及发展观点上存在各种差异，导致了图像文件格式的多样化。常见的图形图像格式主要有以下几种。

1. BMP 格式

BMP（bitmap）是 Windows 等的标准图像格式。BMP 格式支持 RGB、索引色、灰度和位图色彩模式，但不支持 Alpha 通道。彩色图像存储为 BMP 格式时，每一个像素所占的位数可以是 1 位、4 位、8 位或 32 位，相对应的颜色数也从黑白一直到真彩色。

2. JPEG 格式

JPEG（joint photographic experts group）是一种有损压缩格式，简写为 JPG 格式。当把图像保存为 JPEG 格式时，可以指定图像品质和压缩级别。JPEG 格式文件压缩比可调，可以达到很高的压缩比。文件所占磁盘较小，适用于要处理大量图像的场合，是 Internet 上支持的主要图像格式之一。JPEG 支持灰度图、RGB 真彩色图像和 CMYK 真彩色图像。

JPEG 格式会损失图像的数据信息，因此，在图像编辑过程中，需要以其他格式（如 PSD 格式）保存图像。将图像保存为 JPEG 格式只能作为制作完成后的最后一步操作。

3. GIF 格式

GIF（graphics interchange format）文件可以极大地节省存储空间，因此常常用于保存作为网页数据传输的图像文件。GIF 格式文件的最大缺点是最多只能处理 256 种色彩，不能用于存储真彩色的图像文件。但 GIF 格式支持透明背景，可以与网页背景融合在一起，也是 Internet 上支持的主要图像格式之一。另外 GIF 格式支持动画。

4. TIFF 格式

TIFF（tagged image file format）文件格式的出现是为了便于各种图像软件之间的图像数据交换，是一种多变的图像文件格式，可具有任意大小的尺寸和分辨率。如果图像用于打印、扫描、印刷输出，建议存储为该格式。

5. PNG 格式

PNG（portable network graphic，便携式网络图片，读成"ping"）是 20 世纪 90 年代中期开始由 Netscape 公司开发的图像文件存储格式，主要目的是企图代替 GIF 和 TIFF 文件格式，同时增加一些 GIF 文件格式所不具备的特性，可用于网络图像的传输。

6. PSD 格式

PSD 格式是 Photoshop 软件中使用的一种标准图像文件格式，可以保留图像的图层、通道、蒙版等信息，便于后续修改和特效制作。

8.4 音频素材采集处理

音频数据一般分为音乐和语音两种。音乐主要用于背景声音，语音用于解说。音乐通常是符合 MIDI 标准的合成数字化音乐，而语音一般采用小型音频。计算机多媒体音频处理技术包括音频信息的采集技术、音频信号的编码和解码技术、音乐合成技术、语音的识别和理解技术、音频和视频的同步技术、音频的编辑以及音频数据传输技术等。

8.4.1 音频概述

1. 声音

声音是最重要的一种媒体，所以用计算机表示声音也是媒体数字化的一个重要课题。声音本身是一种具有振幅和频率的波，振幅和频率就成了描述波的重要属性，频率的大小与我们通常所说的音高对应，而振幅影响声音的大小。声音可以被分解为不同频率不同强度正弦波的叠加。这种变换（或分解）的过程，称为傅里叶变换（Fourier transform）。

将音频数字化，其实就是将声音数字化。数字化的最大好处是声音资料传输与保存时不易失真。通过麦克风可以把音频信号转换为模拟信号，称为模拟音频信号。模拟音频信号需要经过"模拟/数字（A/D）"转换电路通过采样和量化转换为数字音频信号，计算机才能识别、处理和存储它。计算机播放时，使用"数字/模拟（D/A）"转换电路把它转换为模拟信号，经放大后再将其输出。最为常见的模拟/数字转换方法是脉冲编码调制（pulse code modulation，PCM），主要包括采样、量化和编码 3 个基本过程。

（1）采样

采样过程将连续时间模拟信号变为离散时间、连续幅度的抽样信号，就是对模拟信号进行周期性扫描，把时间上连续的信号变成时间上离散的信号。该模拟信号经过采样后还应当包含原信号中所有信息，也就是说能无失真地恢复原模拟信号。它的采样速率的下限是由采样定理确定的。采样速率通常采用 8Kb/s。

(2) 量化

量化过程将抽样信号变为离散时间、离散幅度的数字信号,就是把经过抽样得到的瞬时值将其幅度离散,即用一组规定的电平,把瞬时抽样值用最接近的电平值来表示。一个模拟信号经抽样量化后,得到已量化的脉冲幅度调制信号,它仅为有限个数值,一般为 8 位、16 位。量化位数越大,采集的样本精度就越高,声音的质量就越高,同样量化位数越多,所占的存储空间就越大。

(3) 编码

编码过程将量化后的信号编码成为一个二进制码组输出。编码,就是用一组二进制码组来表示每一个有固定电平的量化值。然而,实际上量化是在编码过程中同时完成的,故编码过程也称为模拟/数字转换。

2. 波形音频

波形音频是计算机中处理声音最直接、最简便的方式。由多媒体计算机中的声卡对麦克风、CD 等音源的声音信号进行采样,量化后以文件形式存储到硬盘上。声音重放时,声卡将声音文件中的数字音频信号还原为模拟信号,经过混音器混合后,输出到扬声器。

3. 音乐设备数字接口

音乐设备数字接口(musical instrument digital interface,MIDI)是一种电子乐器之间以及电子乐器与计算机之间的统一交流协议。很多流行的游戏、娱乐软件中都有不少以 MID、RMI 为扩展名的 MIDI 格式音乐文件。

8.4.2 音频文件格式

在多媒体声音处理技术中,最常见的几种声音存储格式是:WAV 音乐文件、MIDI 音乐数字文件和目前流行的 MP3 等。

1. WAV 格式

WAV 是 Microsoft 公司开发的一种声音文件格式,又称波形声音文件,是最早的数字音频格式,被 Windows 平台及其应用程序广泛支持。WAV 格式支持许多压缩算法、多种音频位数、采样频率和声道,采用 44.1kHz 的采样频率,16 位量化位数。因此,WAV 的音质与 CD 相差无几,但 WAV 格式对存储空间需求太大不便于交流和传播。

2. MIDI 格式

MIDI 又称作乐器数字接口,是数字音乐/电子合成乐器的统一国际标准。它定义了计算机音乐程序、数字合成器及其他电子设备交换音乐信号的方式,规定了不同厂家的电子乐器与计算机连接的电缆和硬件及设备之间数据传输的协议,可以模拟多种乐器的声音。MIDI 文件就是 MIDI 格式的文件。在 MIDI 文件中存储的是一些指令，把这些指令发送给声卡，由声卡按照指令将声音合成出来。

3．MP3 格式

MP3（MPEG audio Layer3）在 1992 年合并至 MPEG 规范中，它能够以高音质、低采样率对数字音频文件进行压缩。换言之，音频文件（主要指大型文件，如 WAV 文件）能在音质丢失很小的情况下（人耳根本无法察觉这种音质损失）把文件压缩到更小的程度。

4．WMA 格式

WMA（Windows media audio）是 Microsoft 公司开发的一种声音文件格式，用于保存 Windows 平台的音频信息资源，被 Windows 平台及其应用程序所支持。它以减少数据流量但保持音质的方法来达到更高的压缩率，其压缩率一般可以达到 1∶18。此外，WMA 还可以通过数字版权管理（digital rights management，DRM）方案加入防止拷贝，或者加入限制播放时间和播放次数，甚至是播放机器的限制，可有力地防止盗版。

5．MP4 格式

MP4 采用的是美国电话电报公司（AT&T）所研发的以"知觉编码"为关键技术的 a2b 音乐压缩技术，由美国网络技术公司（GMO）及 RIAA 联合公布的一种新的音乐格式。MP4 在文件中采用了保护版权的编码技术，只有特定的用户才可以播放，有效地保证了音乐版权的合法性。另外 MP4 的压缩比达到了 1∶15，文件较 MP3 更小，但音质却没有下降。不过因为只有特定的用户才能播放这种文件，因此其流传与 MP3 相比差距甚远。

6．OGG 格式

OGG 是对音频进行有损压缩编码，但通过使用更加先进的声学模型能够减少损失。因此，相同码率编码的 OGG 比 MP3 音质更好一些，文件也更小一些。

7．FLAG 格式

FLAC 是一套著名的自由音频压缩编码，其特点是无损压缩。它不会破坏任何原有的音频资讯，所以可以还原音乐光盘音质。FLAG 已被很多软件及硬件音频产品所支持，是流行的数字音乐文件格式之一。

8．APE 格式

与 MP3 这类有损压缩方式不同，APE 是一种无损压缩音频技术。也就是说，将从音频 CD 上读取的音频数据文件压缩成 APE 格式后，还可以再将 APE 格式的文件还原，而且还原后的音频文件与压缩前的一模一样，没有任何损失。

除上述主流的音频文件格式外，经常被采用的音频文件格式还有 QuickTime（Apple 公司）、RealAudio（RealNetworks 公司）、CDA、MP3Pro、SACD（SuperAudio CD）等。

8.4.3 音频媒体素材的收集和创作

1. MIDI 音乐的采集

MIDI 音乐的来源包括：①以 MIDI 硬件设备为主的 MIDI 创作，通过将专用的 MIDI 键盘或电子乐器的键盘连接到多媒体计算机的声卡上，采集键盘演奏的 MIDI 信息，形成 MIDI 音乐文件；②以 MIDI 制作软件为主的 MIDI 创作，通过专用的 MIDI 音乐序列器软件在多媒体计算机中创作 MIDI 音乐；③收集免费的 MIDI 资源或购买现成的 MIDI 作品；④通过专门的软件，将其他的声音文件转换为 MIDI 文件。

2. 利用媒体播放器播放音乐

媒体播放器可以播放 MIDI 音乐、WAV 波形音频文件，也可以播放 MP#等格式的压缩声音文件和 AVI 等格式的视频文件，以及 ASF、ASX、WMX 等格式的流媒体文件。

3. 波形音频的采集和制作

波形音频文件其实是把模拟信号的声音进行数字化的结果，可以通过录音获取波形文件。一般过程是：由麦克风将音源发出的声音转换为模拟电信号，模拟电信号经过声卡进行采样、量化、编码后，得到数字化的波形声音。采集方式有两种。

（1）音频数据的录制

音频数据录制的方法很多，如 Windows 操作系统"附件"中的"录音机"程序，可以录制 WAV 波形音频文件。也可以使用多功能的声音处理软件包，如音频编辑软件 Adobe Audition（前身是 Cool Edi，被 Adobe 公司收购后，改名为 Adobe Auditiont），制作具有专业水准的录制效果，使用多种格式录制音频，并可以对录制的声音进行复杂的编辑和制作各种特技效果。如果所需要的音频数据质量高，也可考虑在专业的录音棚中录音，可以获得音质更好的音频数据。

【例 8-1】利用 Windows 操作系统自带的"录音机"程序，实现声音采集工作。

Windows 7 中有一个简便的录音功能，可以简单快速地实现录音，其步骤如下：

1）将麦克风和计算机连接好。

2）在桌面下单击"开始"→"所有程序"→"附件"→"录音机"，打开"录音机"对话框，如图 8-6 所示。

3）用户对准麦克风，单击"开始录制（S）"命令按钮 ，开始录音。

4）录制完毕后，单击"停止录制"按钮 ，弹出"另存为"对话框，这时给录制的声音文件命名，单击"保存（S）"命令按钮进行保存，如图 8-7 所示，完成录制。

图8-6 "录音机"对话框

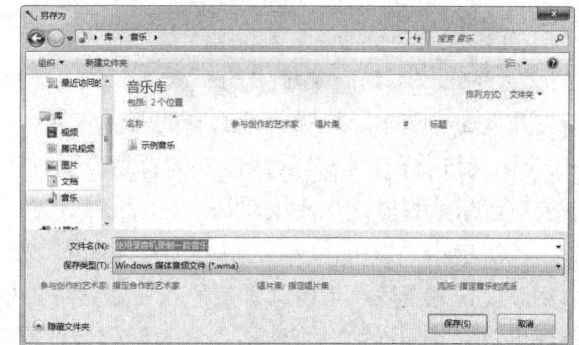

图8-7 "另存为"对话框

【例8-2】利用 GoldWave 5.67 裁剪和编辑背景音乐。

GoldWave 是一个功能强大的数字音乐编辑器,能够对音乐进行播放、录制、编辑以及转换格式等的处理。除配备把声音处理成各种效果的功能外,它还能够将编辑好的文件存成 WAV、AU、SND、MP3、WMA 等格式。如果用户使用的 CD-ROM 是 SCSI 形式,它还可不经声卡直接抽取 CD-ROM 中的音乐来录制编辑。

操作方法与步骤如下:

1)准备音乐素材,从网上下载一首 DJ 音乐,如范海荣的"鸿雁.mp3"。

2)启动 GoldWave 5.67 程序,并打开音乐文件,如图 8-8 所示。

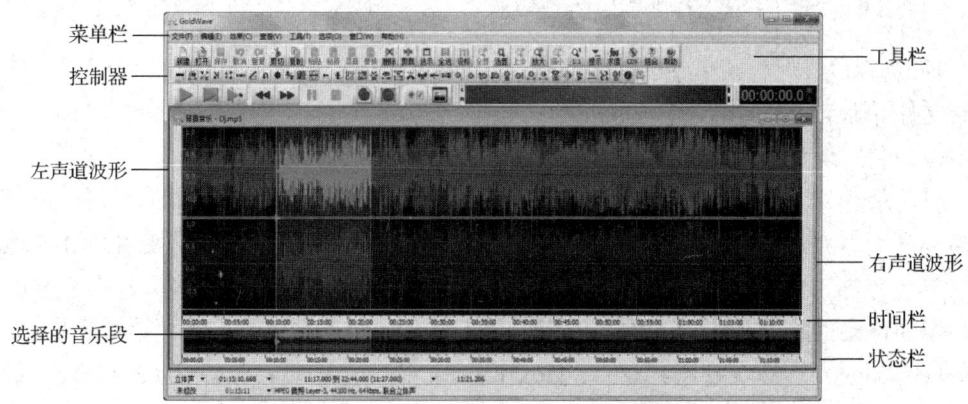

图8-8 GoldWave 5.67 工作窗口

3)在"控制器"播放工具栏中单击"播放"按钮,音乐开始播放。在试听过程中选择一段合适的音乐,记下这段音乐的时间段。时间提示标记在打开的音乐波形窗格的下面。

4)在波形窗格中,单击选中音乐的起始位置(或执行"编辑"菜单中的"标记"命令,在打开的"设置标记"对话框中严格设置开始与结束时间,如图 8-9 所示),再执行快捷菜单中的"设置结束标记"命令，音乐段将在音乐窗口中高亮显示音乐的终止位置。

5）单击"编辑"菜单中的"复制"命令选项，再单击"编辑"菜单中的"粘贴为新文件"命令选项，这样就把选择的音乐段复制到一个新建的声音文件中。

6）通过裁剪，得到了课件中的背景音乐。为了使背景音乐整体效果更好，往往还需要对音乐素材做进一步编辑。

依次单击"效果"→"音量"→"淡出"命令，弹出"淡出"对话框，如图 8-10 所示。设置完毕后，单击"确定"按钮。这时再播放这段音乐，就能听出音乐快结束时的淡出效果。同样地，可使用"淡入"效果设置音乐的淡入效果。

图 8-9 "设置标记"对话框

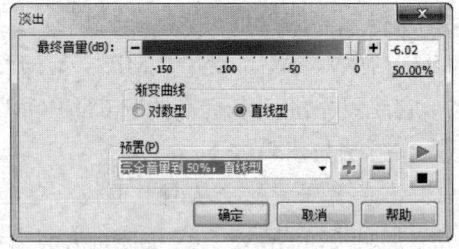

图 8-10 "淡出"对话框

7）执行"文件"菜单中的"保存"，将裁剪并编辑的音乐片段保存为 WAV 格式的声音文件并命名，如"背景音乐.wav"。

（2）利用现有的音频数据

可从录音带、CD 音乐光盘上直接输入音频信息或使用存储在光盘上的音频素材库，然后再利用音频逻辑软件进行处理。对于已有的波形音频数据，可以使用声音处理软件对其进行加工处理。波形音频数据的编辑处理工作主要有波形的剪辑、声音强度调节、添加声音的特殊效果等。常用的音频处理软件有 Adobe Audition（最新版是 CC）、Steinberg Cubase（最新版是 P10.0）、GoldWave（最新版是 V6.38）、Sound Forge（最新版是 V 11.0）。

8.5 视频及动画素材的采集处理

视频与动画同属于运动图像。它们的实现原理一致，不同在于视频是对已有的模拟视频信号（如电视录像），进行数字化的采集，形成数字视频信号，其内容通常是真实事件的再现。而动画里的场景、角色和各帧动作画面的生成一般都是在计算机里绘制的。随着视频技术和计算机处理能力的不断进步,视频与动画产品广泛应用于商业展示、教育与培训、家庭娱乐等各个领域。

8.5.1 视频

多媒体应用系统可以使用电视录像或 VCD 中的素材,这些素材就是视频。视频在多媒体应用系统中占有非常重要的地位,因为它本身可以由文本、图像、声音、动画中的一种或多种组合而成,利用其声音与画面的同步、表现力强的特点,能明显提高直观性和形象性。通常,将连续的、随时间变化的一组图像的集合称为视频。其中,组成视频的每一幅图像称为一帧(frame)。常见的视频图像有电影、电视和动画等。

1. 数字视频处理技术

为了使计算机能够处理视频信息,必须把模拟信号转换为数字信号。数字视频处理的基本技术就是通过模拟/数字信号的转换,经过采样、量化以后,把模拟视频信号转换为数字图像,方便视频信息的传输,有利于计算机进行分析处理。

2. 视频媒体素材的采集处理

(1)视频信号采集

在多媒体计算机中,使用视频采集卡配合视频处理软件,把从摄像机、录像机和电视机这些模拟信息源输入的模拟信号转换成数字视频信号。有的视频采集设备还能对转换后的数字视频信息直接进行压缩处理并转存起来,以便进一步编辑和处理。

(2)视频信号处理

在多媒体计算机中,采用专用的视频处理软件来编辑处理视频信息。从视频信息处理的目的和对象来看有两种情况:一种情况是对于单帧图像的编辑处理,计算机遵循静止图像处理原则来处理单帧静止图像;另一种情况是对于连续的视频信息进行剪辑、配音。

3. 视频信息处理软件

视频信息处理软件主要包括两类:一类是数字视频播放软件,另一类是数字视频编辑制作软件。

(1)常用视频播放软件

目前,常用的视频播放软件有 Microsoft 公司的 Media Player、Real Networks 公司的 Real Player、腾讯公司的 QQ 影音、迅雷公司的迅雷影音、爱奇艺公司的爱奇艺视频播放器、北京暴风科技有限公司的暴风影音播放器、由名为"Gabest"的程序员开发的 Media Player Classic 等。其中,多数视频播放器均支持网络在线播放功能。这些视频播放软件界面操作简单易用,功能强大,支持大多数音视频文件格式。

(2) 常用数字视频编辑软件

常用的数字视频编辑软件有 Video For Windows、QuickTime、Adobe Premiere、超级转换秀等。其中,"超级转换秀"是一款国产转换软件。除了转换视频,超级转换秀还集成了丰富的快速视频剪辑功能,帮助想要快速剪辑视频的网友简单上手。而在视频编辑制作软件中,Adobe 公司开发的 Premiere 是一个功能十分强大的处理影视作品的视频和音频编辑软件,它是一个专业的 DTV(Desk Top Video)编辑软件,可以在各种操作系统平台下与硬件配合使用。

8.5.2 动画

动画是采用图形与图像的处理技术,借助于编程或软件生成一系列的图像画面,以一定的速度(如每秒 16 张)连续播放静止图像的方法产生物体运动的效果。

1. 动画的种类

动画所指的是由许多帧静止的画面,以一定的速度(如每秒 16 张)连续播放时,肉眼因视觉残留产生错觉,而误以为画面活动的作品。由于计算机科技的进步,现在也有许多计算机动画软件,直接在计算机上绘制出来的动画,或者是在动画制作过程中使用计算机进行加工的方式,这些都已经大量运用在商业动画的制作中。

(1) 二维动画

二维画面是平面上的画面。二维动画是对手工传统动画的一个改进。在二维计算机动画中,通过输入和编辑关键帧,计算和生成中间帧,定义和显示运动路径,交互式给画面上色,产生一些特技效果,实现画面与声音的同步,控制运动系列的记录等。随着科技的发展,二维动画的功能也不断提高,已经渗透到动画的各个方面,包括画面生成、中间画面生成、画面着色、预演和后期制作等。

(2) 三维动画

三维动画简称 3D 动画,是随着计算机软硬件技术的发展而产生的一门技术。三维动画目前被广泛应用于医学、教育、军事、娱乐等诸多领域。三维动画可以用于广告和电影电视剧的特效(如爆炸、烟雾、下雨、光效等)、特技(如撞车、变形、虚幻场景等)、产品展示、片头飞字等的制作。

2. 动画的素材制作软件

动画具有形象生动的特点,适合表现抽象的过程,容易吸引人们的注意力。因此,在多媒体应用系统中,动画对信息的表现能力是十分出色的。动画素材的制作要借助于动画制作软件。

(1) 二维动画制作软件

二维动画制作软件将一系列画面连续地显示,达到动画效果。制作时,一般由软件本身提供的工具产生关键帧,安排画面的显示次序和效果。典型的二维动画制作软件有 Animator Studio、Macromedia Flash、AXA2D 等。另外大多数多媒体制作工具都包括有简单的动画制作能力,如 Macromedia Authorware、Asymetrix Multimedia Toolbook 等。

(2)三维动画制作软件

三维动画的制作是一项十分复杂的工作,通常包含模拟、效果、动画、建模、着色和渲染等若干制作环节。常用的三维动画制作软件有 Autodesk 公司的 3DS MAX(3D studio MAX)、AutoCAD、MAYA。

8.5.3 视频与动画文件格式

常见的视频与动画文件格式有以下几种。

1. AVI 格式

AVI(audio video interleaved)即音频视频交错格式,于 1992 年由 Microsoft 公司推出。所谓音频视频交错,就是可以将视频和音频交织在一起进行同步播放。这种视频格式的优点是图像质量好,可跨多个平台使用;其缺点是文件过于庞大,且压缩标准不统一。

2. MPEG 格式

MPEG 即运动图像专家组格式。家用 VCD、SVCD 和 DVD 就是这种格式。MPEG 文件格式采用了有损压缩方法减少运动图像中的冗余信息,从而达到压缩的目的(其最大压缩比可达到 200∶1)。目前 MPEG 格式有 3 个压缩标准,分别是 MPEG-1、MPEG-2 和 MPEG-4。

3. RM 格式

RM(realmedia)格式是一种采用 RealMedia 技术规范的网络音频/视频格式,可以根据不同的网络传输速率制定出不同的压缩比率,从而实现在低速率的网络上进行影像数据的实时传送和播放。用户使用 RealPlayer 播放器可以在不下载音频/视频内容的条件下实现在线播放。

4. DAT 格式

DAT(delivered at terminal)是视频 CD 的数据文件,基于 MPEG 压缩算法。虽然视频 CD 也称为全屏活动视频,但是实际上标准视频 CD 的分辨率只有 350×240 像素,与 AVI 格式差不多。但由于 VCD 的帧频高并有 CD 音质的伴音,所以质量要优于 AVI 格式文件。

5. SWF 格式

SWF(shock wave flash)格式的文件是动画制作软件 Flash 的动画文件。SWF 可以嵌入到网页中,也可以单独播放,或以 OLE 对象的方式出现在其他多媒体创作软件中。

Flash 动画文件的主要特点有：使用矢量图形，文件大小比 GIF 动画小得多，可以按任意比例缩放而不失真；Flash 动画的图像可以为真彩色，而 GIF 只能为 256 色图像；Flash 动画具有丰富的交互能力，其采用先进的"流"式播放技术，完全适应网络环境，能够使用户边下载边观看。

6. MKV 格式

MKV（multimedia container）是一种新的多媒体封装格式。这个封装格式可把多种不同编码的视频及 16 条或以上不同格式的音频和语言不同的字幕封装到一个 Matroska Media 档内。它也是其中一种开放源代码的多媒体封装格式。Matroska 同时还可以提供非常好的交互功能，而且要比 MPEG 格式方便、强大。

7. WMV 格式

WMV（Windows media video）是 Microsoft 公司开发的一系列视频编解码和与其相关的视频编码格式的统称，是 Microsoft Windows 媒体框架的一部分。WMV 包含 3 种不同的编解码：作为 RealVideo 的竞争对手，最初是为 Internet 上的流应用而设计开发的 WMV 原始的视频压缩技术；另一种是为满足特定内容需要的 WMV 屏幕和 WMV 图像的压缩技术；在经过 SMPTE（Society of Motion Picture and Television Engineers）学会标准化以后，WMV 9.0 被采纳作为物理介质的发布格式，如高清 DVD 和蓝光光碟。

此外，视频与动画文件的格式还包括 GIF 格式、Flic 格式、MOV 格式、nAVI 格式（newAVI 的缩写）、DivX 格式、RMVB 格式（由 RM 视频格式升级延伸出的新视频格式）、DV-AVI 格式（digital video format）等。

8.5.4　视频与动画素材制作

1. 视频素材采集

视频素材的采集方法很多，最常见的是用视频捕捉卡配合相应的软件来采集来自录像机、录像带、VCD 机、电视机上的视频信号。利用超级解霸等软件来截取 VCD 上的初步片段，可以获得高质量的视频素材；也可以使用特定的软件配合目前市场上流行的低分辨率摄像头，直接获得视频图像；还可以使用屏幕抓取软件来记录屏幕的动态变化及鼠标的操作，以获得视频素材。

2. 动画素材的制作

计算机制作动画的方法如下：
1）将一幅幅画面分别绘制后，再串接成动画。
2）路径动画（补间动画）。

3）关键帧动画。

4）利用计算机程序设计语言创作动画，如 Java 动画。

3. Flash

Flash 是 Macromedia 公司出品的一款动画制作软件。它是一种交互式动画设计工具，用它可以将音乐、声效、动画以及富有新意的界面融合在一起，制作出高品质的网页动态效果。用 Flash 制作出来的动画是矢量的且文件小，便于在互联网上传输，而且能一边播放一边传输数据。Flash 独有的 ActionScript 脚本制作功能，使其具有很强的灵活性。交互性更是 Flash 动画的迷人之处，可以通过单击按钮、选择菜单来控制动画的播放。正是有了这些优点，才使 Flash 日益成为网络多媒体的主流。

（1）Flash 的工作界面

如图 8-11 所示是 Flash CS6 的基本工作环境。为方便说明，可拖动的部分都与主环境分离，成为独立的小窗口。

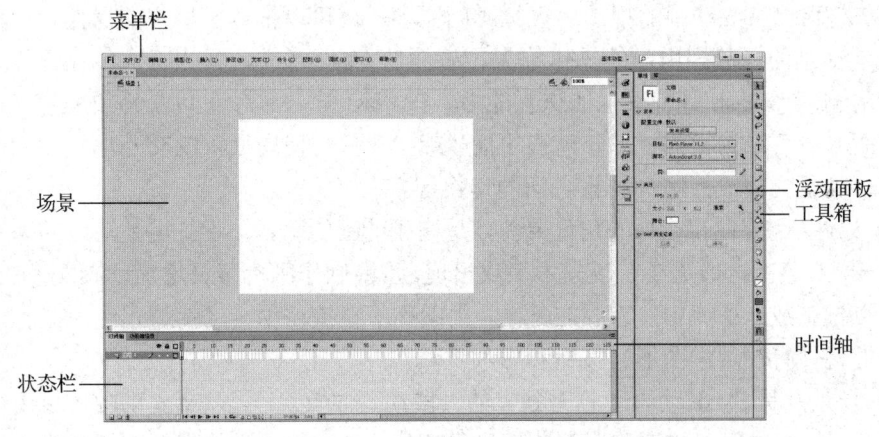

图 8-11　Flash CS6 工作环境窗口

Flash 的工作环境包括以下几部分：

1）菜单栏：包含 Flash 的全部操作，由"文件""编辑""视图""插入""修改""文本""命令""控制""调试""窗口""帮助"11 个菜单组成。

2）舞台（stage）：也称场景，是 Flash 的工作区，最主要的可编辑区域。在这里可以直接绘图，或者导入外部图形文件进行安排编辑，再把各个独立的帧合成在一起，以生成电影作品。

3）时间轴窗口（time line）：用时间轴窗口可以调整电影的播放速度，并把不同的图形作品放在不同图层的相应帧里，以安排电影内容播放的顺序。

4）绘图工具栏（drawing toolbar）：提供了图形和文本编辑的各种工具，可以绘图、选取、喷涂、修改以及编排文字。有些工具可以改变查看工作区的方式，在选择了某一工具时，其所对应的修改器（modifier）也会在工具条下面的位置出现，修改器的作用是改变相应工具对图形处理的效果。

5）标准工具栏（standard toolbar）：列出了大部分最常用的文件操作、打印、剪贴板、撤销和重做、修改器以及控制舞台放大比例的图标和选项，便于进行更为快捷的操作。

6）浮动面板：位于工作界面的右侧，可浮动，主要用于完成对编辑对象和角色的颜色、动作控件和组件管理等功能。

（2）Flash 的基本术语和概念

1）图层：与 Photoshop 中图层的概念一样，Flash 也支持图层的概念以编辑制作更复杂的场景和动画。Flash 可以通过图层把一个大型动画分成很多个图层上的动画的组合。

2）帧：构成 Flash 动画的基本元素，对于只用一个层的动画，可以简单地理解为各个时刻所播放的内容。在时间轴窗口中，帧是用小矩形的方格表示的，一个方格是一帧。对于多层的动画，某一时刻的内容就是各层在这一时刻的帧中的内容。

3）交互：Flash 动画的播放不仅按时间顺序，还可以依赖于用户的操作，即根据操作来决定动画的播放。用户的操作称为"事件"，而程序或动画的下一步执行称为对这一事件的响应。Flash 具有很强的交互能力。在 Flash 中，事件可以是播放的帧、单击按钮等，而响应可以为帧的播放、声音的播放或中止等。使用设置的交互功能达到的主要效果有：动画的播放控制、场景之间的切换等。

4）元件：是 Flash 动画的角色灵魂，是构成动画的基本单元，也是动画的基本图形元素。一个对象有时候需要在场景中多次出现，重复制作既费事又增加动画文件的大小。这时可以把它放入图库中，需要的时候，由图库中直接调用，这就是元件的概念。Flash CS6 中的元件有 3 种：图形、按钮和影片剪辑。

5）场景：是 Flash 动画中相对独立的一段动画内容。一个 Flash 动画可以由很多个场景组成。场景之间可以通过交互响应进行切换。动画播放时将自动按场景设置的前后顺序播放。

6）Alpha 通道：是决定图像中每个像素透明度的通道，它用不同的灰度值来表示图像可见度的大小，一般纯黑为完全透明，纯白为完全不透明，介于二者之间为部分透明。Alpha 通道的透明度可以有 256 级。

（3）Flash 的基本操作

1）图形的编辑与处理：Flash 是基于矢量绘图的动画制作工具，其图形绘制操作和绘制工具与其他软件的图形绘制操作和绘制工具基本一致。

2）对象操作：对象的基本操作包括对象的选定、对象的群组和分解、对象的对齐和组件的创建。

3）文本创建和编辑：在工具箱中选择文本工具，然后在场景中拖动鼠标，在拖出的矩形框中输入文本内容。对输入的文本可完成插入、删除、复制、移动等编辑操作。

对文本属性进行设置时，先选定要设置的文本，然后选择"文本"菜单中的相应命令完成操作。

4）层操作：包括创建层、层的选择、层的删除、插入图层、添加运动引导层、层的重新命名、层的隐藏/显示、层的锁定/解锁、层移动、层的轮廓显示等。这些操作可以利用时间轴左侧图层控制区的相应按钮或在图层控制区的快捷菜单中选择相应的命令完成。

5）动画制作：在场景和角色绘制及编辑处理完成后，就可以开始动画的制作。在 Flash 中制作动画有两种基本方式：逐帧动画和渐变动画。逐帧动画是指在建立动画时，设置动画中每一帧的内容。设置动画开始前的场景为第一帧，其余帧制作的基本过程是：先在时间轴上选定帧，然后修改场景中的运动对象，持续上述两个步骤，直到最后一帧。渐变动画只需设置动画的起点和终点的画面，中间的过程帧可以由 Flash 自动生成，这种自动生成的动画称为补间动画。补间动画又分为运动补间动画和形状补间动画。其中，运动补间动画最能体现 Flash 的优越性，动画中的一个实例、组或文本块的位置、大小和旋转均可改变；而形状组间动画的效果是一个形状随着时间逐渐变成另一个形状。Flash 动画是以时间轴为基础的关键帧动画。播放时，也是以时间轴上的帧序列为顺序依次进行的。对于复杂的动画，Flash 使用场景的概念。每一个场景使用独立的时间轴，对应场景的组合产生了不同的交互播放效果。动画制作完成后，只需按【Enter】键就可以播放制作的动画。

6）ActionScript：可以称为动作脚本，它是一种编程语言，与流行的 JavaScript 基本相同。它采用了面向对象的编程思想，采用事件驱动机制，以关键帧、按钮和电影剪辑为动作对象来定义和编写 ActionScript。动作脚本制作功能是 Flash 的精华部分，它使得 Flash 区别于一般的动画制作软件和其他多媒体创作软件。在 ActionScript 编程面板的左侧提供了 ActionScript 编程命令的分类参考，可以通过直接单击相应命令，在打开的对话框中添加相应的脚本语句，就完成了 Action 编程。

7）文件操作：Flash 提供文件的打开、保存等基本操作。Flash 支持打开的文件格式有 Flash 的编辑格式 FLA，打开后可以直接开始编辑；Flash 的动画播放格式 SWF，打开后可以进行动画播放测试。Flash 还提供了与其他媒体文件格式转换的导入导出能力。Flash 允许导入几乎大部分常见的图形图像、音频和视频文件格式，同时支持将 Flash 动画导出为 SWF、GIF、AVI、MOV 等视频格式和以离散图片序列形式逐帧导出动画。

8.6　多媒体应用系统的开发

多媒体应用系统是根据多媒体系统终端用户要求而定制的应用软件或面向某一领域用户的应用软件系统。它是面向大规模用户的系统产品。重视多媒体应用系统开发，有利于多媒体技术的普及、推广和多媒体技术自身的发展。

8.6.1 多媒体应用系统的开发过程

对于一个复杂的多媒体应用系统,其开发工作是一个系统工程。多媒体应用系统的一般开发过程有以下内容。

1. 系统分析

系统分析主要工作包括:课题定义;目标分析;使用对象特征分析;内容分析;开发和使用环境分析;项目开发费用预算;编写需求评估报告。

2. 信息内容设计

信息内容设计包括:细化目标;目标排序;制定内容呈现策略;设计系统的所有模块包括的内容及结构;确定媒体的选择及组合;确定评估方法。

3. 软件系统设计

软件系统设计主要工作包括:内容组织结构设计;导航策略设计;控制机制设计;交互界面设计;屏幕风格设计。

4. 脚本编写

脚本编写分为文字稿本和节目脚本。文字稿本是对多媒体应用系统所要表达的内容进行的描述。节目脚本则是在文字稿本的基础上改写而成的能体现软件的系统结构和功能,并作为软件制作直接依据的一种具体描述。软件工程师按照脚本即可完成对整个系统的软件设计,就像电视制作中的分镜头脚本一样。

5. 媒体素材制作

媒体素材制作阶段的主要工作包括:文本、图像等多媒体素材的收集和创作;选用媒体编辑工具;对媒体素材进行加工制作和编辑。

6. 制作与合成

制作与合成包括:选用合适的写作软件、多媒体著作系统、多媒体著作语言或是可视化程序设计语言来完成制作;按照节目脚本的要求完成多媒体应用系统的合成。

7. 测试与评价

将制作好的应用系统在小范围内试用,注意收集用户的反馈信息,对系统存在的内容和技术方面的缺陷进行改进。

8. 修改

在测试和评价中若发现产品设计方面的问题需要及时修改。修改可能涉及信息内容结构设计、软件系统设计、节目脚本编写、媒体素材制作、系统合成步骤中的局部或全部。但从软件工程角度出发，修改阶段应尽可能不涉及系统开发的前期阶段。

9. 发布

经过认真的测试和反复修改后，应用系统就可作为一个确定的版本加以推广使用了。发布就是将产品复制给最终用户的产品副本。

10. 维护与更新

多媒体应用系统发布后，开发人员必须及时跟踪系统的使用效果，及时发现问题和解决问题，改进和优化应用系统的设计。当系统已经不适应需要时，就有必要对其进行更新。

8.6.2 多媒体应用系统的创作模式和工具

根据开发多媒体应用系统的软件系统设计阶段中所采用的信息内容结构、导航结构、交互方式等的不同，可以将多媒体应用系统的创作模式分为以下几种。

1. 幻灯片模式

幻灯片模式是一种纯表现模式，用于按照事先确定的顺序呈现分离的屏幕。主要创作工具有 Microsoft 公司的 PowerPoint 等。

2. 层次模式

层次模式按照树型结构组织，适用于菜单的驱动程序。方正奥思多媒体创作工具（Author tool）就是一种以层次模式为主的多媒体创作工具。其他像 Visual Basic 和 ToolBook 等也是可以创建层次模式的多媒体工具。

3. 书页模式

应用程序就像组织一本书，书又按照称为页的分离屏幕来组织，但是在页之间还有交互操作。创建工具的典型代表是 Asymetrix 公司的 ToolBook。

4. 窗口模式

在窗口模式中，目标程序按分离的屏幕对象组织成为"窗口"序列，在每一个窗口中，类似于幻灯片模式。主要创作工具有 Visual Basic 等。

5. 时基模式

主要由动画、声音以及视频组成的应用程序或呈现过程，可以按时间轴的顺序来制作。整个程序中的事件按一个时间轴的顺序制作和放置。若用户有交互控制，时间轴不起作用。但是，如果用户没有进行操作，则它仍然能完成缺省的工作。Macromedia 公司 Action 和 Director 是典型的时基模式创建工具。

6. 网络模式

网络模式是指应用程序结构，而不是指通信网络。这种模式允许目标程序组成一个"从任何地方到其他任意地方"的自由形式结构，没有以建好的顺序或结构呈现。因为集成工具在结构上没有限制，因此创作者不得不建立自己的程序结构。与其他集成工具相比，创作者需要对程序结构多一些了解。但是在所有模式中，这是最能适应建立一个包含有多种层次交互应用程序的一类工具。NetWare Technology 公司的 MEDIAScript 是典型的网络模式创建工具。

7. 图标模式

在图标（icon）模式中，作品由多媒体对象和构建基于图标的流程图组成。媒体素材和程序控制用给出内容线索的图标表示。制作的整个工作就是构建和调试这张流程图。图标模式的主要特征是图标自身及流程图显示，所以又叫流程图模式。Macromedia 公司的 Authorware 是其典型代表。

8. 语言模式

使用一种语言来建立应用程序的结构与内容，根据语言的层次和功能创作多媒体。如 Asymetrix ToolBook 使用 Open Script 创作语言，Director 使用 Lingo 语言，Visual Basic 使用 Basic 语言。这些语言都具有专门处理多媒体对象的能力，一般称为多媒体创作语言。

习 题

一、选择题

1. （　　）不属于多媒体通信技术。
   A. 各种媒体的数字化　　　　　　B. 数据的存储
   C. 数据压缩　　　　　　　　　　D. 数据高速传输
2. MIDI 文件中记录的是（　　）。
   A. 乐谱　　　　　　　　　　　　B. MIDI 量化等级和采样频率
   C. 波形采样　　　　　　　　　　D. 声道
3. 下列声音文件格式中，（　　）是波形声音文件格式。
   A. WAV　　　　　B. CMF　　　　　C. VOC　　　　　D. MID

4. 下列说法中，（　　）是不正确的。
   A．图像都是由一些排成行列的像素组成的，通常称为位图或点阵图
   B．图形是用计算机绘制的画面，也称矢量图
   C．图像的数据量较大，所以彩色图（如照片等）不可以转换为图像数据
   D．图形文件中只记录生成图的算法和图上的某些特征点，数据量较小

5. 多媒体技术中的媒体一般是指（　　）。
   A．硬件媒体　　　B．存储媒体　　　C．信息媒体　　　D．软件媒体

6. 对波形声音采样频率越高，则数据量（　　）。
   A．越大　　　　　B．越小　　　　　C．恒定　　　　　D．不能确定

7. 下列选项中，（　　）不是多媒体技术的特点。
   A．集成性　　　　B．交互性　　　　C．实时性　　　　D．兼容性

8. 下列选项中，（　　）不是图形图像文件的扩展名。
   A．MP3　　　　　B．BMP　　　　　C．GIF　　　　　D．WMF

9. 多媒体计算机系统一般由多媒体计算机硬件系统和多媒体计算机软件系统组成，通常应包括（　　）层次结构。
   A．4　　　　　　 B．5　　　　　　 C．6　　　　　　 D．7

10. 下列选项中，（　　）不是多媒体素材。
    A．波形、声音　　　　　　　　　　B．文本、数据
    C．图形、图像、视频、动画　　　　D．光盘

11. 请根据多媒体的特性判断以下属于多媒体范畴的是（　　）。
    ①交互式视频游戏；②有声图书；③彩色画报；④彩色电视
    A．①　　　　　　B．①②　　　　　C．①②③　　　　D．全部

12. 多媒体计算机系统的两大组成部分是（　　）。
    A．多媒体器件和多媒体主机
    B．音箱和声卡
    C．多媒体输入设备和多媒体输出设备
    D．多媒体计算机硬件系统和多媒体计算机软件系统

13. 视频卡的种类很多，主要包括（　　）。
    ①视频捕获卡；②电影卡；③电视卡；④视频转换卡
    A．①　　　　　　B．①②　　　　　C．①②③　　　　D．全部

14. 使用触摸屏的好处是（　　）。
    ①用户使用手指操作直观、方便；　②操作简单、无须学习；
    ③交互性好；　　　　　　　　　　④简化了人机接口
    A．①　　　　　　B．①②　　　　　C．①②③　　　　D．全部

15. 以下属于多媒体教学软件特点的是（　　）。
    ①能正确生动地表达本学科的知识内容；②具有友好的人机交互界面；
    ③能判断问题并进行教学指导；④能通过计算机屏幕和老师面对面讨论问题
    A. ①②③　　　　B. ①②④　　　　C. ②④　　　　D. ②③
16. 多媒体技术未来发展的方向是（　　）。
    ①高分辨率，提高显示质量；　　　　②高速化，缩短处理时间；
    ③简单化，便于操作；　　　　　　　④智能化，提高信息识别能力
    A. ①②③　　　　B. ①②④　　　　C. ①③④　　　　D. 全部
17. 下列声音文件格式中，（　　）是波形文件格式。
    ①WAV；②CMF；③VOC；④MIDI
    A. ①②　　　　B. ①③　　　　C. ①④　　　　D. ②③
18. 目前，多媒体计算机中对动态图像数据压缩常采用（　　）。
    A. JPEG　　　　B. GIF　　　　C. MPEG　　　　D. BMP
19. 请根据多媒体的特性判断属于多媒体范畴的是（　　）。
    A. 交互视频游戏　　　　　　　　B. 报纸
    C. 彩色画报　　　　　　　　　　D. 彩色电视
20. 下列设备中，不属于多媒体输入设备的是（　　）。
    A. 红外遥感器　　　　　　　　　B. 数码照相机
    C. 触摸屏　　　　　　　　　　　D. 调制解调器
21. 下列说法中，不正确的是（　　）。
    A. 电子出版物存储量大，一张光盘可以存储几百本长篇小说
    B. 电子出版物媒体种类多，可以集成文本、图形、图像、音视频等多媒体信息
    C. 电子出版物不能长期保存
    D. 电子出版物检索信息迅速
22. 4G手机属于（　　）媒体。
    A. 网络直播　　B. 移动　　　　C. VOD　　　　D. 数字电视
23. 多媒体技术在教育领域中得到广泛应用，其中CAT是指（　　）。
    A. 计算机化教学　　　　　　　　B. 计算机辅助教学
    C. 计算机辅助学习　　　　　　　D. 计算机辅助训练
24. FLA文件格式属于（　　）。
    A. 图像　　　　B. 动画　　　　C. 视频　　　　D. 音频
25. 可视电话反映了信息载体的（　　）基本特性。
    A. 多样性　　　B. 交互性　　　C. 继承性　　　D. 实时性
26. 多媒体数据压缩的评价标准包括（　　）3个方面。
    A. 压缩比率、压缩与解压缩的速度、编码方法
    B. 压缩质量、压缩与解压缩的速度、编码方法

C．压缩比率、压缩质量、压缩与解压缩的速度

D．压缩比率、压缩质量、编码方法

27．以下说法中，不属于多媒体计算机常用的图像输入设备是（　　）。

A．扫描仪　　　　　　　　　　　　B．视频信号数字化仪

C．数码摄像机　　　　　　　　　　D．数码照相机

28．不属于多媒体静态图像文件格式的是（　　）。

A．.GIF　　　　B．.MPG　　　　C．.BMP　　　　D．.PCX

29．多媒体数据具有（　　）的特点。

A．数据量大和数据类型多

B．数据类型间区别大和数据类型少

C．数据量大、数据类型多、数据类型间区别小、输入和输出不复杂

D．数据量大、数据类型多、数据类型间区别大、输入和输出复杂

30．下列关于多媒体的说法中，错误的是（　　）。

A．多媒体技术是一种计算机技术

B．电视技术也属于多媒体技术的范畴

C．多媒体技术可以用来建立人机之间的交互

D．多媒体技术面向对象进行综合处理，并建立逻辑关系

31．下列关于计算机录音的说法中，正确的是（　　）。

A．录音时采样频率越高，则录制的声音音量越大

B．录音时采样频率越高，则录制的声音音质越好

C．Windows自带的"录音机"工具可以进行任意长度时间的录音

D．音乐CD中存储的音乐文件可以直接拷贝到计算机中使用

32．下列叙述中，正确的是（　　）。

A．编码时删除一些无关紧要的数据的压缩方法称为无损压缩

B．解码后的数据与原始数据不一致称为有损压缩编码

C．编码时删除一些重复数据以减少存储空间的方法称为有损压缩

D．解码后的数据与原始数据不一致称无损压缩编码

33．人们在实施音频数据压缩时，通常应综合考虑的因素有（　　）。

A．音频质量、数据量、音频特性

B．音频质量、计算复杂度、数据量

C．计算复杂度、数据量、音频特性

D．音频质量、计算复杂度、数据量、音频特性

34．彩色可用（　　）来描述。

A．亮度、饱和度、色调　　　　　　B．亮度、饱和度、颜色

C．亮度、对比度、颜色　　　　　　D．亮度、色调、对比度

35．以下关于图形图像的叙述中，不正确的是（　　）。
   A．矢量图的一个优点是图形无论放大缩小都不会失真
   B．被计算机接受的数字图像有位图图像和矢量图形两种
   C．矢量图形是由像素组成的，适用于逼真图片或要求精细细节的图像
   D．位图图像像素之间没有内在联系，而且它的分辨率是固定的
36．使用图像处理软件可以对图像进行（　　）。
   ① 放大、缩小；　② 上色、裁剪；　③ 扭曲、变形；　④ 叠加、分离
   A．②③④　　　B．②④　　　C．①②③④　　　D．①②
37．某同学运用 Photoshop 加工自己的照片，照片未加工完，他准备下次接着做。他将照片保存的格式应该是（　　）。
   A．.BMP　　　B．.SWF　　　C．.PSD　　　D．.GIF
38．下列可以把 WAVE 格式的音频文件转换为 MP3 格式的软件是（　　）。
   A．Photoshop　　B．GoldWave　　C．PowerPoint　　D．Excel
39．下述声音分类中质量最好的是（　　）。
   A．数字激光唱盘　　　　　　　　B．调频无线电广播
   C．调幅无线电广播　　　　　　　D．电话

二、填空题

1．一幅彩色图像的像元是由_____、_____、_____3 种颜色组成的。
2．多媒体是指多种媒体的_____应用。
3．多媒体信息的存储和传递最常用的介质是_____。
4．在计算机中，多媒体数据最终是以_____存储的。
5．场景是 Flash 中相对独立的_____，一个 Flash 动画可以由_____场景组成，每个场景中的图层和帧均相对独立。
6．文本、声音、_____、_____和_____等信息的载体中的两个或多个的组合构成了多媒体。
7．多媒体系统是指利用_____技术和_____技术来处理和控制多媒体信息的系统。
8．多媒体技术具有_____、_____、_____和实时性等主要特性。
9．多媒体个人计算机的英文缩写是_____。
10．对于位图来说，用一位位图时每个像素可以有黑白两种颜色，而用二位位图时每个像素可以有_____种颜色。
11．在相同的条件下，位图所占的空间比矢量图_____。
12．多媒体的英文是_____。Virtual Reality 的含义是_____。
13．Windows 7 系统中播放声音的软件有_____、_____和_____。
14．多媒体创作系统大致可分为素材库、编辑和_____3 个部分。
15．音频的频率范围是_____。

16．色彩的三要素分别是_____、_____和_____。
17．RGB 色彩模型的三基色分别是_____、_____和_____。
18．数据压缩一般由两个环节组成：一是_____过程，二是_____过程。
19．位图图像也称为点阵图像或绘制图像，是由称作_____的单个点组成的。
20．_____像也称面向对象的图像或绘图图像，在数学上定义为一系列由线连接的点。
21．图像分辨率是指单位图像线性尺寸中所包含的_____数目。
22．音频数据一般分为_____和_____两种。
23．视频卡用于处理多媒体视频信号，按功能分为_____卡、_____卡和_____卡 3 种。
24．_____是位图图像的基本构成元素。
25．Flash 的帧有 3 种，分别是_____帧、_____帧和_____帧。

三、判断题

1．声音质量与它的频率范围无关。（   ）
2．在相同的条件下，位图所占的空间比矢量图小。（   ）
3．位图可以用画图程序获得、从荧光屏上直接抓取、用扫描仪或视频图像抓取设备从照片等抓取、购买现成的图片库。（   ）
4．文字不是多媒体数据。（   ）
5．图像都是由一些排成行列的像素组成的，通常称位图或点阵图。（   ）
6．多媒体技术中的关键技术是数据压缩技术、大规模集成电路制造技术、大容量的光盘存储器和计算机网络技术等。（   ）
7．在数字视频信息获取与处理过程中，正确顺序是采样、A/D 转换、压缩、存储、解压缩、D/A 变换。（   ）
8．WMA 是一种音频文件。（   ）

四、简答题

1．媒体都被划分为哪几类？特点分别是什么？
2．多媒体技术的特点是什么？
3．简述多媒体技术硬件平台的构成。
4．常用的图像、视频与音频文件的格式都有哪些？
5．数据压缩由哪几个环节组成？每个环节的作用是什么？
6．简述音频数字化的脉冲编码调制法的主体流程和各环节的内涵。

第 9 章 计算机新技术

随着社会进步，科学技术迅猛发展，人的生活水平不断提升，计算机技术已经渗透到了社会生产、生活的方方面面，并且扮演着越来越重要的角色。同时，计算机技术的发展也给人们带来了更多的机遇与挑战。目前，计算机技术的发展正朝着超高速、智能化的趋势迈进。计算机新技术的发展水平不仅能够充分体现一个国家的科技水平，也能够展现其综合实力。因此，必须投入更多资源，重视对计算机新技术的研发，不断促进社会进步，为未来生活描绘美好蓝图。

9.1 人 工 智 能

人工智能是计算机科学的一个研究分支。20 世纪 70 年代以来，人工智能被称为世界三大尖端技术（空间技术、能源技术、人工智能）之一，也被认为是 21 世纪三大尖端技术（基因工程、纳米科学、人工智能）之一。这是因为近 40 年来它获得了迅速的发展，在很多学科领域都获得了广泛应用，并取得了丰硕的成果。人工智能已逐步成为一个独立的分支，无论在理论和实践上都已自成一个系统。

9.1.1 人工智能的概念

人工智能（artificial intelligence，AI）是一门极富挑战性的科学，从事这项工作的人员必须懂得计算机知识、心理学和哲学。人工智能是包括十分广泛的科学，它由不同的领域组成，如机器学习、计算机视觉、模式识别、自然语言处理等。总的说来，人工智能研究的一个主要目标是使机器能够胜任一些通常需要人类智能才能完成的复杂工作。但不同的时代、不同的人对这种"复杂工作"的理解是不同的。

人工智能是研究、开发用于模拟、延伸和扩展人的智能的理论、方法、技术及应用系统的一门新科学技术。人工智能的定义可以分为两部分，即"人工"和"智能"。"人工"指人为创造，比较好理解，争议性也不大。关于什么是"智能"，问题比较复杂，涉及其他诸如意识（consciousness）、自我（self）、思维（mind），包括无意识的思维（unconscious mind）等问题。人唯一能够了解的智能是人本身的智能，这是普遍认同的观点。但是人对自身智能的理解非常有限，对构成人的智能的必要元素也了解不足，这就难以定义什么是"人工"制造的"智能"了。因此，人工智能的研究往往涉及对人的智能本身的研究。其他关于动物或其他人造系统的智能也普遍被认为是人工智能相关的研究课题。

对于人工智能，主要基于两个角度进行定义。一个是从研究人工智能科学本身进行定义。尼尔逊教授对人工智能下了这样一个定义:"人工智能是关于知识的学科——怎样表示知识以及怎样获得知识并使用知识的科学。"意在表明人工智能是一门科学。另一个则是从功能的角度进行定义。美国麻省理工学院的温斯顿教授认为:"人工智能就是研究如何使计算机去做过去只有人才能做的智能工作。"意在阐述人工智能应该具有的功能。这些说法反映了人工智能学科的基本思想和基本内容。换言之,人工智能是研究人类智能活动的规律,构造具有一定智能的人工系统,研究如何让计算机去完成之前只有人类智力才能胜任的复杂工作,也就是研究如何应用计算机的软硬件来模拟人类的智能行为的基本理论、方法和技术。

人工智能是研究使计算机来模拟人的某些思维过程和智能行为(如学习、感知、思考、理解、识别、规划、推理、决策、抽象、创造、问题求解)的学科,主要包括计算机实现智能的原理、制造类似于人脑智能的计算机,使计算机能实现更高层次的应用。人工智能涉及计算机科学、心理学、哲学和语言学等学科。可以认为它几乎融合了自然科学和社会科学的所有学科,其范围已远远超出了计算机科学本身的范畴。人工智能与思维科学关系密切,二者是理论和实践的关系。人工智能是思维科学的技术应用。从思维观点看,人工智能不仅限于逻辑思维,还必须考虑形象思维、灵感思维,才能促进人工智能的突破性发展。

作为计算机科学的一个分支,人工智能企图了解智能的本质,生产出一种新的与人类智能相似的方式做出反应的智能机器。该领域的研究包括机器人、语言识别、图像识别、自然语言处理和专家系统等。人工智能从诞生以来,其理论和技术日益成熟,应用领域也在不断扩大,可以设想,未来人工智能带来的科技产品,将会是人类智慧的"容器"。人工智能可以对人的意识、思维的信息过程进行模拟。人工智能不是人的智能,但能像人那样思考,也可能超过人的智能。

9.1.2 人工智能的发展

如同蒸汽时代的蒸汽机、电气时代的发电机、信息时代的计算机和互联网,人工智能正成为推动人类进入智能时代的决定性力量。人工智能充满未知的探索道路曲折起伏,其发展经历了6个阶段。

1. 起步发展期(1956年~20世纪60年代初期)

1956年是人工智能的诞生年。人工智能概念提出后,相继取得了一系列令人瞩目的研究成果,如机器定理证明、跳棋程序等,掀起了人工智能发展的第一个高潮。

2. 反思发展期(20世纪60年代初期~70年代初期)

人工智能发展初期的突破性进展大大提升了人们对人工智能的期望。人们开始尝试更具挑战性的任务,并提出了一些不切实际的研发目标。然而,接踵而至的失败和预期目标的落空(例如,无法使用机器证明两个连续函数之和仍然是连续函数,机器翻译闹出笑话等)使人工智能的发展走入低谷。

3. 应用发展期（20世纪70年代初期～80年代中期）

20世纪70年代出现的专家系统模拟人类专家的知识和经验解决特定领域的问题，实现了人工智能从理论研究走向实际应用、从一般推理策略探讨转向运用专门知识的重大突破。专家系统在医疗、化学、地质等领域取得成功，推动人工智能走入应用发展的新高潮。

4. 低迷发展期（20世纪80年代中期～90年代中期）

随着人工智能的应用规模不断扩大，专家系统存在的应用领域狭窄、缺乏常识性知识、知识获取困难、推理方法单一、缺乏分布式功能、难以与现有数据库兼容等问题逐渐暴露出来。

5. 稳步发展期（20世纪90年代中期～2010年）

网络技术特别是互联网技术的发展，加速了人工智能的创新研究，使人工智能技术进一步走向实用化。1997年，IBM公司的"深蓝"超级计算机战胜了国际象棋世界冠军卡斯帕罗夫，2008年IBM提出"智慧地球"的概念。以上都是这一时期的标志性事件。

6. 蓬勃发展期（2011年至今）

随着大数据、云计算、互联网、物联网等信息技术的发展，泛在感知数据和图形处理器等计算平台推动以深度神经网络为代表的人工智能技术飞速发展，人工智能大幅跨越了科学与应用之间的"技术鸿沟"，诸如图像分类、语音识别、知识问答、人机对弈、无人驾驶等人工智能技术实现了从"不能用、不好用"到"可以用"的技术突破，迎来爆发式增长的新高潮。目前，符号主义、机会主义、连接主义是主流的人工智能学派。

时至今日，人工智能发展日新月异。此刻 AI 已经走出实验室，离开棋盘，已通过智能客服、智能医生、智能家电等服务场景在诸多行业进行深入而广泛的应用。可以说，AI 正在全面进入我们的日常生活，属于未来的力量正席卷而来。

60多年间，人工智能的发展经历了颇多具有转折意义的关键事件：

1946年，全球第一台通用计算机 ENIAC 诞生。它最初是为美军作战研制，每秒能完成5 000次加法、400次乘法等运算。ENIAC 为人工智能的研究提供了物质基础。

1950年，图灵提出"图灵测试"。如果计算机能在5分钟内回答由人类测试者提出的一系列问题，且其超过30%的回答让测试者误认为是人类所答，则通过测试。图灵测试预言了创造出具有真正智能的机器的可能性。

1956年，"人工智能"概念首次提出。在美国达特茅斯大学举行的一场为期两个月的讨论会上，"人工智能"概念首次被提出。

1959年，首台工业机器人诞生。美国发明家乔治·德沃尔与约瑟夫·英格伯格发明了首台工业机器人。该机器人借助计算机读取存储程序和信息，发出指令控制一台多自由度的机械。它对外界环境没有感知。

1964 年，首台聊天机器人诞生。美国麻省理工学院 AI 实验室的约瑟夫·魏岑鲍姆教授开发了 ELIZA 聊天机器人，实现了计算机与人通过文本来交流。这是人工智能研究的一个重要方面。不过，它只是用符合语法的方式将问题复述一遍。

1965 年，专家系统首次亮相。美国科学家爱德华·费根鲍姆等研制出化学分析专家系统程序 DENDRAL。它能够分析实验数据来判断未知化合物的分子结构。

1968 年，首台人工智能机器人诞生。美国斯坦福研究所研发的首台人工智能机器人 Shakey，能够自主感知、分析环境、规划行为并执行任务，可以感知人的指令，发现并抓取积木。这种机器人拥有类似人的感觉，如触觉、听觉等。

1970 年，能够分析语义、理解语言的系统诞生。美国斯坦福大学计算机教授 T. 维诺格拉德开发的人机对话系统 SHRDLU，能够分析指令，如理解语义、解释不明确的句子，并通过虚拟方块操作来完成任务。因为它能够正确理解语言，所以它被视为人工智能研究的一次巨大成功。

1976 年，专家系统广泛使用。斯坦福大学肖特里夫等人发布的医疗咨询系统 MYCIN，可用于对传染性血液病患诊断。这一时期还陆续研制出了用于生产制造、财务会计、金融等领域的专家系统。

1980 年，专家系统步入商业化。美国卡耐基·梅隆大学为 DEC 公司制造出 XCON 专家系统，帮助 DEC 公司每年节约 4 000 万美元左右的费用，特别是在决策方面，该系统能提供有价值的内容。

1981 年，第五代计算机项目研发。日本率先拨款支持，目标是制造出能与人对话、翻译语言、解释图像，并能像人一样推理的机器。随后，英、美等国也开始为 AI 和信息技术领域的研究提供大量资金。

1984 年，大百科全书（Cyc）项目研发。Cyc 项目试图将人类拥有的所有一般性知识都输入计算机，建立一个巨型数据库，并在此基础上实现知识推理，它的目标是让人工智能的应用能够以类似人类推理的方式工作，成为人工智能领域的一个全新研发方向。

1997 年，"深蓝"超级计算机战胜国际象棋世界冠军。IBM 公司的国际象棋计算机"深蓝（DeepBlue）"战胜了国际象棋世界冠军卡斯帕罗夫。它的运算速度为每秒 2 亿步棋，并存有 70 万份大师对战的棋局数据，可搜寻并估计随后的 12 步棋。

2006 年，Hinton 在神经网络的深度学习领域取得突破，人类又一次看到机器赶超人类的希望，这也是标志性的技术进步。

2011 年，Watson 参加智力问答节目。IBM 公司开发的人工智能程序"沃森（Watson）"参加了一档智力问答节目并战胜了两位人类冠军。"沃森"存储了 2 亿页数据，能够将与问题相关的关键词从看似相关的答案中抽取出来。这一人工智能程序已被 IBM 广泛应用于医疗诊断领域。

2016～2017 年，AlphaGo 战胜围棋冠军。AlphaGo 是由 Google DeepMind 开发的人

工智能围棋程序，具有自我学习能力。它能够搜集大量围棋对弈数据和名人棋谱，学习并模仿人类下棋。DeepMind 公司已进军医疗保健等领域。

2017 年，深度学习兴盛。AlphaGoZero（第四代 AlphaGo）能够在无任何数据输入的情况下，开始自学围棋，3 天后便以 100∶0 横扫了第二版本的"旧狗"，学习 40 天后又战胜了在人类高手看来不可企及的第三个版本"大师"。

2017 年 7 月 20 日，国务院正式颁布了《新一代人工智能发展规划》（国发〔2017〕35 号），指出人工智能已成为国际竞争的新焦点，明确规定要实施全民智能教育项目，在中小学设置人工智能相关课程，逐步推广编程教育。就像我国的信息技术迅速走在世界前列是依赖社会需求与应用的同步发展一样，人工智能领域的发展也需要具有一个牢固的社会基础，在中小学阶段开设人工智能教育课程，是具有前瞻性的举措。

2017 年 12 月，人工智能入选"2017 年度中国媒体十大流行语"。

9.1.3 人工智能的研究

人工智能的知识领域浩繁，很难面面俱到，但是各个领域的思想和方法有许多可以互相借鉴的地方。随着人工智能理论研究的发展和成熟，人工智能的应用领域更为宽广，应用效果更为显著。从应用的角度看，人工智能的研究主要集中在以下几个方面。

1. 专家系统

专家系统是一个具有大量专门知识与经验的程序系统。它应用人工智能技术，根据某个领域一个或多个人类专家提供的知识和经验进行推理和判断，模拟人类专家的决策过程，以解决那些需要专家决定的复杂问题。目前在许多领域，专家系统已取得显著效果。专家系统与传统计算机程序的本质区别在于，专家系统所要解决的问题一般没有算法求解，并且经常要在不完全、不精确或不确定的信息基础上做出结论。它能够解决的问题包括解释、预测、诊断、设计、规划、监视、修理、指导和控制等。

专家系统从体系结构上可分为集中式专家系统、分布式专家系统、协同式专家系统、神经网络专家系统等；从方法上可分为基于规则的专家系统、基于模型的专家系统、基于框架的专家系统等。

2. 自然语言理解

自然语言理解是研究实现人类与计算机系统之间用自然语言进行有效通信的各种理论和方法。目前计算机系统与人类之间的交互还只能使用严格限制的各种非自然语言，因此解决计算机系统能够理解自然语言的问题，一直是人工智能研究领域的重要研究课题之一。

实现人机间自然语言通信意味着计算机系统既能理解自然语言文本的意义，又能生成自然语言文本来表达给定的意图和思想等。而自然、语言的理解和生成是一个极为复杂的解码和编码问题。一个能够理解自然语言的计算机系统如同人一样，它需要有上下文知识和信息，并能用信息发生器进行推理。理解口头和书写语言的计算机系统的基础就是表示上下文知识结构的某些人工智能思想，以及根据这些知识进行推理的某些技术。

虽然在理解有限范围的自然语言对话和理解用自然语言表达的小段文章或故事方面的程序系统已有一定的进展，但要实现功能较强的理解系统仍十分困难。从目前的理论和技术现状看，它主要应用于机器翻译、自动文摘、全文检索等方面，而通用的和高质量的自然语言处理系统，仍然是较长期的努力目标。

3. 机器学习

机器学习是人工智能的一个核心研究领域，它是计算机具有智能的根本途径。学习是人类智能的主要标志和获取知识的基本手段。西蒙认为："如果一个系统能够通过执行某种过程而改进它的性能，这就是学习。"机器学习研究的主要目标是让机器自身具有获取知识的能力，使机器能够总结经验、修正错误、发现规律、改进性能，对环境具有更强的适应能力。目前，机器学习的研究还处于初级阶段，但却是一个必须大力开展研究的阶段。只有机器学习的研究取得进展，人工智能和知识工程才会取得重大突破。

4. 自动定理证明

自动定理证明，又称为机器定理证明，它是数学和计算机科学相结合的研究课题。数学定理的证明是人类思维中演绎推理能力的重要体现。演绎推理实质上是符号运算，因此原则上可以用机械化的方法来进行。数理逻辑的建立使自动定理证明的设想有了更明确的数学形式。1965年鲁宾逊提出一阶谓词演算中的归结原理，这是自动定理证明的重大突破。1976年，美国的埃佩尔等三人利用高速计算机证明了124年未能解决的"四色问题"，表明利用电子计算机有可能把人类思维领域中的演绎推理能力推进到前所未有的境界。我国数学家吴文俊在1976年年底开始研究可判定问题，即论证某类问题是否存在统一算法解。他在微型机上成功地设计了初等几何与初等微分几何中一大类问题的判定算法及相应的程序，其研究处于国际领先地位。后来，我国数学家张景中等人进一步推出了"可读性证明"的机器证明方法，再一次轰动了国际学术界。

自动定理证明的理论价值和应用范围并不局限于数学领域，许多非数值领域的任务，如医疗诊断、信息检索、规划制定和难题求解等，都可以转化成相应的定理证明问题，或者与定理证明有关的问题，所以自动定理证明的研究具有普遍意义。

5. 自动程序设计

自动程序设计是指根据给定问题的原始描述，自动生成满足要求的程序。它是软件工程和人工智能相结合的研究课题。自动程序设计主要包含程序综合和程序验证两方面内容。前者实现自动编程，即用户只需告知机器"做什么"，无须告诉"怎么做"，这后一步的工作由机器自动完成；后者是程序的自动验证，自动完成正确性的检查。

目前在自动程序设计方面已取得一些初步的进展，尤其是程序变换技术已引起计算机科学工作者的重视。现在国外已陆续出现一些实验性的程序变换系统，如英国爱丁堡大学的程序自动变换系统 POP-2 和德国默森技术大学的程序变换系统 CIP 等。

6. 机器人学

机器人学是机械结构学、传感技术和人工智能相结合的产物。1948 年，美国研制成功第一代遥控机械手，17 年后第一台工业机器人诞生，相关研究不断取得进展。机器人的发展经历了以下几个阶段：第一代为程序控制机器人，它以"示教—再现"方式，一次又一次学习后进行再现，代替人类从事笨重、繁杂与重复的劳动；第二代为自适应机器人，它配备有相应的感觉传感器，能获取作业环境的简单信息，允许操作对象的微小变化，对环境具有一定的适应能力；第三代为分布式协同机器人，它配备视觉、听觉、触觉多种类型的传感器，在多个方向平台上感知多维信息，具有较高灵敏度，能对环境信息进行精确感知和实时分析，协同控制自己的多种行为，具有自学习、自主决策和判断能力，能处理环境发生的变化，能和其他机器人进行交互。

机器人学的研究促进了人工智能思想的发展，它所产生的一些技术可在人工智能研究中用来建立世界状态模型和描述世界状态变化的过程。

7. 模式识别

模式识别研究的是计算机的模式识别系统，即用计算机代替人或帮助人感知模式。模式通常具有实体的形式，如声音、图片、图像、语言、文字、符号、物体和景象等，可以用物理、化学及生物传感器进行具体采集和测量。

模式识别呈现多样性和多元化趋势。生物特征识别成为模式识别的新方向，包括语音识别、文字识别、图像识别、人物景象识别和手语识别等。人们还要求通过识别语种、乐种和方言来检索相关的语音信息，通过识别人种、性别和表情来检索所需要的人脸图像，通过识别指纹（掌纹）、人脸、签名、虹膜和行为姿态识别身份。模式识别是一个不断发展的新科学，它的理论基础和研究范围也在不断发展。

8. 计算机视觉

视觉是各个应用领域（如制造业、检验、文档分析、医疗诊断和军事等）中各种智能系统中不可分割的一部分。计算机视觉涉及计算机科学与工程、信号处理、物理学、应用数学和统计学、神经生理学和认知科学等多个领域的知识，已成为一门不同于人工智能、图像处理和模式识别等相关领域的成熟学科。计算机视觉研究的最终目标是使计算机能够像人那样通过视觉观察和理解世界，具有自主适应环境的能力。

计算机视觉研究的任务是理解一个图像。这里的图像是利用像素所描绘的景物。其研究领域涉及图像处理、模式识别、景物分析、图像解释、光学信息处理、视频信号处理以及图像理解。

计算机视觉的前沿研究领域包括实时并行处理、主动式定性视觉、动态和时变视觉、三维景物的建模与识别、实时图像压缩传输和复原、多光谱和彩色图像的处理与解释等。计算机视觉已在机器人装配、卫星图像处理、工业过程监控、飞行器跟踪和制导以及电视实况转播等领域获得极为广泛的应用。

9. 软计算

通常把人工神经网络计算、模糊计算和进化计算作为软计算的 3 个主要内容。软计算多应用于缺乏足够的先验知识,只有一大堆相关的数据和记录的问题。

10. 智能控制

智能控制是把人工智能技术引入控制领域,建立智能控制系统。1965 年,美籍华人科学家傅京孙首先提出把人工智能的启发式推理规则用于学习控制系统。十多年后,建立实用智能控制系统的技术逐渐成熟。1971 年,傅京孙提出把人工智能与自动控制结合起来的思想。1977 年,美国人萨里迪斯(G. N. Saridis)提出把人工智能、控制论和运筹学结合起来的思想。1986 年,我国的蔡自兴教授提出把人工智能、控制论、信息论和运筹学结合起来的思想。根据这些思想已经研究出一些智能控制的理论和技术,可以构造用于不同领域的智能控制系统。

11. 智能规划

智能规划是人工智能研究领域近年来发展起来的一个热门分支。智能规划的主要思想是:对周围环境进行认识与分析,根据自己要实现的目标,对若干可供选择的动作及所提供的资源限制施行推理,综合制定出实现目标的规划。

9.1.4 人工智能的应用领域

人工智能在计算机领域内,得到了愈加广泛的重视,并在机器人、经济政治决策、控制系统、仿真系统中得到应用。目前,人工智能主要应用于下列领域。

1. 家居

智能家居主要是基于物联网技术,通过智能硬件、软件系统、云计算平台构成一套完整的家居生态圈。用户能够远程控制设备,设备之间通过互联,进行自我学习,来整体优化家居环境的安全性、节能性、便捷性等。值得一提的是,随着智能语音技术的发展,智能音箱成为一个爆发点。小米、天猫、Rokid 等企业纷纷推出自身的智能音箱,不仅成功打开家居市场,也为未来更多的智能家居用品培养了用户习惯。但目前家居市场智能产品种类繁杂,如何打通这些产品之间的沟通壁垒,建立安全可靠的智能家居服务环境,是该领域下一步的发力点。

2. 零售

人工智能在零售领域的应用已经十分广泛,无人便利店、智慧供应链、客流统计、无人仓、无人车等都是热门方向。京东自主研发的无人仓储技术采用大量智能物流机器人进行协同与配合,通过人工智能、深度学习、图像智能识别、大数据应用等技术,让工业机器人进行自主判断和行动,完成复杂任务,在商品分拣、运输、出库等环节实现自动化。图普科技则将人工智能技术应用于客流统计,通过基于人脸识别技术的客流统计功能,门店可以从性别、年龄、表情、新老顾客、滞留时长等维度建立到店客流用户画像,为调整运营策略提供数据基础,帮助门店运营从匹配真实到店客流的角度提升转换率。

3. 交通

智能交通系统(intelligent transport system,ITS)是通信、信息和控制技术在交通系统中集成应用的产物。ITS 应用最广泛的是日本,其次是美国、欧洲等国家和地区。目前,我国在 ITS 方面的应用主要是通过对交通中的车流量、行车速度进行采集和分析,可以对交通进行实时监控和调度,有效提高通行能力、简化交通管理、降低环境污染等。

4. 医疗

目前,在垂直领域的图像算法和自然语言处理技术已可基本满足医疗行业的需求,市场上出现了众多技术服务商,例如:提供智能医学影像技术的德尚韵兴,研发人工智能细胞识别医学诊断系统的智微信科,提供智能辅助诊断服务平台的若水医疗,统计及处理医疗数据的易通天下等。尽管智能医疗在辅助诊疗、疾病预测、医疗影像辅助诊断、药物开发等方面发挥了重要作用,但各医院之间医学影像数据、电子病历等不流通,导致企业与医院之间的合作不透明等问题,这就使技术发展与数据供给之间产生矛盾。

5. 教育

科大讯飞、乂学教育等企业早已探索人工智能在教育领域的应用。通过图像识别,可以进行机器批改试卷、识题答题等;通过语音识别可以纠正、改进发音;而人机交互可以进行在线答疑解惑等。AI 和教育的结合在一定程度上可以改善教育行业师资分布不均衡、费用高昂等问题,从工具层面给师生提供更为有效的学习方式,但还不能对教育内容产生较多实质性的影响。

6. 物流

物流行业通过利用智能搜索、推理规划、计算机视觉和智能机器人等技术在运输、仓储、配送装卸等流程上已经进行了自动化改造,能够基本实现无人操作。例如,利用大数据对商品进行智能配送规划,优化配置物流供给、需求匹配、物流资源等。目前,物流行业大部分人力分布在"最后一公里"的配送环节,京东、苏宁、菜鸟争先研发无人车、无人机,力求抢占市场机会。

7. 安防

近些年来，中国安防监控行业发展迅速，视频监控数量不断增长，在公共和个人场所监控摄像头安装总数逐年上升。在部分一线城市，智能视频监控已经实现了全覆盖。不过，较国外而言，我国安防监控领域仍然有很大成长空间。截至目前，安防行业的发展经历了 4 个发展阶段，分别为模拟监控、数字监控、网络高清、智能监控时代。每一次行业变革，都得益于算法、芯片和零组件的智能技术创新，由此带动成本下降。因而，产业链上游的智能技术创新与成本控制成为安防监控系统功能升级、产业规模增长的关键，也成为产业可持续发展的重要基础。

9.2 物 联 网

物联网（The Internet of Things）起源于传媒领域，被认为是信息科学技术产业的第三次革命。物联网是基于互联网、广播电视网、传统电信网等信息承载体，让所有能够被独立寻址的普通物理对象实现互联互通的网络。2009 年 8 月，温家宝在无锡视察时提出"感知中国"。无锡市率先建立了"感知中国"研究中心，中国科学院、运营商、多所大学在无锡市建立了物联网研究院。物联网被正式列为国家五大新兴战略性产业之一，并写入十一届全国人大三次会议政府工作报告，物联网在中国受到了全社会极大的关注。

9.2.1 物联网概念

物联网概念是在互联网概念的基础上，将其用户端延伸和扩展到任何物品与物品之间，进行信息交换和通信的一种网络概念。

物联网，国内外普遍公认是 MIT Auto-ID 中心阿什顿（Ashton）教授在 1999 年在研究 RFID 时最早提出来的。在 2005 年国际电信联盟（ITU）发布的同名报告中，物联网的定义和范围已经发生了变化，覆盖范围有了较大的拓展，不仅仅只是指基于 RFID 技术的物联网。物联网的概念与其说它是一个外来概念，不如说它已经是一个"中国制造"的概念，它的覆盖范围与时俱进，已经超越了 1999 年阿什顿教授和 2005 年 ITU 报告所指的范围。物联网已被贴上"中国式"标签。

工业和信息化部总工程师朱宏任在中国工业运行 2009 年夏季报告会上表示，物联网是个全新的概念，到 2009 年为止还没有一个约定俗成的、大家公认的定义。总的来说，物联网是指将各种传感器和现有的互联网相互衔接的一种新技术，即把所有物品通过信息传感设备与互联网连接起来，进行信息交换，即物物相息，以实现智能化识别和管理的网络，如图 9-1 所示。

图 9-1 物联网

目前，较被公认的物联网定义是：物联网是在计算机互联网的基础上，利用射频自动识别（RFID）技术、无线数据通信等技术，构造的能够覆盖世界上万事万物的物物相连的网络。在这个网络中，物品（商品）能够彼此进行信息交互，无须人工干预。实质是利用 RFID 技术，通过计算机互联网实现物品的自动识别、信息的互联与共享。其包含了两层含义：其一，物联网的基础与核心仍然是互联网，它是在现有互联网的基础上扩展和延伸的网络；其二，其用户端扩展和延伸到了任何物体间，可以进行信息的通信和交换。由此得出物联网的概念是：通过射频识别（RFID）、激光扫描器、红外感应器、定位系统等传感设备，把任何物体与互联网相连接，按约定的协议进行信息交换和通信，以实现对物体的智能化管理、定位、识别、监控、跟踪的一种新型网络。这里的"物"要有相应信息的接收器；要有数据传输通路；要有一定的存储功能；要有 CPU；要有操作系统；要有专门的应用程序；要有数据发送器；遵循物联网的通信协议；在世界网络中有可被识别的唯一编号。只有满足这些条件的"物"才能够被纳入物联网的范畴。

物联网概念的问世，打破了之前的传统思维。过去的思路一直是将物理基础设施和 IT 基础设施完全分开，一方面是机场、公路、建筑物，另一方面是数据中心、个人计算机、宽带等。而在物联网时代，钢筋混凝土、电缆将与芯片、宽带整合为统一的基础设施，在此意义上，基础设施更像是一块新的地球。故也有业内人士认为物联网与智能电网均是智慧地球的有机构成部分。

还有观点认为，物联网迅速普及的可能性有多大，尚难以轻言判定。毕竟 RFID 技术早已为市场所熟知，对物联网的普及速度存在着较大的分歧。但可以肯定的是，在国家大力推动工业化与信息化两化融合的大背景下，物联网会是工业乃至更多行业信息化过程中一个比较现实的突破口。而且，从 RFID 技术在多领域多行业的一些闭环应用可以看出，在这些先行的成功案例中，物品的信息已经被自动采集并上网，管理效率大幅提升，有些物联网的梦想已经有一部分实现了。所以，物联网的雏形就像互联网早期的形态局域网一样，虽然发挥的作用有限，但昭示着的远大前景已经不容置疑。

这几年推行的智能家居其实就是把家中的电器通过网络控制起来。可以想见，物联网发展到一定阶段，家中的电器可以和外网连接起来，通过传感器传达电器的信号。用户在外面就可以知道家中电器的使用情况，甚至提前知道家中电器的故障。物联网的发展，也必然带动传感器的发展。

9.2.2　物联网的特征与体系结构

1. 物联网的特征

物联网是继计算机、互联网与移动通信网之后的又一次信息产业浪潮。与传统的互联网相比，物联网有着鲜明的特征。物联网是具有全面感知、可靠传输、智能处理三大特征的连接物理世界的网络，实现了任何人（anyone）、任何时间（anytime）、任何地点（anywhere）及任何物体（anything）的 4A 连接。

（1）全面感知

全面感知也就是利用无线射频识别（RFID）、传感器、定位器和二维码等技术手段随时随地采集和获取物体信息，使接入对象更为广泛，获取信息更加丰富。

感知包括传感器的信息采集、协同处理、智能组网，甚至信息服务，以达到控制、指挥的目的。当前，信息化的接入对象虽也包括 PC、手机、传感器、仪器仪表、摄像头、各种智能卡等，但主要还是需要人工操作的 PC、手机、智能卡等，所接入的物理世界信息也较为有限。未来的物联网接入对象包含了更丰富的物理世界，不但包括现在的 PC、手机、智能卡，传感器、仪器仪表、摄像头和其他扫描仪也会得到更为普遍的应用。而行业当中获取和处理的信息不仅包括人类社会的信息，也包括更为丰富的物理世界信息，如长度、压力、温度、湿度、体积、重量、密度等。

（2）可靠传输

可靠传输是指通过各种电信网络和因特网融合，对接收到的感知信息进行实时远程传送，实现信息的交互和共享，并进行各种有效的处理。在这一过程中，通常需要用到现有的电信运行网络，包括无线网络和有线网络。

由于传感器网络是一个局部的无线网，因而无线移动通信网、3G/4G 网络是作为承载物联网的一个有力的支撑。感知的信息需要传送出去，通过网络将感知的各种信息进行实时传送，以实现随时随地进行可靠的信息交互与共享。物联网是一种建立在互联网基础上的泛在网络。物联网技术的核心仍然是互联网，虽然目前互联网基础设施已日益完善，但距离物联网的信息接入要求显然还有很长一段的距离，即使是已接入网络的信息系统，很多也并未达到互通，信息孤岛现象较为严重。未来的物联网，不仅需要完善的基础设施，更需要随时随地的网络覆盖和接入性，信息共享和互动以及远程操作都要达到较高的水平，同时由于物联网需要物物相连，必须面对海量信息，信息的安全机制和权限管理需要更高层次的监管和技术保障。

（3）智能处理

智能处理是指利用云计算、模糊识别等各种智能计算技术，对随时接收到的跨地域、跨行业、跨部门的海量数据和信息进行分析处理，提升对物理世界、经济社会各种活动和变化的洞察力，实现智能化的决策和控制。

物联网的智能处理利用云计算等技术及时对海量信息进行处理，真正达到了人与人的沟通和物与物的沟通，信息处理能力更强大，人类与周围世界的相处更为智慧。当前的信息化由于数据、计算能力、存储、模型等的限制，大部分信息处理工具和系统还停留在提高效率的数字化阶段，一部分能起到改善人类生产、生活流程的作用，但是能够为人类决策提供有效支持的系统还很少。未来的物联网，不仅能提高人类的工作效率，改善工作流程，并且通过云计算，借助科学模型，广泛采用数据挖掘等知识发现技术整合和深入分析收集到的海量数据，以更加新颖、系统且全面的观点和方法来看待和解决特定问题，使人类能更加智慧地与周围世界相处。

2. 物联网的体系结构

物联网的体系结构大致被公认地划分为 3 个层次：底层是用来感知数据的感知层，第二层是用于传输数据的网络层，顶层则是与行业需求相结合的应用层，如图 9-2 所示。

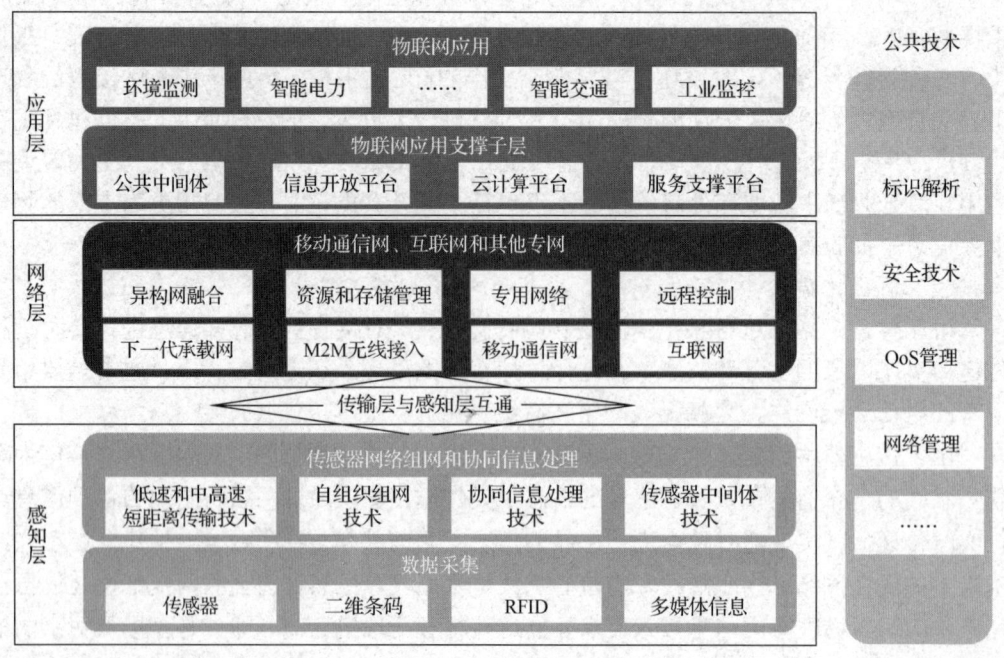

图 9-2　物联网体系结构图

（1）感知层

感知层由各种传感器以及传感器网关构成，包括二氧化碳浓度传感器、温度传感器、湿度传感器、二维码标签、RFID 标签和读写器、摄像头、GPS 等感知终端。感知层的作用相当于人的眼耳鼻喉和皮肤等神经末梢。它是物联网识别物体、采集信息的来源，其主要功能是感知识别物体，采集数据信息。它是通过移动终端、传感器、RFID、二维码技术和实时定位技术等对物质属性、环境状态、行为态势等动态和静态信息进行大规模、分布式的信息获取与状态辨识。针对具体感知任务，常采用协同处理的方式对多种类、多角度、多尺度的信息进行在线计算，并与网络中的其他单元共享资源进行交互与信息传输。信息传输包括远近距离数据传输技术、自组织组网技术、协同信息处理技术、信息采集中间件技术等传感器网络。感知层是实现物联网全面感知的核心能力，是物联网中关键技术、标准化方面、产业化方面亟待突破的部分，关键在于具备更精确、更全面的感知能力，并解决低功耗、小型化和低成本的问题。

（2）网络层

网络层采用了与各种异构通信网络接入的设备。它由各种接入互联网的网关、接入移动通信网的网关、私有网络、互联网、有线和无线通信网、网络管理系统和云计算平台等部分组成，相当于人的神经中枢和大脑，负责传递和处理感知层获取的信息。网络层能够把感知到的信息进行传输，实现互联。这些信息可以通过 Internet、Intranet、GSM、CDMA 等网络进行可靠、安全的传输。因为这些设备具有较强的硬件支撑能力，所以可以采用相对复杂的软件协议进行设计。传输层的作用相当于人的神经中枢和大脑，负责传递和处理感知层获取的信息。

（3）应用层

应用层是物联网和用户（包括人、组织和其他系统）的接口，它与行业需求结合，实现物联网的智能应用。根据用户需求，应用层构建面向各类行业实际应用的管理平台和运行平台，并根据各种应用的特点集成相关的内容服务。为了更好地提供准确的信息服务，必须结合不同行业的专业知识和业务模型，以完成更加精细和准确的智能化信息管理。应用层提供丰富的基于物联网的应用，是物联网发展的根本目标，将物联网技术与行业信息化需求相结合，实现广泛智能化应用的解决方案集，关键在于行业融合、信息资源的开发利用、低成本高质量的解决方案、信息安全的保障以及有效的商业模式的开发。其应用包括智能交通、绿色农业、智能电网、手机钱包、智能家电、环境监测、工业监控等。

9.2.3　物联网的应用

物联网把新一代 IT 技术充分运用在各行各业之中，具体地说，就是把感应器嵌入和装备到电网、铁路、桥梁、隧道、公路、建筑、供水系统、大坝、油气管道等各种物体中，然后将物联网与现有的互联网整合起来，实现人类社会与物理系统的整合。在这个整合的网络中，存在能力超级强大的中心计算机群，能够对整合网络内的人员、机器、设备和基础设施实施实时的管理和控制。在此基础上，人类可以以更加精细和动态的方式管理生产和生活，达到"智慧"状态，提高资源利用率和生产力水平，改善人与自然间的关系。

物联网用途广泛，遍及智能仓储、智能物流、智能家庭、智能医疗、智能电力、智能交通、智能农业、军事应用等。

1. 智能仓储

智能仓储是物流过程的一个环节。智能仓储的应用，保证了货物仓库管理各个环节数据输入的速度和准确性，确保企业及时准确地掌握库存的真实数据，合理保持和控制企业库存。利用 SNHGES 系统的库位管理功能，可及时掌握所有库存货物当前所在位置，有利于提高仓库管理的工作效率。RFID 智能仓储解决方案，还配有 RFID 通道机、查询机、读取器等诸多硬件设备可选。

2. 智慧物流

智慧物流是以信息技术为支撑，在运输、仓储、包装、装卸搬运、流通加工、配送、信息服务等各个环节实现系统感知，全面分析，及时处理，自我调整，实现物流规整智慧、发现智慧、创新智慧和系统智慧的现代综合性物流系统。智慧物流能大大降低制造业、物流业等各行业的成本，实打实地提高企业的利润。生产商、批发商、零售商三方通过智慧物流相互协作，信息共享，物流企业便能更节省成本。

3. 智能家庭

在日常生活中，物联网的迅速发展使人能够在更加便捷、更加舒适的环境中生活。人们可以利用无线机制来操作大量电器的运行状态，还可实现迅速定位家庭成员位置等功能，因此，利用物联网可以对家庭生活进行控制和管理。

4. 智能医疗

在医疗领域，物联网通过传感器与移动设备来对人体的生理状态进行捕捉，如心跳频率、体力消耗、葡萄糖摄取、血压高低等生命指数。物联网把它们记录到电子健康文件里面，方便个人或医生进行查阅，还能够监控人体的健康状况，再把检测到的数据送到通信终端上，在医疗开支上可以节省费用，使人们的生活更加轻松。

5. 智能电力

在电力安全检测领域，物联网应用在电力传输的各个环节，如隧道、核电站等。而在这些环节中，资金也达到千亿元的庞大规模。例如，南方电网与中国移动之间的密切合作，通过 M2M 技术来对电网进行管理。在大客户的配变监控下，自动化计量系统开始启动，它使南方电网与中国移动通信在故障评价处理时间方面得到一半的减缩。

6. 智能交通

以图像识别技术为核心，综合利用射频技术、标签等手段，对交通流量、驾驶违章、行驶路线、牌号信息、道路的占有率、驾驶速度等数据进行自动采集和实时传送，相应的系统会对采集到的信息进行汇总分类，并利用识别能力与控制能力进行分析处理，对机动车牌号和车型进行识别、快速处置，为交通事件的检测提供详细数据。该系统的形成会给智能交通领域带来极大的便利。

7. 智能农业

在农业领域，物联网的应用非常广泛，如地表温度检测、家禽的生活情形、农作物灌溉监视情况、土壤酸碱度变化、降水量、空气、风力、氮浓缩量、土壤的酸碱性和土地的湿度等，进行合理的科学估计，在减灾、抗灾、科学种植等方面为农民提供帮助，完善农业综合效益。

8. 军事应用

当今，各国战争趋于信息化，对于作战要求以"看得通透、反应敏捷、打得精准"为目标，只有在信息摄取、传递和处理上占优势的一方才能获得战争的主动权。物联网凭借着自身的优势，可以在各种情形下获得有效军事信息。微传感器结点在战场中能够自动组网，摄取、传递战场信息，为取得胜利提供全方位的情报支持。

9. 其他应用

此外，物联网应用还包括环境保护、政府工作、公共安全、智能消防、工业监测、环境监测、路灯照明管控、景观照明管控、楼宇照明管控、广场照明管控、老人护理、个人健康、花卉栽培、水系监测、食品溯源、敌情侦查和情报搜集等多个领域，并出现很多成功的应用案例：

（1）物联网传感器产品已率先在上海浦东国际机场防入侵系统中得到应用

系统铺设了 3 万多个传感结点，覆盖地面、栅栏和低空探测，可以防止人员的翻越、偷渡、恐怖袭击等攻击性入侵。上海世博会也与中科院无锡高新微纳传感网工程技术研发中心签下订单，购买防入侵微纳传感网 1 500 万元产品。

（2）ZigBee 路灯控制系统点亮济南园博园

ZigBee 无线路灯照明节能环保技术的应用是济南园博园中的一大亮点。园区所有的功能性照明都采用了 ZigBee 无线技术达成的无线路灯控制。

（3）首家手机物联网落户广州

将移动终端与电子商务相结合的模式，让消费者可以与商家进行便捷的互动交流，随时随地体验品牌品质，传播分享信息，实现互联网向物联网的从容过渡，缔造出一种全新的零接触、高透明、无风险的市场模式。手机物联网购物其实就是闪购。广州闪购通过手机扫描条形码、二维码等方式，可以进行购物、比价、鉴别产品等功能。

（4）与门禁系统的结合

一个完整的门禁系统由读卡器、控制器、电锁、出门开关、门磁、电源、处理中心这7个模块组成。无线物联网门禁将门禁的设备简化到了极致：一把电池供电的锁具。除了门上面要开孔装锁外，门的四周不需要设置任何辅佐设备。整个系统简洁明了，大幅缩短施工工期，也能降低后期维护的本钱。无线物联网门禁系统的安全与可靠主要体现在两个方面：无线数据通信的安全性保证和传输数据的安稳性。

9.3 云 计 算

云计算（cloud computing）是继20世纪80年代大型计算机到客户端—服务器的大转变之后的又一种巨变。它是传统计算机技术和网络技术发展融合的产物。云是网络、互联网的一种比喻。云计算甚至可以让用户体验到每秒10万亿次的运算能力。如此强大的计算能力能够模拟核爆炸、预测气候变化和市场发展趋势。用户通过计算机、笔记本式计算机、手机等方式接入数据中心，按自己的需求进行运算。

9.3.1 云计算的概念

对云计算的定义有多种说法。对于到底什么是云计算，至少可以找到100种解释。现阶段广为接受的是美国国家标准与技术研究院（NIST）的定义：云计算是一种按使用量付费的模式，这种模式提供可用的、便捷的、按需的网络访问，进入可配置的计算资源共享池（资源包括网络、服务器、存储、应用软件、服务），这些资源能够被快速提供，只需投入很少的管理工作，或与服务供应商进行很少的交互。云计算通常涉及通过互联网来提供动态、易扩展且经常是虚拟化的资源。用通俗的话说，云计算就是通过大量在云端的计算资源进行计算。例如，用户通过自己的计算机发送指令给提供云计算的服务商，通过服务商提供的大量服务器进行"核爆炸"的计算，再将结果返回给用户。

云计算以一种简单的方式通过互联网访问服务器、存储空间、数据库和各种应用程序服务。例如，Amazon Web Services等云服务平台拥有和维护这些应用程序服务需要的联网硬件，而用户只需要通过上网就可以预置和使用需要的资源。

云计算是并行计算、分布式计算、网格计算、效用计算再到云计算发展的结果。最初是并行计算，它将一个复杂的任务分解成多个子任务，每一个处理器执行一个子任务，多个处理器同时执行，最后把子任务的执行结果进行合并，得到原有任务的执行结果。相对于单一计算机而言，并行计算使任务的执行效率大幅提升。再发展到分布式计算，仍然把一个复杂任务分解成多个子任务，它利用分散在计算机网络中的不同资源，同时执行子任务，功能更优。接着发展到网格计算，每一台参与执行任务的计算机被看作一个结点，整个计算就是由成千上万个结点组成的"一张网格"，该张网格被虚拟成一台超级计算机来完成用户任务。相对于分布式计算机，网格计算的模块化更好，是使用虚拟技术对分布式计算的一种封装。再发展到效用计算，用户不必自己组网，不必自己提供资源，使用结构简单的计算机，通过访问互联网资源来解决企业用户或个人用户的数据处理、存储和应用等问题。直至发展到今天的云计算，其规模庞大，所有用户都可以使用结构非常简单的计算机，通过网络，利用分散在云端的多种资源同时运行，来执行用户的复杂任务。

在计算机网络普及之前，早期的计算机一般是独立的，并没有连接到网络中，资源分别集中在每一台机器上。计算机网络普及后，资源可以为用户共享，以分布式分散在网络中的不同机器上。而云计算诞生以后，其目标是：把所有资源都集中到"云"端。用户的计算机不存储任何资源或只存储少量资源，配置也可以很简单，需要什么资源，直接访问云端即可，因为资源都被集中到了云端。IBM 的创立者托马斯·沃森曾表示，全世界只需要 5 台计算机就足够了。这 5 台计算机指的是谷歌、雅虎、Microsoft、IBM 和亚马逊的云计算平台。比尔·盖茨称，个人计算机的内存只需 640KB 足矣，指的是，个人计算机连接到云计算平台后，基本上完全可以使用云计算平台提供的资源，个人计算机不再需要很高的配置。

在云计算平台上，用户不必知道计算任务究竟被分配到了"云"中的哪一台或哪几台服务器，也不用关心计算任务运行的具体位置。云计算支持用户在任意位置、使用各种终端获取应用服务。只需要一台笔记本式计算机或者一个手机，就可以通过网络服务来实现需要的功能，也包括超级计算这样的任务。如同 100 年前"电"的演变，农场和公司逐渐关闭了自己的发电机，从发电厂购买电力。之前，消费者和企业购买的是计算机的软硬件，而云计算使消费者和企业购买的是"云"端提供的服务。这实现了从购买软硬件向购买信息服务的转变。下面是国内建立的几个云计算平台。

1. 百度云

百度云是百度推出的一项云存储服务，首次注册有机会获得 2T 的空间，已覆盖主流 PC 和手机操作系统，包含 Web 版、Windows 版、Mac 版、Android 版、iPhone 版和 WindowsPhone 版。用户将可以轻松将自己的文件上传到网盘上，并可跨终端随时随地查看和分享。

2. 华为云

华为云隶属于华为公司。华为云服务在北京、深圳、南京、美国等多地设立有研发和运营机构，致力于为用户提供一站式云计算基础设施服务，目标是成为中国最大的公有云服务与解决方案供应商。

3. 阿里云

这是阿里巴巴正式发布的云智能手机操作系统。它采用 Cloud App 方式，使用户不需要在手机端下载应用，只在网络环境下，登录统一的云账号后，只要手机流量足够，即可运行阿里云平台上的各种应用。

9.3.2 云计算的特点

云计算是通过使各种计算功能分布在大量的分布式计算机上,而非本地计算机或远程服务器中。企业数据中心的运行将与互联网更相似。这使得企业能够将资源切换到需要的应用上,根据需求访问计算机和存储系统,好比是从古老的单台发电机模式转向了电厂集中供电的模式。它意味着计算能力也可以作为一种商品进行流通,就像煤气、水电一样,取用方便,费用低廉。最大的不同在于,它是通过互联网进行传输的。被普遍接受的云计算特点如下。

1. 超大规模

云计算平台一般由大量的商业计算机和服务器组成。经过大规模集成后,其计算能力甚至相当于超级计算机。因此,"云"具有相当的规模。Google 云计算已经拥有 100 多万台服务器,Amazon、IBM、Microsoft、Yahoo 等的"云"均拥有几十万台服务器。企业私有云一般拥有数百上千台服务器。"云"能赋予用户前所未有的计算能力。

2. 虚拟化

虚拟化是云计算的核心技术。它实现了云平台中软件与硬件的关联。虚拟化包含两种形式,一种是使用软件将一台设备虚拟成为多台设备,另一种是使用软件将分散在各地的多台设备虚拟成为一台功能强大的设备。云计算支持用户在任意位置使用各种终端来获取应用服务。所请求的资源来自"云",而不是固定的有形的实体。应用在"云"中某处运行,但实际上用户无须了解也不用担心应用运行的具体位置。只需要一台笔记本式计算机或者一个手机,就可以通过网络服务来实现用户需要的一切,甚至包括超级计算这样的任务。

3. 高可靠性

云计算平台通过数据冗余、数据多副本容错、计算结点同构互换等措施来保障服务的高可靠性。使用云计算比使用本地计算机可靠。云计算可为用户提供服务质量保障。用户可与服务商签订服务等级协议,可自动检测失效结点,通过数据冗余确保继续正常工作,提供高质量的服务。

4. 通用性

云计算应用范围十分广泛,不针对特定应用。在"云"的支撑下可以构造出千变万化的应用。同一个"云"可以同时支撑各种不同的应用运行。

5. 高可扩展性和灵活性

"云"的规模可以动态伸缩,满足应用和用户规模增长的需要。可伸缩性和灵活性是云计算重要的特征之一。云计算平台具备足够的灵活性来满足大量用户的不同需求,可以从硬件性能、软件配置、地理位置等多方面来伸缩云计算服务和平台。

6. 按需服务

"云"是一个庞大的资源池,用户按需购买。"云"可以像自来水、电、煤气那样计费。云计算根据用户的需求来提供资源和服务。用户可以按照自己的实际需求,个性化的配置计算环境,随时随地购买和使用服务资源,扩展自身的应用和处理能力。服务和资源的使用可以被监控并报告给用户和服务提供商,还可根据具体的使用类型(如带宽、存储、用户数等)来相应收取费用。

7. 极其廉价

由于"云"的特殊容错措施可以采用极其廉价的结点来构成云,"云"的自动化集中式管理使大量企业无须负担日益高昂的数据中心管理成本。"云"的通用性使资源的利用率较之传统系统大幅提升,因此用户可以充分享受"云"的低成本优势,经常只要花费几百美元、几天时间就能完成以前需要数万美元、数月时间才能完成的任务。云计算可以彻底改变人们未来的生活,但同时也要重视环境问题,这样才能真正为人类进步做贡献,而不是简单的技术提升。

8. 潜在的危险性

云计算服务除了提供计算服务外,必然还提供了存储服务。但是云计算服务当前垄断在私人机构(企业)手中,而他们仅仅能够提供商业信用。对于政府机构、商业机构(特别像银行这样持有敏感数据的商业机构)来说,选择云计算服务应保持足够的警惕性。一旦商业机构大规模使用私人机构提供的云计算服务,无论其技术优势有多强,都不可避免地让这些私人机构以"数据(信息)"的重要性挟制整个社会。对于信息社会而言,信息是至关重要的。另外,云计算中的数据对于数据所有者以外的其他云计算用户是保密的,但是对于提供云计算的私人机构而言却是毫无秘密可言。所有这些潜在的危险,是商业机构和政府机构选择云计算服务,特别是国外机构提供的云计算服务时,不得不考虑的一个重要的前提。

9.3.3 部署和服务模式

1. 部署

对于云计算的部署模式,IBM、Microsoft 等公司认为可以分为以下 3 种。

(1) 公共云

公有云(public clouds)通常指第三方提供商为用户提供的能够使用的云,如电信公司、政府主导下的云计算平台。公有云一般可通过 Internet 使用,可能免费或成本低廉,是为外部客户提供服务的云。公共云所有的服务都是给别人使用的,而不是给自己用。

这种云的实例很多，可在整个开放的公有网络中提供服务，如提供天气预报、地图、邮件等云服务。目前，典型的公有云有亚马逊的 Salesforce.com，Microsoft 公司的 Windows Azure Platform，国内的用友伟库、阿里巴巴等。对用户而言，公有云的最大优点是其所应用的数据、程序、服务都存放在公有云提供者处，自己无须投资和建设，这也正是云计算的一大特点。在未来会有更多的公有云服务，也会产生大量专门的云计算公司。但问题是由于数据并不是存储在自己的数据中心之中，其安全性也存在着一定的风险。同时，公有云的可用性不受使用者的控制，这方面也存在着一定程度的不确定性。

（2）私有云

私有云（private clouds）是为一个客户单独使用而构建的，因此提供对数据、安全性和服务质量的最有效控制。

私有云是企业自己使用的云，其上所有的服务都不是供别人使用的，而是供企业自己的内部人员或企业的分支机构使用，如亚马逊的弹性计算云。企业拥有基础设施，并可以控制在此基础设施上部署应用程序的方式。可部署在企业数据中心的防火墙内，也可以将它们部署在一个安全的主机托管场所。私有云的核心属性是专有资源。近期来看，私有云的构建是最快并且最为现实的，正是那些有丰富资源的大公司首先开始向云架构演进。以银行和医疗机构为例，它们都是先做数据中心整合，服务器虚拟化，然后建立其私有云。在过去几年里，数据中心整合向云的演进已经发生，在今后会加速发展。

（3）混合云

混合云融合了公有云和私有云，是近年来云计算的主要模式和发展方向。我们已经知道私有云主要是面向企业用户。出于安全考虑，企业更愿意将数据存放在私有云中，但是同时又希望可以获得公有云的计算资源。在这种情况下混合云被越来越多地采用，它将公有云和私有云进行混合和匹配，以获得最佳的效果。这种个性化的解决方案达到了既省钱又安全的目的。混合云是供企业自己和客户共同使用的云。混合云所提供的服务既可以供其他用户使用，也可以供企业自己来使用。Microsoft、IBM、SUN、Oracle 等公司分别在各自的云计算白皮书中表述了相一致的观点。

在上述 3 种部署模式中，私有云在服务质量、可控性、安全性及兼容性等方面的优势相对比较明显；而公有云在前期的应用部署、成本投入节省、技术成熟程度、资源利用效率及环保节能等方面更具优势；混合云则兼有两者的长处。所以，对于达到一定的规模，对信息化系统安全性要求也比较高的企业，私有云更为合适，企业可以按照标准化、虚拟化、自动化、弹性化的步骤从现有信息系统环境逐渐向云环境进行迁移；对于中小型企业而言，由于企业资金和技术实力相对有限，公有云对于它们而言是一种比较实际的选择。从目前中国的实际应用情况来看，私有云的应用仍占有主导地位，公有云、混合云的市场占有率相对较低些。据统计，在已经部署或使用了云计算的企业中，62%的企业选择了私有云，而选择公有云和混合云的企业比例低于 40%。

2. 服务模式

目前，云计算的主要服务形式有软件即服务（software as a service，SaaS）、平台即服务（platform as a service，PaaS）和基础设施即服务（infrastructure as a service，IaaS）。

（1）SaaS

SaaS 提供商为企业搭建信息化所需要的所有网络基础设施及软件、硬件运作平台，并负责所有前期的实施、后期的维护等一系列服务。企业无须购买软硬件、建设机房、招聘 IT 人员，即可通过互联网使用信息系统。就像打开自来水龙头就能用水一样，企业根据实际需要向 SaaS 提供商租赁软件服务。SaaS 这种服务模式的优势是：由服务提供商维护和管理软件、提供软件运行的硬件设施，用户只需拥有能够接入互联网的终端，即可随时随地使用软件。在这种模式下，客户不再像传统模式那样花费大量资金在硬件、软件、维护人员上，只需要支出一定的租赁服务费用，通过互联网就可以享受到相应的硬件、软件和维护服务，这是网络应用最具效益的营运模式。对于广大中小型企业来说，SaaS 是采用先进技术实施信息化的最好途径。但 SaaS 绝不仅仅适用于中小型企业，所有规模的企业都可以从 SaaS 中获利。

（2）PaaS

PaaS 是指将软件研发的平台作为一种服务。这是一种分布式平台服务，厂商提供开发环境、服务器平台、硬件资源等服务给用户，用户在其平台基础上定制开发自己的应用程序，并通过其服务器和互联网传递给其他用户。PaaS 能够给企业或个人提供研发的中间件平台，提供应用程序开发、数据库、应用服务器、试验、托管及应用服务。PaaS 也是 SaaS 模式的一种应用。但是，PaaS 可以加快 SaaS 的发展，尤其是加快 SaaS 应用的开发速度。在 2007 年国内外 SaaS 厂商先后推出自己的 Paas 平台。PaaS 之所以能够推进 SaaS 的发展，主要在于它能够提供企业进行定制化研发的中间件平台，同时涵盖数据库和应用服务器等。

（3）IaaS

IaaS 提供给消费者的服务是使用所有计算基础设施，包括处理 CPU、内存、存储、网络和其他基本计算资源。用户能够部署和运行任意软件，包括操作系统和应用程序。消费者不管理或控制任何云计算基础设施，但能控制操作系统的选择、存储空间、部署的应用，也有可能获得有限制的网络组件（如路由器、防火墙、负载均衡器等）的控制。这是一种托管型硬件方式，用户付费使用厂商的硬件设施。例如，Amazon Web 服务（AWS）、IBM 的 BlueCloud 等均是将基础设施作为服务出租。

9.3.4 云计算的应用

云计算与大数据、人工智能是当前火爆的三大技术领域。近年来我国政府高度重视云计算产业发展，其产业规模增长迅速，应用领域也在不断地扩展，大到政府应用，小到民生应用，从金融、交通、医疗、教育领域到人员和创新制造等全行业延伸拓展。现代云计算的应用领域很广泛，在 IT 产业等各个方面都有其用武之地，尤其是各种软件的诞生也开创了更好的使用方式,现在的云计算中也出现了各种不同的软件功能,这些软件在实际的使用中效果也非常好。尤其是在企业财务系统功能的使用上拥有很大的保障,像金蝶云财务软件的使用是一大助力。应用领域主要包括以下领域。

1. 医药医疗领域

医药企业与医疗单位一直是信息化水平较高的行业用户。在"新医改"政策推动下,医药企业与医疗单位将对自身信息化体系进行优化升级,以适应医改业务调整要求。在此影响下,以"云信息平台"为核心的信息化集中应用模式将孕育而生,逐步取代各系统分散为主体的应用模式,进而提高医药企业的信息共享能力与医疗信息公共平台的整体服务能力。

2. 制造领域

随着"后金融危机时代"的到来,制造企业的竞争将日趋激烈。企业在不断进行产品创新、管理改进的同时,也在大力开展内部供应链优化与外部供应链整合工作,进而降低运营成本、缩短产品研发生产周期,未来云计算将在制造企业供应链信息化建设方面得到广泛应用,特别是通过对各类业务系统的有机整合,形成企业云供应链信息平台,加速企业内部"研发—采购—生产—库存—销售"信息一体化进程,进而提升制造企业竞争实力。

3. 金融领域

金融企业一直是国内信息化建设的"领军"用户。在未来几年里,中国人保、农业银行等行业内企业信息化建设已经进入"IT 资源整合集成"阶段。在此期间,需利用"云计算"模式,搭建基于 IaaS 的物理集成平台,对各类服务器基础设施应用进行集成,形成能够高度复用与统一管理的 IT 资源池,对外提供统一硬件资源服务。同时在信息系统整合方面,需要建立基于 PaaS 的系统整合平台,实现各异构系统间的互联互通。云计算极大地简化了金融机构的 IT 运营管理。云服务提供商将信息资源打包,直接为金融机构提供现成的解决方案,使金融机构对信息资源进行开发管理的时间大大缩短。云计算的升级方式非常灵活,完全可以支持业务的动态变化。金融机构也不会因为兼容问题而被迫使用一个厂商的软、硬件。云系统是一个开放的生态环境。互联网上的各种云服务资源能够方便地进行整合扩充。

4. 电子政务领域

未来,云计算将助力中国各级政府机构"公共服务平台"建设。各级政府机构正在积极开展"公共服务平台"的建设,努力打造"公共服务型政府"的形象。在此期间,需要通过云计算技术来构建高效运营的技术平台,其中包括:利用虚拟化技术建立公共平台服务器集群,利用 PaaS 技术构建公共服务系统等方面,进而实现公共服务平台内部可靠、稳定的运行,提高平台不间断服务能力。

5. 教育科研领域

未来，云计算将为高校与科研单位提供实效化研发平台。云计算应用已在清华大学、中国科学院等单位得到了初步应用，并取得了很好的应用效果。在未来，云计算将在我国高校与科研领域得到更广泛的应用普及。各大高校将根据自身研究领域与技术需求建立云计算平台，并对原来各下属研究所的服务器与存储资源加以有机整合，提供高效可复用的云计算平台，为科研与教学工作提供强大的计算机资源，进而大大提高研发工作效率。

6. 电信领域

在国外，Orange、O2 等大型电信企业除了向社会公众提供 ISP 网络服务外，同时也作为"云计算"服务商，向不同行业用户提供 IDC 设备租赁、SaaS 产品应用服务。通过这些电信企业创新性的产品增值服务，也强力地推动了国外公有云的快速发展、增长。因此，在未来，国内电信企业将成为云计算产业的主要受益者之一，从提供的各类付费性云服务产品中得到大量收入，实现电信企业利润增长，通过对不同国内行业用户需求分析与云产品服务研发、实施，打造自主品牌的云服务体系。

7. 轨道交通

随着城市的快速发展，轨道交通行业已经进入经营组织化、运输专业化、发展规模化的关键时期，同时也面临诸如交通治理、能源短缺等一系列问题。轨道交通信息化已经成为国家信息化重要布局。当前轨道交通行业核心生产系统上云率偏低，存在较大发展空间。轨道交通服务具有对象广泛、领域分散、信息量巨大和处理复杂多变等行业特点。传统信息化系统难以提供一种灵活、快速、易扩展的服务方式。在"互联网+"时代，轨道交通行业信息化建设若要取得长足发展，必须首先突破上述传统信息系统的种种瓶颈。云计算技术具有虚拟化、弹性可扩展的计算能力以及按需购买等特点，是解决轨道交通行业传统信息化问题的一柄利器。因此，需要云计算技术为轨道交通服务提供应用平台和推广渠道。

此外，云计算的应用还包含其他各个方面，像管理、制造、服务、科技、市场营销、信息技术等领域的应用作用更大。

9.4　大　数　据

21 世纪是一个数据信息大发展的时代。典型的网络应用，如移动互联、社交网络、电子商务等都在很大程度上拓展了互联网的规模和应用范围，导致各种数据迅速激增。例如，互联网、移动互联网、物联网、车联网、GPS、医学影像、安全监控、金融、电信等都产生着大量的数据。数据的产生不受时间、地点的限制。同时，一些导致数据快速增长的学科，如天文学和基因学，这些领域中海量数据的形成，逐渐形成了"大数据"这个概念，其涵盖数据和计算两大主题。

9.4.1 大数据的概念

进入2012年，大数据（big data）一词越来越多地被提及，人们用它来描述和定义信息爆炸时代产生的海量数据，并命名与之相关的技术发展与创新。它已经上过《纽约时报》《华尔街日报》的专栏封面，进入美国白宫官网的新闻，现身在国内一些互联网主题的讲座沙龙中，甚至被嗅觉灵敏的国金证券、国泰君安、银河证券等写进了投资推荐报告。数据正在迅速膨胀并变大，它决定着企业的未来发展。虽然很多企业可能并没有意识到数据爆炸性增长带来的隐患，但是随着时间的推移，人们将越来越多地意识到数据对企业的重要性。正如《纽约时报》2012年2月的一篇专栏中所称，"大数据"时代已经降临，在商业、经济及其他领域中，决策将日益基于数据和分析而制定，并非基于经验和直觉。哈佛大学社会学教授加里·金说："这是一场革命，庞大的数据资源使各个领域开始了量化进程，无论学术界、商界还是政府，所有领域都将开始这种进程。"首次提出大数据概念的全球知名咨询公司麦肯锡称："数据，已经渗透到当今每一个行业和业务职能领域，成为重要的生产因素。挖掘和运用海量数据，预示着新一波生产率增长和消费者盈余浪潮的到来。"大数据在物理学、生物学、环境生态学等领域以及金融、通信等行业存在已有时日，却因近年来互联网和信息行业的发展而引起人们关注。

确切地说，大数据是大数据技术。简言之，从各类型的数据中，快速获得有价值的信息，就是大数据技术。它包含两层含义：

一是大量的、各种类型的数据本身，指无法在一定时间范围内使用常规软件工具进行捕捉、管理和处理的数据集合，是需要新处理模式才能具有更强的决策力、洞察发现力和流程优化能力的海量、高增长率和多样化的信息资产。要管理和分析好这些数据，做出正确的决策，必须要了解所谓的大数据的特征。

大数据包括结构化、非结构化数据和半结构化。其中，结构数据是指能够以统关系型的二维数据表形式表示的数据，如数据库中的二维数据表；非结构化数据是没有固定模式的数据，如文本数据、视频、音频、图像数据；半结构化数据是非表格结构的，但有基本的固定结构，如每个员工的简历，虽然不具备表格结构，但也有一定结构，还有电子邮件，日志文件。在这3种结构的数据中，非结构化数据越来越成为数据的主要部分，据IDC调查报告显示：企业80%的数据都是非结构化数据，这些数据每年都按指数增长60%。

二是高效的、可靠的数据处理方法，主要包括数据收集、数据存取、基础架构、统计分析、数据挖掘、模型预测、结果呈现等各种技术。目前，大数据领域每年都会涌现出大量新的技术，成为大数据获取、存储、处理分析或可视化的有效手段。大数据技术能够将大规模数据中隐藏的信息和知识挖掘出来，为人类社会经济活动提供依据，提高各个领域的运行效率，甚至整个社会经济的集约化程度。

Hadoop、MapReduce 和 Spark 等分布式处理方式已经成为大数据处理各环节的通用处理方法。Hadoop 是一个数据管理系统，作为数据分析的核心，汇集了结构化和非结构化的数据。同时，Hadoop 拥有超级计算能力，为解决大数据问题提供各种工具和软件，包括数据存储、数据集成、数据处理和其他进行数据分析的专门工具。MapReduce 是一个基于集群的高性能并行计算平台（cluster infrastructure），它允许使用数十、数百至数千台服务器构成计算集群。同时，是一个并行计算与运行软件框（software framework），提供了一个庞大但设计精良的并行计算软件框架，能自动完成计算任务和收集计算结果，大大减少软件开发人员的负担。它也是一个并行程序设计模型与方法（programming model & methodology），提供了一种简便的程序设计方法，方便地完成大规模数据的编程和计算处理。Spark 提供强大的内存计算引擎，几乎涵盖了所有典型的大数据计算模式，包括迭代计算、批处理计算、内存计算、流式计算（spark streaming）、数据查询分析计算（shark）以及图计算（graphX）。

大数据就是互联网发展到现阶段的一种表象或特征而已，没有必要神话它或对它持敬畏之心。在以云计算为代表的技术创新大幕的衬托下，这些原本很难收集或使用的数据开始容易被利用起来了。通过各行各业的不断创新，大数据会逐步为人类创造更多的价值。要系统地认知大数据，必须要全面而细致地分解它，着手从理论层面、技术层面、实践层面等 3 个层面开展研究。

9.4.2 大数据的特征

大数据技术是对全部数据进行分析和处理，而绝非局部性地处理。其具有 4V 特点，即大量（volume）、高速（velocity）、多样（variety）和价值（value）。其核心在于对这些含有意义的数据进行专业化处理。

1. 数据体量巨大

大数据指代大型数据集，一般规模在 10TB 左右。但在实际应用中，很多企业用户把多个数据集放在一起，已经形成了 PB 级的数据量。百度资料表明，其新首页导航每天需要提供的数据超过 1.5PB（$1PB=2^{50}B$）。这些数据如果打印出来将超过 5 000 亿张 A4 纸。目前，大数据的规模尚是一个不断变化的指标，单一数据集的规模范围从几十 TB 到数 PB 不等。简而言之，存储 1PB 数据将需要两万台配备 50GB 硬盘的个人计算机。此外，各种意想不到的来源都能产生数据。

在 2003 年，人类第一次破译人体基因密码时，用了 10 年时间才完成了 30 亿对碱基对的排序。在 10 年之后，世界范围内的基因仪 15 分钟就可以完成同样的工作量。伴随着各种随身设备、物联网和云计算、云存储等技术的发展，人和物的所有轨迹都可以被记录，数据因此被大量生产出来。

移动互联网的核心网络结点是人，不再是网页。人人都是数据制造者，短信、微博、照片、录像都是其数据产品数据来自无数的自动化传感器、自动记录设施、生产监测、环境监测、交通监测、安防监测等；来自自动流程记录，刷卡机、收款机、电子停车收费系统，互联网点击、电话拨号等设施以及各种办事流程登记等。

2. 处理速度快

高速描述的是数据被创建和移动的速度。在高速网络时代，通过基于实现软件性能优化的高速计算机处理器和服务器，创建实时数据流已成为流行趋势。企业不仅需要了解如何快速创建数据，还必须知道如何快速处理、分析并返回给用户，以满足他们的实时需求。在数据量非常庞大的情况下，也能够做到数据的实时处理。数据处理遵循"1秒定律"，可从各种类型的数据中快速获得高价值的信息。"1秒定律"或者秒级定律，就是说对处理速度有要求，一般要在秒级时间范围内给出分析结果，时间太长就失去价值了。这个速度要求是大数据处理技术和传统的数据挖掘技术最大的区别。未来，越来越多的数据挖掘趋于前端化，即提前感知预测并直接提供服务给所需要的对象，这也需要大数据具有快速的处理速度。

3. 数据类别大和类型多样

数据来自多种数据源，数据种类和格式日渐丰富，已冲破了以前所限定的结构化。数据范畴，包括了结构化、半结构化和非结构化数据。现在的数据类型不仅是文本形式，更多的是图片、视频、音频、地理位置信息等多类型的数据。个性化数据占绝对多数。

数据多样性的增加主要是由于新型多结构数据，以及网络日志、社交媒体、互联网搜索、手机通话记录及传感器网络等数据类型而造成的。

大数据具有多层结构，这意味着大数据会呈现出多变的形式和类型。相较传统的业务数据，大数据存在不规则和模糊不清的特性，造成很难甚至是无法使用传统的应用软件进行分析。传统业务数据随时间演变已拥有标准格式，能够被标准的商务智能软件识别。目前，企业面临的挑战是处理并从各种形式呈现的复杂数据中挖掘价值。

多样化的数据来源正是大数据的威力所在，如交通状况与其他领域的数据都存在较强的关联性。大数据不仅是处理巨量数据的利器，更为处理不同来源、不同格式的多元化数据提供了可能。

4. 价值真实性高和密度低

大数据的数据真实性高。随着社交数据、企业内容、交易与应用数据等新的数据源的兴起，传统数据源的局限被打破，企业愈发需要有效的信息以确保其真实性及安全性。以视频为例，一小时的视频，在不间断的监控过程中，可能有用的数据仅仅只有一两秒。数据的真实性和质量是获得真知和思路最重要的因素，是制定成功决策最坚实的基础。

9.4.3 大数据的应用

大数据已经在人类社会实践中发挥着巨大的优势,其利用价值也已超出我们的想象,它已经被应用与生产和生活的诸多方面。

1. 了解和定位客户

了解和定位客户是目前大数据应用最为广泛的应用领域。很多企业热衷于社交媒体数据、浏览器日志、文本挖掘等各类数据集,通过大数据技术创建预测模型,从而能够更全面地了解客户以及他们的行为、喜好。例如,利用大数据,电信公司能更好地预测客户流失;沃尔玛可以更准确地预测产品销售情况;汽车保险公司能更真实地了解客户实际驾驶情况;滑雪场利用大数据来追踪和锁定客户,作为滑雪爱好者,会收到他最喜欢的度假胜地的诚挚邀请,或者收到定制化服务的短信提醒,或者告知你最合适的滑行线路,同时提供互动平台(网站、手机 App)记录每天的数据——多少次滑坡,多少次翻越等,在社交媒体上分享这些信息,与他人相互评比和竞争。除此之外,政府竞选活动也引入了大数据分析技术。例如,奥巴马在 2012 年总统大选中获胜,归功于他们团队的大数据分析能力尤其出众。

2. 了解和优化业务流程

大数据也越来越多地应用于优化业务流程,如供应链或配送路径优化。通过定位和识别系统来跟踪货物或运输车辆,并根据实时交通路况数据优化运输路线。

人力资源业务流程也在使用大数据进行优化。Sociometric Solutions 公司通过在员工工牌里植入传感器,检测其工作场所及社交活动——员工在哪些工作场所走动,与谁交谈,甚至交流时的语气如何。美国银行在使用中发现呼叫中心表现最好的员工——他们制定了小组轮流休息制度,平均业绩提高了 23%。

如果在手机、钥匙、眼镜等随身物品上粘贴 RFID 标签,万一不小心丢失就能迅速定位它们。假想一下未来可能创造出贴在任何东西上的智能标签,它们不仅能告诉你的物体在哪里,还可以反馈温度、湿度、运动状态等。这将打开一个全新的大数据时代。"大数据"领域寻求共性的信息和模式,那么孕育其中的"小数据"着重关注单个产品。

3. 提供个性化服务

大数据不仅适用于公司和政府,也适用于每个人,如从智能手表或智能手环等可穿戴设备采集的数据中获益。Jawbone 的智能手环可以分析人们的卡路里消耗、活动量和睡眠质量等。Jawbone 公司已经能够收集长达 60 年的睡眠数据,从中分析出一些独到的见解反馈给每个用户。

4. 改善医疗和公共卫生

大数据分析的能力可以在几分钟内解码整个 DNA 序列，有助于人们找到新的治疗疾病的方法，更好地理解和预测疾病模式。试想一下，当来自智能手表等可穿戴设备的数据都可以应用于数百万人及各种疾病时，未来的临床试验将不再局限于小样本，而是包括所有人。

苹果公司的一款健康 App ResearchKit 有效地将手机变成医学研究设备。通过收集用户的相关数据，可以追踪你一天走了多少步，或者提示你化疗后感觉如何，帕金森病进展如何等问题。研究人员希望这一过程变得更容易、更自动化，吸引更多的参与者，并提高数据的准确度。

大数据技术也开始用于监测早产婴儿和患病婴儿的身体状况。通过记录和分析每个婴儿的每一次心跳和呼吸模式，提前 24 小时预测出身体感染的症状，从而及早干预，拯救那些脆弱的随时可能生命危险的婴儿。

更重要的是，大数据分析有助于我们监测和预测流行性或传染性疾病的暴发时期，可以将医疗记录的数据与有些社交媒体的数据结合起来分析。例如，谷歌基于搜索流量预测流感爆发，尽管该预测模型在 2014 年并未奏效——因为你搜索"流感症状"并不意味着真正生病了，但是这种大数据分析的影响力越来越为人所知。

目前，大数据技术已经被用于为患者建立电子病历档案、防控慢性疾病、临床医学诊断等多个医疗场景。大数据技术的运用，在一定程度上改变了医疗信息采集、运用的方式，并为医务工作者针对不同患者的实际情况制定手术治疗方案提供了相应的参考依据。

5. 提高体育运动技能

如今大多数顶尖的体育赛事都已经采用了大数据分析技术。例如：应用 IBM SlamTracker 工具来分析网球赛事数据；应用视频分析来跟踪足球落点，或者跟踪棒球比赛中每个球员的表现。许多优秀的团队也在训练之外跟踪运动员的营养和睡眠情况。NFL 开发了专门的应用平台，帮助所有球队根据球场的草地状况、天气状况以及学习期间球员的个人表现做出最佳决策，以减少球员不必要的损伤。

能够看出，大数据预测是大数据在各领域中最为核心的应用。大数据预测将传统意义的"预测"拓展到"现测"。只要数据足够充分，分析算法足够优良，预测将不断趋于精准。大数据预测的优势体现在它把一个非常困难的预测问题，转化为一个相对简单的描述问题，而这是传统小数据集根本无法企及的。从预测的角度看，大数据预测得出的结果不仅仅是处理现实业务简单、客观的结论，更能用于帮助企业经营决策。收集起来的资料还可以被规划，引导开发更大的消费力量。

习 题

一、选择题

1. AI 是英文（　　）的缩写。
   A．automatic intelligence   B．artificial intelligence
   C．automatic information   D．artificial information
2. 不属于人工智能研究的基本内容的是（　　）。
   A．机器感知   B．机器学习   C．自动化   D．机器思维
3. 不属于人工智能领域的是（　　）。
   A．机器证明   B．模式识别   C．人工生命   D．编译原理
4. 下列关于人工智能的说法中，错误的是（　　）。
   A．人工智能是研究使计算机来模拟人的某些思维过程和智能行为
   B．作为计算机科学的一个分支，人工智能企图了解智能的本质
   C．人工智能与人类的智能是一致的
   D．人工智能不是人的智能，但能像人那样思考，也可能超过人的智能
5. 人工智能的目的是让机器能够（　　），以实现某些脑力劳动的机械化。
   A．具有完全的智能   B．和人脑一样考虑问题
   C．完全代替人   D．模拟、延伸和扩展人的智能
6. 下列关于人工智能的叙述中，不正确的是（　　）。
   A．人工智能技术与其他科学技术相结合极大地提高了应用技术的智能化水平
   B．人工智能是科学技术发展的趋势
   C．因为人工智能的系统研究是从 20 世纪 50 年代才开始的，非常新，所以十分重要
   D．人工智能有力地促进了社会的发展
7. 1997 年 5 月 12 日，轰动全球的人机大战中，"深蓝"战胜了国际象棋之子卡斯帕罗夫，这是（　　）。
   A．人工思维   B．机器思维   C．人工智能   D．机器智能
8. 自然语言理解是人工智能的重要应用领域。下面选项中，（　　）不是它要实现的目标。
   A．理解别人讲的话
   B．对自然语言表示的信息进行分析、概括或编辑
   C．自动程序设计
   D．机器翻译
9. 人工智能诞生于（　　）年。
   A．1955   B．1957   C．1956   D．1965

10. 不属于人工智能学派的是（　　）。
    A. 符号主义　　　B. 机会主义　　　C. 行为主义　　　D. 连接主义
11. 物联网（The Internet of Things）的概念是在（　　）年由美国麻省理工学院的科学家首次提出的。
    A. 1999　　　B. 2005　　　C. 2009　　　D. 2010
12. "智慧地球"是由（　　）公司提出的，并得到奥巴马的支持。
    A. Intel　　　B. IBM　　　C. TI　　　D. Google
13. 日本提出了（　　）计划，将物联网列为国家重点战略。
    A. e-Japan　　　B. U-Japan　　　C. I-Japan　　　D. R-Japan
14. 被誉为全球未来三大高科技产业的除了塑料电子学和仿生人体器官之外，还有（　　）。
    A. 传感器网络（物联网）　　　B. 动漫游戏产业
    C. 生物工程　　　D. 新型汽车
15. "感知中国"是我国政府为促进（　　）发展而制定的。
    A. 集成电路技术　　　B. 电力汽车技术
    C. 新型材料　　　D. 物联网技术
16. 物联网的全球发展形势可能提前推动人类进入"智能时代"，也称（　　）。
    A. 计算时代　　　B. 信息时代　　　C. 互联时代　　　D. 物联时代
17. RFID 技术属于物联网产业链的（　　）环节。
    A. 标识　　　B. 感知　　　C. 处理　　　D. 信息传送
18. 物联网的核心和基础仍然是（　　）。
    A. RFID　　　B. 计算机技术　　　C. 人工智能　　　D. 互联网
19. （　　）被称为下一个万亿级的信息产业。
    A. RFID 技术　　　B. 智能芯片　　　C. 软件服务　　　D. 物联网
20. 云计算是对（　　）技术的发展与运用。
    A. 并行计算　　　B. 网格计算
    C. 分布式计算　　　D. 三个选项都是
21. IBM 在为客户带来即买即用的（　　）云计算平台。
    A. 蓝云　　　B. 蓝天　　　C. ARUZE　　　D. EC2
22. Microsoft 公司于 2008 年 10 月推出的云计算操作系统是（　　）。
    A. Google App Engine　　　B. 蓝云
    C. Azure　　　D. EC2
23. 2008 年，（　　）先后在无锡和北京建立了两个云计算中心。
    A. IBM　　　B. Google　　　C. Amazon　　　D. Microsoft
24. 将平台作为服务的云计算服务类型是（　　）。
    A. IaaS　　　B. PaaS　　　C. SaaS　　　D. 都不是
25. 将基础设施作为服务的云计算服务类型是（　　）。
    A. IaaS　　　B. PaaS　　　C. SaaS　　　D. 都不是

26. 将开发环境作为服务的云计算服务类型是（　　）。
    A．IaaS　　　　　B．PaaS　　　　　C．SaaS　　　　　D．都不是
27. 与网络计算相比，不属于云计算特征的是（　　）。
    A．资源高度共享　　　　　　　　　B．适合紧耦合科学计算
    C．支持虚拟机　　　　　　　　　　D．适用于商业领域
28. 属于云计算服务模式的是（　　）。
    A．IaaS　　　　　B．PaaS　　　　　C．SaaS　　　　　D．都是
29. 从研究现状上看，下列不属于云计算特点的是（　　）。
    A．超大规模　　　B．虚拟化　　　　C．私有化　　　　D．高可靠性
30. 下列选项中，不是大数据的特征的是（　　）。
    A．价值密度低　　　　　　　　　　B．数据类型繁多
    C．访问时间短　　　　　　　　　　D．处理速度快
31. 智能健康手环的应用开发体现了（　　）的数据采集技术的应用。
    A．统计报表　　　B．网络爬虫　　　C．传感器　　　　D．API 接口
32. 当前社会中最为突出的大数据环境是（　　）。
    A．综合国力　　　B．物联网　　　　C．互联网　　　　D．自然资源
33. 大数据的起源是（　　）。
    A．金融　　　　　B．电信　　　　　C．互联网　　　　D．公共管理
34. 大数据最显著的特征是（　　）。
    A．数据规模大　　　　　　　　　　B．数据类型多样
    C．数据处理速度快　　　　　　　　D．数据价值密度高
35. 大数据时代，数据使用的关键是（　　）。
    A．数据收集　　　B．数据存储　　　C．数据分析　　　D．数据再利用
36. 首次提出大数据概念的是（　　）。
    A．Microsoft 公司　　　　　　　　B．谷歌公司
    C．脸谱公司　　　　　　　　　　　D．麦肯锡公司
37. 关于大数据在社会综合治理中的作用，理解不正确的是（　　）。
    A．大数据的运用能够维护社会治安
    B．大数据的运用能够加强交通管理
    C．大数据的运用能够杜绝抗生素的滥用
    D．大数据的运用有利于走群众路线
38. 下列选项中，不属于大数据对人才能力的要求是（　　）。
    A．业务能力　　　　　　　　　　　B．数学统计能力
    C．IT 技术能力　　　　　　　　　　D．逻辑思维能力
39. 大数据作为一种数据集合，它的含义不包括（　　）。
    A．数据很大　　　　　　　　　　　B．很有价值
    C．构成复杂　　　　　　　　　　　D．变化很快

二、填空题

1．_____被称为世界三大尖端技术之一，也被认为是 21 世纪三大尖端技术之一。

2．人工智能先后经历了_____、_____、_____、_____、_____、_____等几大发展阶段。

3．2006 年，Hinton 在_____领域取得突破，人类又一次看到机器赶超人类的希望，也是标志性的技术进步。

4．对周围环境进行认识与分析，根据自己要实现的目标，对若干可供选择的动作及所提供的资源限制施行推理，综合制定出实现目标的规划，属于人工智能在_____上的应用。

5．使计算机能够像人类那样通过视觉观察和理解世界，具有自主适应环境的能力，属于人工智能的_____范畴。

6．_____被认为是信息科学技术产业的第 3 次革命。

7．物联网概念是在_____的基础上，将其用户端延伸和扩展到任何物品与物品之间，进行信息交换和通信的一种网络概念。

8．物联网的三大特征是_____、_____、_____。

9．物联网按照结构被划分为_____、_____、_____3 个层次。

10．_____是以信息技术为支撑，在运输、仓储、包装、装卸搬运、流通加工、配送、信息服务等各个环节实现感知的系统。

11．云计算根据用户的需求来提供资源和服务，用户可以按照自己的实际需求，个性化地配置计算环境，随时随地购买和使用服务资源，从而扩展自身的应用和处理能力，这属于云计算的_____。

12．IBM 的创立者托马斯·沃森曾表示，全世界只需要 5 台计算机就足够了。这 5 台计算机指的是_____、_____、_____、_____和_____的云计算平台。

13．云计算是一种按照_____的模式。

14．云计算的核心技术是_____。

15．云计算按照部署结构被划分为_____、_____和_____。

16．要系统认知大数据，必须要全面而细致地分解它，着手从_____层面、_____层面和_____层面开展研究。

17．大数据具有 4V 特点，即_____、_____、_____和_____。

18．大数据按照类型主要分为_____数据、_____数据和_____数据。

19．移动互联网的核心网络结点是_____。

20．在结构化数据、非结构化数据、半结构化数据中，_____数据是大数据的主要部分。

三、判断题

1. 符号主义、机械主义、连接主义是人工智能的三大主要流派。（   ）
2. 知识工程属于人工智能科学的范畴。（   ）
3. 自然语言理解是研究实现人类与计算机系统之间用自然语言进行有效通信的各种理论和方法。（   ）
4. 学习是人类智能的主要标志和获取知识的基本手段。（   ）
5. 人工智能的最终目标是实现人类智能。（   ）
6. 物联网是在互联网的基础上应用了传感器、RFID 等多项技术实现的物物相连的网络。（   ）
7. 传感器位于物联网的感知层。（   ）
8. SaaS、PaaS、IssS 是物联网的三大服务模式。（   ）
9. 感知层位于物联网体系架构的第二层。（   ）
10. 物联网的价值在于让地球拥有智慧。（   ）
11. 云计算可以为各种不同的物联网应用提供统一的服务交付平台。（   ）
12. 云计算可以有效地进行资源整合，解决资源闲置问题，提高资源利用率。（   ）
13. 所谓"云计算"就是一种计算平台或者应用模式。（   ）
14. 互联网就是一个超大云。（   ）
15. 云计算产业链中的"造云者"角色是云服务提供商。（   ）
16. 大数据指数据规模上的庞大。（   ）
17. 大数据的本质是洞察。（   ）
18. 大数据是应用数据分析等各种技术处理大规模数据的一种技术。（   ）
19. 大数据被广泛应用于医疗领域。（   ）
20. 结构化数据主要指以二维形式存在的数据表格。（   ）

四、简答题

1. 分别简述人工智能、物联网、云计算、大数据的内涵。
2. 分别简述人工智能、物联网、云计算、大数据的应用领域。
3. 人工智能的研究主要集中在哪几个方面？特点分别是什么？
4. 简述物联网的特征与体系结构。
5. 简述物联网的应用。
6. 云计算的特点是什么？
7. 云计算按照部署模式被划分为哪几类？各自的特点是什么？
8. 云计算分为哪几种服务模式？各自的特点是什么？
9. 有几种类型的大数据？各自的特点是什么？

参 考 答 案

第 1 章

一、填空题

1. 实证思维　逻辑思维　计算思维
2. 实证思维
3. 逻辑思维
4. 计算思维

二、简答题

略

第 2 章

一、选择题

1~5. BCBAA　　6~10. DACBB　　11~15. DCADD　　16~20. CABBD
21~25. CACAB　26~30. BDABC　31~35. CCADA　　36~40. BDBDB

二、填空题

1. 1946　　　　　　　　　　　2. 电子管
3. 四　　　　　　　　　　　　4. 二进制数
5. 微型化　网络化　　　　　　6. 通用计算机
7. 个人数字助理（PDA）
8. 计算机辅助设计　计算机辅助制造　计算机辅助教学　计算机辅助工程
9. 微电子技术　　　　　　　　10. 字长
11. 2^{10}　2^{20}　2^{30}　　　　　　　12. 字节
13. 基数　位权　　　　　　　　14. 11010111　10101000　10101001
15. 阶码　尾数　　　　　　　　16. 0　127
17. 65536　　　　　　　　　　18. 与　或　非

19. 两 20. 1 0 1 1
21. ASCII 22. 基本 扩展
23. 71 24. 字库
25. 32 72 26. 输入码 机内码 字形码
27. 72 000 28. 5650H D6D0H
29. 1 30. 输入 国标 机内 字形

三、判断题

1. √   2. √   3. ×   4. ×   5. √   6. ×
7. √   8. √   9. √   10. √   11. ×   12. ×
13. ×   14. ×   15. ×   16. √   17. √   18. ×
19. ×   20. √

四、简答题

略

第3章

一、选择题

1~5. DDCAD   6~10. DCAAB   11~15. ADDCB   16~20. BAAAA
21~25. BBCBC   26~30. AACCA   31~35. CBADD   36~40. AADBA

二、填空题

1. 硬件系统 软件系统
2. 硬件 软件
3. 运算器 控制器 存储器 输入设备 输出设备
4. 系统软件 应用软件
5. 输出设备 输入设备
6. 取址 译码 执行
7. CD-R CD-RW CRT LCD
8. 硬盘或光驱
9. 内存储器 外存储器
10. ROM RAM
11. 越快
12. SCS IDE
13. 阴极射线管 发光二极管 液晶显示器
14. 延迟
15. 慢 大
16. ROM
17. 输出
18. 分辨率
19. 无故障
20. 网络化
21. CPU
22. 1024 256×16bit

三、判断题

1. √ 2. √ 3. × 4. × 5. ×
6. √ 7. × 8. × 9. √

四、简答题

略

第4章

一、选择题

1～5. CBDAD 6～10. ADBCC 11～15. BADDD.
16～20. DDDCC 21～26. BDDBBB

二、填空题

1. 系统软件 2. 关闭
3.【Alt+Tab】 4.【Ctrl+Esc】
5.【Ctrl+C】【Ctrl+X】【Ctrl+V】【Ctrl+A】【Ctrl+Z】
6. 暂时删除 永久删除 7. 任意一个字符 任意多个字符
8. A*.docx 9. 对话框

第5章

一、选择题

1～5. BABDA 6～9. DBCC

二、填空题

1. 计算机 通信 2. 资源子网
3. LAN MAN WAN 4. 网状
5. 有线网络 无线网络

三、判断题

1. √ 2. × 3. ×

第6章

一、选择题

1～5. DBDBC　　　　　　　6～10. DBCDB

11～15. DBDDC　　　　　　16～22. ABBCCBA

二、填空题

1．信息浏览　　　　　　　2．B/S

3．Internet 上的唯一标志　4．0～255

5．网络地址　　　　　　　6．Net

7．中文域名　　　　　　　8．ISP

9．Telnet　　　　　　　　10．邮件接收

11．发件人　　　　　　　　12．附件

13．个人地址簿　　　　　　14．电子邮件

三、判断题

1．×　　2．√　　3．×　　4．×　　5．√

6．×　　7．√　　8．×　　9．×　　10．×

11．√　　12．×　　13．×　　14．√　　15．√

16．×　　17．×　　18．×　　19．√

第7章

一、选择题

1～5. CBBBD　　6～10. ACDCB　　11～15. AADBC　　16～20. BDCCA

二、填空题

1．结点加密　端到端加密　2．未加密的数据　加密密钥　明文

3．56　非对称　　　　　　4．通信各方身份　权威机构

5．数字签名　　　　　　　6．一段可执性程序　传染性　潜伏性　激发性　破坏性

7．良性病毒　恶性病毒

第 8 章

一、选择题

1~5. BAACC   6~10. ADABD   11~15. BDDDA   16~20. DBCAD
21~25. CBBBD   26~30. CBBDD   31~35. BBBAC   36~39. CCBA

二、填空题

1. 红 绿 蓝
2. 综合
3. 光盘
4. 二进制代码
5. 一段动画内容 若干个
6. 图像 视频 动画
7. 计算机 多媒体
8. 多样性 集成性 交互性
9. MPC
10. 4
11. 大
12. multimedia 虚拟现实
13. CD 播放器 媒体播放机 录音机
14. 播放
15. 20Hz~20kHz
16. 亮度 色度 饱和度
17. 红色 绿色 蓝色
18. 编码 解码
19. 像素
20. 矢量图
21. 像素
22. 音乐 语音
23. 视频采集 视频转化 视频播放
24. 像素
25. 关键 普通 空白

三、判断题

1. × 2. × 3. √ 4. × 5. √
6. × 7. × 8. √

四、简答题

略

第 9 章

一、选择题

1~5. BCDCD   6~10. CCCCB   11~15. ABBAD   16~20. DADDD
21~25. ACABA   26~30. BBDCC   31~35. CCCAD   36~39. DCCB

二、填空题

1. 人工智能
2. 起步发展期 反思发展期 应用发展期 低迷发展期 稳步发展期 蓬勃发展期
3. 神经网络的深度学习
4. 智能规划
5. 计算机视觉
6. 物联网
7. 互联网概念
8. 全面感知 可靠传输 智能处理
9. 感知层 网络层 应用层
10. 智能物流
11. 按需服务
12. 谷歌 雅虎 Microsoft IBM 亚马逊
13. 使用量付费
14. 虚拟化
15. 公有云 私有云 混合云
16. 理论 技术 实践
17. 大量 高速 多样 价值
18. 结构化 非结构化 半结构化
19. 人
20. 非结构化

三、判断题

1. × 2. √ 3. √ 4. √ 5. × 6. √
7. √ 8. √ 9. × 10. √ 11. √ 12. √
13. × 14. × 15. × 16. × 17. √ 18. √
19. √ 20. √

四、简答题

略

参 考 文 献

陈立潮,2018. 大学计算机基础教程：面向计算思维和问题求解[M]. 北京：高等教育出版社.

陈立潮,2018. 大学计算机基础实践教程：面向计算思维和问题求解[M]. 北京：高等教育出版社.

何鹍,2015. 大学计算机基础实验指导[M]. 北京：中国水利水电出版社.

刘光洁,2014. 大学计算机基础教程[M]. 2 版. 北京：人民邮电出版社.

骆斯文,2018. 大学计算机基础实验教程[M]. 北京：科学出版社.

万征,2018. 面向计算思维的大学计算机基础[M]. 北京：科学出版社.

王春艳,2014. 大学计算机基础实践教程[M]. 2 版. 北京：人民邮电出版社.

吴登峰,2015. 大学计算机基础教程[M]. 北京：中国水利水电出版社.

张彦,2017. 全国计算机等级考试一级教程：计算机基础及 MS Office 应用[M]. 北京：高等教育出版社.